数字油田在中国丛书

数字油田在中国
——油田物联网技术与进展

高志亮 梁宝娟 等 著

科学出版社
北京

内 容 简 介

本书在梳理和总结我国油田物联网建设成就的基础上，系统而详细地介绍油气田物联网技术的理论、原理与实践。编著力求通俗、易懂，图文并茂，具有可读性和实用性。对油田物联网知识和技术具有很好的普及作用，对油田物联网建设具有很好的指导作用。

本书可作为油田企业油气田物联网技术管理与建设工程技术人员的培训教材，也可供油田企业领导者、决策者和工程管理人员参考使用。并可作为石油院校、地质院校广大师生数字油田教学用书，更是石油科研院所和IT企业从事油田数字化技术研究、工程设计与建设及油田企业数字化管理和工程施工的技术人员的必备手册。

图书在版编目（CIP）数据

数字油田在中国：油田物联网技术与进展 / 高志亮等著．—北京：科学出版社，2013. 10

（数字油田在中国丛书）

ISBN 978-7-03-038829-2

Ⅰ. ①数… Ⅱ. ①高… Ⅲ. ①数字技术-应用-油田开发-研究-中国 ②智能技术-应用-油田开发-研究-中国 Ⅳ. ①TE319

中国版本图书馆 CIP 数据核字（2013）第 240420 号

责任编辑：韦 沁 / 责任校对：宣 慧

责任印制：赵 博 / 封面设计：北京东方人华科技有限公司

科学出版社 出版

北京东黄城根北街 16 号

邮政编码：100717

http://www.sciencep.com

北京厚诚则铭印刷科技有限公司印刷

科学出版社发行 各地新华书店经销

*

2013 年 10 月第 一 版 开本：787×1092 1/16

2025 年 2 月第四次印刷 印张：17 3/4

字数：350 000

定价：128.00 元

（如有印装质量问题，我社负责调换）

《数字油田在中国丛书》编委会

作 者 名 单

高志亮　梁宝娟　孙少波
袁广金　赵长宏　高　倩

丛 书 序

本丛书主编高志亮研究员是我多年的同事与朋友，他青年时先是学习油气地球物理勘探，后又考入清华大学学习运筹学与控制论，获理学硕士学位。他有着深厚的数理功底与缜密的思维才能。最近10多年来，他和他的团队倾注全部身心研究数字油田，而且在十分困难的条件下，从无到有，建立起数字油田研究所，并组织召开过多次数字油田高端论坛和相关会议，我都有幸应邀参加。在论坛会上，我发现与会同仁对高志亮研究员创新奋进精神的敬佩以及对其辉煌成就的赞赏之情溢于言表。抚今追昔，高志亮研究员在数字油田研究与应用方面的奉献是十分突出的，现在他又组织力量将其研究成果提炼升华成系列丛书出版问世，这无疑又是一件好事！

我对数字油田研究知之不深，但对他的作用与功能十分赞赏。

人类传递信息一般主要通过三个途径——语言、文字和图件，但都需要通过数字来支持，如裁缝量制衣服，就是通过数字量体裁衣。数字表达最具概括性、细微性和普遍性，但因数字的取得量庞大，关系复杂，而长期停滞在比较简单的事物和形体之中。随着电子计算机和传感技术的出现与发展，用其感知获得信息便成为可能，数字油田正是将传感器技术和互联网、数字化平台等技术整合，实施对油田数字的采集，如对油井、水井、气井、计量间、站、库以及集输管网生产对象进行全面感知和科学管理等。可以认为，数字油田是21世纪油田事业最先进的理念与技术，也是油田发展最好的抓手和推手，是油田管理的一次革命！

《数字油田在中国丛书》的出版发行，无疑对数字油田事业是一大贡献，不仅如此，数字油田的理论和实践成果也将有助于其他事业的吸纳与运用，互相促进，如将其作为运用于水资源开发利用、水事管理、交通运输事业等的借鉴。

在此，我祝这部丛书早日出版问世！祝编者们幸福快乐！

中国工程院院士

2013年8月16日

于长安大学

序

2011年，长安大学数字油田研究所要出版发行《数字油田在中国——理论、实践与发展》专著，请我作序。那时，我只是对数字油田有所关注和有一个基本的了解。但是，我对总结和引导数字油田建设与发展非常赞赏，也很支持。这部专著发行后在社会上引起了很大的反响，尤其在油田企业与数字油田界引起了极大的关注，获得了很高的评价。

本次推出的《数字油田在中国——油田物联网技术与进展》，是《数字油田在中国丛书》的第二部专著，该书主要探索了油气田物联网技术的理论、原理和建设的方法及运维管理等。这本书对于在油田全面推动油田物联网建设，实现油田全面数字化，具有重要的意义。

油气田物联网是指通过安装各类传感器对油气水井、计量间、油气站库及相关集输管网等生产对象(设备或装置)进行全面的感知，完成数据的采集，通过一定的方式完成数据传输、管理与应用，实现对生产对象(设备或装置)目标物的监测与控制，以改变油田生产运行管理方式。由此看出，油田物联网管理可以创造价值，油田物联网应用可以提高效率，油田物联网管理可以提高效益。所以，该书的出版具有很重要的作用与价值。

《数字油田在中国——油田物联网技术与进展》一书就是总结和推广油田物联网技术的一部专著，可以很好地推动油田物联网的建设与发展，我愿意为推广油田物联网技术，推动油田物联网建设助一臂之力。

我祝愿《数字油田在中国——油田物联网技术与进展》专著顺利出版发行。

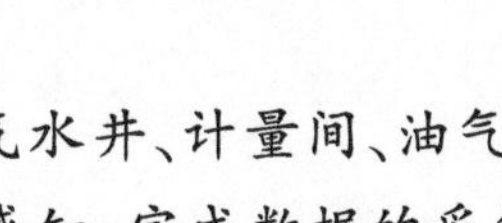 教授

2013年8月15日

前　言

2010年,被称为新一代互联网的物联网概念的提出,使得物联网强大的物物相连理念引入到油田企业,从而出现了油田物联网。物联网通过射频识别(RFID)、全球定位系统等技术,按约定的协议,把任何物品与互联网连接起来,进行信息交换与通信,以实现智能化识别、定位、跟踪、监控、遥控与管理等。油田数字化正是借助传感器、射频、网络技术对油田油井、水井、气井、计量间、站、库及相关集输管网等生产对象进行全面感知,虽然不是对各种物品流转过程的追踪,但是,感知的数据可实现生产过程远程控制与管理,达到物物相连的相似性与效果,从而油气田物联网应运而生。

我们把油田物联网分为广义油田物联网和狭义油田物联网。广义油田物联网泛指在油田一切领域或专业使用传感器和 RFID 技术的技术,包括勘探、钻探、测井等。狭义的油田物联网是指油田其中的某一个方面。本书主要以油气生产物联网为研究对象,研究油田油气生产物联网的技术与建设,为叙述方便,本书统称为油田物联网。

随着快速发展的油田物联网建设,油田企业工程技术人员、中高级管理人员短缺现象日益严重。因此,他们渴望能够拥有专门的技术专著学习或专门的技术培训教材,并希望有专业的培训机构和专业的培训教师承担起培训的重任。

本书既是油田物联网的技术专著,又可作为油田物联网技术的培训教材。本书叙述力求通俗、易懂,书写力求简洁、明了;既可以满足一般管理人员和工程技术人员阅读、学习,又可以满足管理人员和工程技术人员务实操作。浅显的原理,朴实的语言,使得工程技术人员一读即懂,从而帮助其在实际中查阅参考。同时,本书还可以满足油田企业中高级管理人员作编年计划、经济预测和效益分析。所以,这是一本油田物联网技术的专著及务实操作手册。

本书是《数字油田在中国》系列丛书之一,全书贯穿了数字油田的基本理念和数字油田的基本思想,在数字油田理论指导下完成。全书共12章20余万字,大体上分为三个部分,第2章至第6章主要对油田物联网的技术进行论证与叙述。第

7 章至第 11 章主要讨论油田物联网建设的方法与应用。第 1 章绪论与第 12 章主要对油田物联网建设的重要性、未来发展与技术走向进行论述。梁宝娟博士、孙少波博士对全书做了整体的设计与组织,高志亮研究员系统地审核、审订了全稿。主要章节由主编、副主编们分工撰写完成,但还有部分章节由其他同志完成:赵长宏高工、金德明高工、王赟工程师完成了传感器技术与 RTU 技术等部分章节;郭元元工程师、董利刚研究生完成了工程设计与质量控制、工程安装与维护等部分章节;张文博、张馨研究生参与完成了标准化与标准技术章节的撰写及英文工作;梁小欢、张丽制作和清绘了全书的图件;特别是大部分基础性材料都是由王正良、孙阳研究生完成收集和整理的,并且他们还参与编写了部分章节的内容。

油田物联网还处在研究和探索阶段,在建设过程中还存在很多的问题,技术还有待提高。因此,本专著不足之处在所难免,请大家给予谅解与指正。

编著过程中,我们参考了大量的各种文献,大多都以参考文献的方式进行了标示,在此表示衷心的感谢。如有疏漏,敬请指出,以便我们以其他适当方式补登致谢。

高志亮

2013 年 8 月

Preface

In 2010, the concept of "Internet of things" which is known as a new generation of Internet was put forward. Its powerful idea of "everything is connected" has been adopted by oil enterprises and the "Network Oilfield" was created. According to the Promissory Agreement, the "Internet of things" refers to connecting any items to the Internet, conducting information exchange and communication by means of the Radio Frequency Identification (RFID) and the Global Positioning System (GPS) technologies, in order to realize intelligent identification, location, tracking, monitoring, remote control and management, etc. With the help of Sensors, RFID, GPS and Network Technology, Digital Oilfield would sense comprehensive data of the production objects, such as oil wells, water wells, gas wells, metering stations, libraries and related gathering pipenets, to gain the "Perception Data". Although it is not tracking the process of circulation among goods, the "perception data" is what can make the remote control and management of the production process a reality, and achieve a similarity effect with "everything is connected". Thus, the oil and gas network arises at the historic moment.

The Network Oilfield has its broad sense and narrow sense. The broad sense of Network Oilfield applies to all fields or professions oilfields which are in the help of Sensors and RFID technology , including exploration, drilling, logging, etc. The narrow sense of Network Oilfield applies to a specific aspect of oilfield. This book chose network of the oil and gas production as the main research object and discussed oilfield oil and gas production network technology and construction. For conveniently, this book generally describes it Network Oilfield.

The rapid development of the Network Oilfield construction caused a problem: the shortage of personnel of oilfield enterprise engineering, technical and senior management. Therefore, there is an urgent demand of specialized technical monograph and training materials for professional training to undertake the important task of cultivation.

This book is a technical monograph of Network Oilfield as well as a training material of gas field network technology. The book is user-friendly, for senior managers and engineering technical personnel to learn and do practical operation. At the same time, it could also help the senior managers in oilfield enterprise doing chronological plan, economic forecasts and benefit analysis. This is a monograph as well as a practical operation manual about Network Oilfield.

In light of the idea of Digital Oilfield, this book was written based on the digital oilfield theoryand belongs to the series of *Digital Oilfield in China*. The book is more than 200000 words and consists of 12 chapters, generally divided into three parts. Chapter 1 is the introduction of the whole book, chapter 2 to chapter 6 mainly argues and narrates Network Oilfield technology; chapter 7 to chapter 11 discusses Network Oilfield construction method and application; chapter 12 along with chapter 1 talk about the importance, development and technology direction in the future of Network Oilfield. Dr. Liang Baojuan did the whole design and organization and Prof. Gao Zhiliang systematically reviewed and revised the draft. The main chapters were collaboratively written by chief editors and deputy editors, but some sections were performed by other authors, whom are as follows:

Sections of Sensor and RTU technology——Senior Engineer Zhao Changhong and Jin Deming, Engineer Wang Yun;

Sections of Engineering design and quality control, engineering installation and maintenance——Engineer Guo Yuanyuan, Postgraduate Dong Ligang;

Sections of Standardization and standard technology, English translation, edit and check work——Postgraduate Sun Yang, Postgraduate Zhang Wenbo, Postgraduate Zhang Xin; Diagrams——Liang Xiaohuan, Zhang Li; Collection and management of basic materials, also edit of some chapters——Postgraduate Wang Zhengliang.

Because the Network Oilfield is still in the phase of research and exploration, lots of problems still exist in the process of construction and the technology is being improved. This monograph is hard to avoid defects, sincerely hope you could give us understanding and correction suggestions.

As this is an introductory book with a relatively broad scope, the topics are not covered in a great depth. However, we have included many references, pointing to the path to the deeper understanding of any particular topic, and we also express our great thanks to all the forerunners in the form of references.

Finally, it is almost impossible to thank all of the people who contributed in some way to making the book a reality. Here we give our heartfelt thanks to you again. If there are any omissions, please feel free to contact us. Any comments and suggestions will be appreciated.

Chief Editor: Gao Zhiliang

August, 2013

目　录

Contents

第1章 绪　论

油田物联网是一个全新的概念。油田物联网技术是物联网理念在油田数字化管理建设中的延伸。作为数字油田的重要组成部分，油田物联网对数字油田的建设与发展，具有十分重要的作用和意义。

1.1 油田物联网建设的背景

油田物联网的提出是在2010年，数字油田的提出是在1999年，也就是时隔10年后诞生了油田物联网。

油田物联网是在物联网提出后出现的一个新生事物，集成了油田数字化管理建设的全部技术与内容，是建设数字油田的新型技术之一。

数字油田在1999年提出之后，人们充分利用数字油田的时代机遇，采用各种方式实现油田的数字化，其中数字化管理建设就是数字油田建设最重要的一个组成部分。物联网技术出现后，物联网的理念与技术又给数字化管理建设注入了新的思想，从而使二者结合，形成了油田物联网技术与油田物联网建设工程。

数字化管理于2008年由长庆油田首先提出，由此引发了一次不小的轰动，同时也极大地推动了数字油田的建设与发展。

长庆油田的贡献在于，将原来大家单一油田网络工程和静态数据数字化入库建设的数字油田，延伸到油田井场、站、库、集输管网的数字化管理与油田井场、站、库、集输管网全面感知的数据采集与智能控制，提出了“三端五系统三辅助”的建设思想，这对数字油田在功能上进行了扩展。更重要的是，把一般概念意义上的数字油田理念，变成了真正意义上的数字油田的实践。

油田物联网于2009年在“感知中国”提出之后，在我国油田企业普遍将物联网理念与技术引入到数字油田之中，形成了油田物联网的理念，并且迅速推广与建设。这是因为，在油田，利用传感器技术对油井监测监控并不陌生，在数字油田提出之后，数字化管理技术的实质也是采用传感器技术完成了油田的数字化管理。所以，油田物联网既继承了数字油田原有的油井监测监控技术，又拓展了油田数字化管理，是数字油田最重要的组成部分。

目前，严格地讲，率先进行油气田物联网建设，属于长庆油田。现在无论称之为数字化管理建设，还是称之为油田物联网建设，这一新兴的油田现代技术，得到了广泛的认可，在全国各大油田都有示范建设，并且还在积极推进中。其中中国石油将油气田物联网列为其数字油田建设系统中的子系统，命名为A11，正在实施推进中。

1.2 油田物联网建设的作用

油田物联网建设的作用，目前虽然说法不一，但根据我们追踪研究，汇总各方面的观点，也得出一些结论。据我国油田物联网建设比较好的单位的经验，其作用可归纳为以下几点。

(1) 改变了油田企业的生产运行方式。

(2) 减员增效，降低生产成本，减少工人劳动强度与风险。

(3) 改变了生产组织方式，节能降耗，成为绿色油田。

这就是说，油田物联网建设，具有很重要的三个作用，表现在“改变、降低、绿色”三个关键词上。显而易见，其作用是非常大的。

但是，要能够最有说服力地让人们心悦诚服，我们不但要真实、有效地对此做出客观的评价，还要证明这三点结论是正确的、可靠的。为此，我们不妨把其作为三个命题来加以论证，看其是否成立。

1.2.1 改变了油田企业的生产运行方式

一般来说，能够改变一个行业、企业的生产运行方式的，一定是一个重大的变革，或是一次重大的体制、制度或技术的革命。作为数字油田中的一个方面的技术，油田物联网能否改变油田企业的生产运行方式，这需要我们对其很好地研究与讨论。

为了能够叙述得比较清楚，具有说服力，我们必须要抓住这样几点来讨论。

首先，我们需要分析，油田物联网建设到底涵盖了油田企业的哪些业务。

其次，要清楚地知道，油田物联网技术同油田技术形成了一个怎样结合的机制。

最后，油田企业生产过程包含哪些业务与环节，油田物联网技术提供了哪些保证，从而使得原有的、传统的方式发生了哪些改变。

我们只有基于这样几点，才能将油田物联网技术的作用说得更清楚，也就是将“改变了油田企业的生产运行方式”得以证明。

1. 油田物联网建设涵盖的油田业务

根据我们对油田生产过程和业务技术的理解与认识，油气生产业务主要在油气田公司的采油、采气厂，各油气田公司，各采油、采气厂，各采油区块等的开采油气生产情况不同，油气开采的工艺方式、方法也有所不同，而且还有很大的差异性。但简单归类，按照一般性的油气生产业务划分，主要包括以下几个方面：①油（气）井举升（含稠油热采、天然气、煤层气等）；②计量（体积量油、重力量油、功图量油、量油车等）；③注入（注水、注聚合物、三元、注天然气、二氧化碳、高温蒸汽等）；④集输（含转油、集气、增压等）管网；⑤油、气、水处理（含原油处理、天然气处理、水处理）。

这五个方面的划分，基本勾勒出一个线索，就是油田油气生产过程，即油气井采油（采气）—计量—工艺改造与提高采收率—集输（处理）—输出（到炼化厂）。自油气输出离开油田区域，其他业务已经不属于采油（气）厂的生产过程了。

这些业务形成一个油气生产业务流程，也就是油气从油气井采出到油、气水、分离，再输送到炼油厂这个过程，构成油气生产业务链，其生产业务关系如图 1.1 所示。

图 1.1 是一般油气田生产业务流程与生产过程的普遍方式，包含油气举升、计量、集输、油、气、水处理、油气储运五大块，也就是五个环节，即使是特殊的油田，该过程也大同小异。在这个过程要实施产量计量，然后对油、气、水进行分离处理，处理好污水和污泥等，最后输送出去（到炼油厂，这块不是

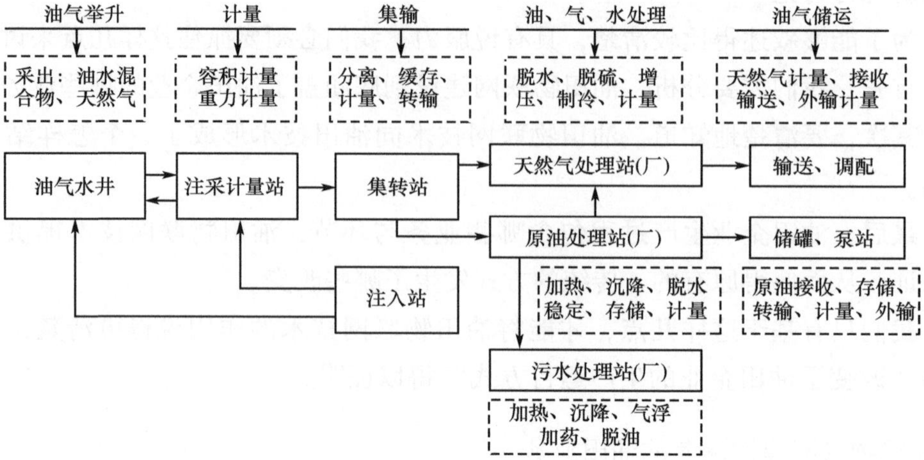

图 1.1　油气生产业务流程与生产过程

采油厂的业务)，采油厂的业务即完成。只是在整个过程中还有一个环节，就是注水开发、提高采收率、进行工艺改进、油井作业等，不是这个工作链路上必然环节，却是不可或缺的技术业务。

从以上叙述中不难看出，这五个简单的环节，构成了油气生产运行方式，基本上是缺一不可的。在生产运行中要步步到位，假设减少一个环节就完不成油气生产任务。

2. 改变油田企业生产运行方式的讨论

所以，就目前来看，如果要说油田物联网建设“改变了油田企业的生产运行方式”，我们认为还做不到。这是因为：

(1) 在油气生产过程中，这五个环节一个也不能少，即使实施了油田物联网工程建设，也没有可能改变或者减少其中的某一个环节。

(2) 在油气生产过程中，没有使油气生产中的某一个工艺技术改变，原有的生产工艺技术还在使用。

(3) 油气的生产过程专业性非常强，我们如果要改变某一个环节，需要很大的专业技术的革命才可以改变。

由此可以证明，油田物联网建设不可能，或者说现在还没有“改变油田企业的生产运行方式”的能力。但是，油田物联网建设后，可以“改变了油田企业的生产运行管理方式”，主要表现在如下几点。

首先，“油气生产运行管理方式”关键在于做什么？管什么？这样就要看在油田企业的生产过程中，人们需要知道什么？最关注的地方是什么？影响工作效率的是什么？等等。我们以采油井为例，一般来说，人们最想知道的几个关键问题如下。

（1）生产过程中每一个抽油机的运行工况，包括电机的电量、电压等。

（2）生产过程中每一口油井的井况，包括压力、温度，油井是否结垢、结蜡以及动液面、静液面等。

（3）生产过程每一口油井每一刻的产量，包括日、月、年的产量统计分析。

（4）生产过程注水开发时的日注水量、压力，总注水量等。

（5）生产过程原油输送和联合站中的运行环节。而在联合站中，又包括：①实现联合站沉降罐、油罐、污水罐、净水罐等罐位实时监控，即可实时知道沉降罐油水界面及高度；②输油泵运行参数监测，外输管线流量、温度、压力实时显示；③实现注水岗注水罐液位监测、注水泵运行电流、压力变化，注水干线压力等状况参数监测；④实现污水岗污水处理过程自动化、定时监测污水处理机泵情况、污泥罐罐位显示；自动处理污泥压滤流程；⑤实现联合站破乳剂、净水剂、悬浮剂等化学药剂的加药计量和自动化加药控制；⑥实现联合站重要管线的压力、流量显示，重要流程运行状况显示，重点机泵设备和阀门的远程关断控制；⑦实现污泥拉运、药剂拉运的地秤计量控制；⑧集输站车辆运行与接交油气过程控制及结算自动化，等等。

我们列举的上述了关注点，都是工程技术人员和领导第一时间最想知道的情况和需要第一时间掌握的动态。因为，这些都是油田生产过程中的关键点和关键环节上的重要参数，掌握这些参数，就可以组织生产，实施决策和指挥调动。所以，如果能够及时、准确、实时地获取这些参数，就可以及时、准确地做出正确的决策。

其次，用什么方法知道与掌握这些动态？第一就是人工，这是最传统的做法，人员24小时轮岗坚守记录，然后打印报表报送。第二就是在管线上安装部分仪表，在储油罐上装仪表人工抄录等，这种方法的缺点是慢，耗费人员精力，人员操控风险大。除此之外，还有很多很复杂的环节与设备，如油气井内部的井况、抽油机的工况、大罐的溢出等，就没有很好的办法了。人工知道动态变化，只是观察与经验总结，而且不一定任何人都能知道。要想精确地、实时地记录，只有安装传感器。

传感器是通过敏感元件感知，实现数据采集，间接地分析、计算得出相应的结果的装置或设备。这个过程就是数据采集、数据处理、数据分析、数据应用。由于大量采用了无线传感器，形成了油田井区数字采集与传输的网络体系，因此，可以实现远程反馈控制，从而就构成了油田物联网的数字化管理。

由此可以看出，数字化的过程是把生产过程想知道还未知的事物通过尽可能多地安装传感器，进行数据采集，利用无线通信方式把数据传输到控制中心，数据处理后就可以知道生产动态过程中的设备、生产运行变化。由此实现远程的控制与管理及远程的指挥调动。

如此可以证明，这个命题将其改为“改变了油田的生产运行管理方式”是成立的、准确的。

3. 数字化可以提高油田企业管理效率

在数字化时代，数字油田技术可以将油田中的任何事物数字化，然后可以知道无论采油井在什么位置，无论采气井在哪个方位，无论有多少个传感器，采集多少数据都可以传输到一个地方进行集成。再运用这些数据进行分析，形成辅助决策。例如，抽油机安装位移传感器和荷载传感器，采集的数据形成功图，就可以对油井的井况诊断，人们不用到现场，就可以知道这口井现在的状况，决定是否继续生产，是否需要作业。这就把人们原来依靠人工很长时间完成的工作，目前可以在很短的时间内，在计算机、在网上就完成了，这个过程就是数字化的管理，是油田管理上的一次革命。

为了能够真实地反映井区现场状况，我们在井场安装视频摄像机，这样可以随时对现场进行远程监控，数据还可以 24 小时不间断录像，保存备查。

由此可以得出，在油田公司或者采油厂的指挥中心对现场进行远程管理与指挥调动是完全可以实现的，这样就把距离上百千米以外的现场和设备，甚至生产运行过程看得清楚、听得明白，瞬间指挥到位，完成了“端”到“端”的管理过程。另外，还出现了“电子巡井”（就是工程技术人员每隔一定的时间对全部的油气水井进行一个巡回的电子浏览，可以远程实现监管）、预警报警、远程启停等。由此可以形成“让数字说话，用数字指挥”的新局面，将传统的采油厂生产现场，由过去的逐级上报、请示，上级的指示再逐级下达的模式，转化为数字化管理建设后的前端（现场）和后端（指挥中心）构成点对点的直接关系，节省了时间、节约了成本、提高了管理与控制的效率。这样的管理，只有在数字化的时代可以完全做到。

这个论述说明，油田物联网建设从客观上讲，有很好的作用，完全可以改变油气生产运行过程的管理方式。

1.2.2 减员增效、降低生产成本、减少工人劳动强度与风险

减员增效、降低成本、减少工人劳动强度与风险，这是我们需要论证的第二个问题。

在第一个命题的论述中，我们证明了油田物联网建设"改变了油气生产运行的管理方式"。同时可以看出，油田生产业务过程中基本涵盖了油田公司或者采油厂所有的工种，包括采油工、巡井工、计量工、电工、仪表工、采气工、集输工、泵工等，附带的辅助工种和服务工种更多。涉及的岗位有采油岗、计量岗、维修岗、仪修岗、注水岗、水处理岗、集输岗等，目前大多油田公司现有的生产管理方式还依靠人工照井、人工巡井，人工操作。显然，在油田，工人劳动强度大，生产效率低，安全风险高。

我们要在油田公司实现减员增效、降低成本、减小工人劳动强度、降低劳动风险，只有实施油田物联网建设，才可以实现数字化管理的这一目标。

实施数字化管理建设是在生产设备上安装传感器，实现数据采集，所采集的数据采用有线或者无线的方式，远传到控制中心。工程技术人员对数据进行处理、分析后，实现远程指挥与控制。由此可以在一定的岗位上，尤其是安全性、风险性比较大的岗位上，减少岗位人员或者裁员。人员裁减后，其工作效率不减，反而还提高，这就发挥了油田物联网的作用。

据测算，油气生产中的一个中心站，假设一个流程是8个岗位，每个岗位需要3个人轮班，每一个岗位按照8小时一个班，一个流程至少需要24个人员值守和操作。全油田以站为中心的辐射状的井场，生产一线工人占去了油田企业员工数量的2/3还多。按照现代企业模式和经济性要求，一方面要提高产量，扩大生产规模，随着井区扩边、滚动开发，用工量不断地增长；另一方面又控制成本，减少用工人数。这就造成一方面不断招收员工，解决强体力劳动用工紧

张；另一方面又要提高工作效率和减少劳动过程的风险。同时，劳动风险越来越大，事故率频发，等等。上述一系列问题构成了很多矛盾，并交织在一起，长期困扰着油田企业的管理与发展。

在国外，很多国际企业在20世纪中叶就已经遇到了今天我们才遇到的问题，就是艰苦行业用工紧张，难以招到一线员工，而且人员成本过高，工人岗位风险大，事故赔偿率高，油田整体生产成本过高，经济效益降低。因此，国外解决的办法是实现油田作业过程的自动化，提高自动化的程度，以减少企业的用工压力，化解矛盾，降低风险。国际油田企业的做法构成一个完整的系统，如图1.2所示。

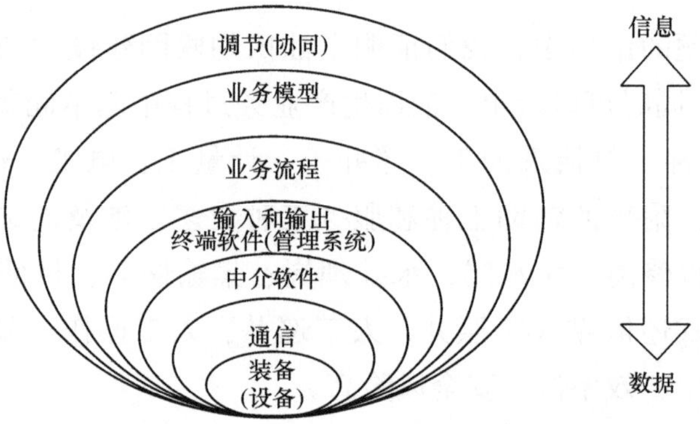

图1.2　国外数字油田建设基本模式

这是国外数字油田建设的一个基本模式，即从数据到信息的过程。实质上这是国际油田在20世纪就实施的一个自动化控制的通用做法。他们以设备为中心的数据采集、传输、集成、辅助决策的油田管理系统，构成了从数据到信息的一个过程，也是国外数字油田建设的一个基本模式。

从国外的做法看，我国油田企业长期以来以人海战术发展油田建设，依靠人员管理油田生产过程，这种方式将会阻碍油田企业的未来发展，因此必须要利用现代信息化、数字化、智能化的技术，解决人员劳动强度大、岗位风险高、艰苦一线伤亡事故多、赔偿率高等对油田企业很不利的问题。我国很多油田企业实施油田物联网建设的效果证明，在我国实施这一做法也是可行的。在此，我们可以用记者对某油田的报道证明。

据记者报道：数字化管理建设——看井房“退役”，点火棍“下岗”。记者在白豹油田丛式井场看到，仅靠一套简单的视频装置，井场的看井房及住井人员就同时消失了。据统计，已有650座看井房光荣“退役”。另外，由于自动化点火系统的建成，上千座井站加热炉原来人工操作使用的“点火棍”含羞“下岗”（王晓晖等，2010）。

西峰油田第一联合站经理告诉记者，数字化让油区治安中的一些传统管理方式悄然转变，以前靠人海战术分区域巡逻的保安人员，被集中起来进行资源共享，而安装在油区关键路段的“电子哨卡”，24小时对油区的一切动向实时监控，有效遏制了不法分子的不法行为（王晓晖等，2010）。

另据报道：——鼠标轻点“一指禅”，管理有了“千里眼、顺风耳”。油田数字化指挥中心的大屏幕上，管理人员可以实时看到整个长庆油气的生产情况，细到每口油井、每个储油罐，甚至油田的7823辆车的运行情况，全部一目了然。数字化管理将现场搬进“办公室”，从投球、计量到停启井等，以前每天需要人工上井手脚联动才能完成的作业，而今在办公室操作电脑就可以完成，劳动效率成倍提高，劳动强度大大降低，也大大减少了用工总量。以白155区块为例，百万吨规模用工总量由原来的1719人下降到1000人（王晓晖等，2010）。

显然，在我国，油田企业降低成本、减员增效、减少员工劳动强度已不再是摆在人们面前的难题，而是必须加以解决的问题了。实践是检验真理的唯一标准，很多企业开始实施油田物联网建设，正在改变这种局面，并且具有长期的规划，这说明第二个命题也是成立的。

需要强调的是，数字油田建设的根本目的之一，就是用来解决油田企业强体力劳动和降低成本的问题，油田物联网技术就是具体的有效途径。目前一些油田企业在倡导对油井的精细化管理，其中油田物联网技术发挥了重要的作用。有学者用“医生”和“护士”作比喻，过去每一口井都要安排人来看护，现在指挥中心坐着“油井医生”远程诊断、看病，集输站住着“油井的护士”，只要医生发出诊断命令，护士用最短的时间去看护，很快就解决了问题，不需要再像过去一样，工程技术人员接到报告，还要到现场查看，再汇报给领导研究，然后提出治理方案，实施维护，时间长、动作慢、损失大。油田物联网技术完全解决了这一难题，将看井工人数减到最少，这就做到了减员增效的效果。

1.2.3 改变了生产组织方式，节能降耗，成为绿色油田

改变了生产组织方式，节能降耗，成为绿色油田，这是我们需要论证的第

三个命题。

油田生产是一个点多、线长、面广、高耗能、高成本的过程。油田企业要想优化生产过程，必须提高组织管理能力，优化生产环节。要节能降耗，降低成本，就要从生产过程控制做起，要在每一个环节上精细控制，让油田变成自动化、智能化的绿色油田。

传统的生产组织方式是“塔式”结构，工作方式是编制计划，逐级上报，逐级审批，逐级下达，而改变油田企业生产的组织方式，就是要对生产过程面临的点多、线长、面广进行优化。主要是针对这个特殊的行业，即野外、海上生产作业的难题，对一些生产设备远程监测监控，使得生产组织方式发生变化（图 1.3）。

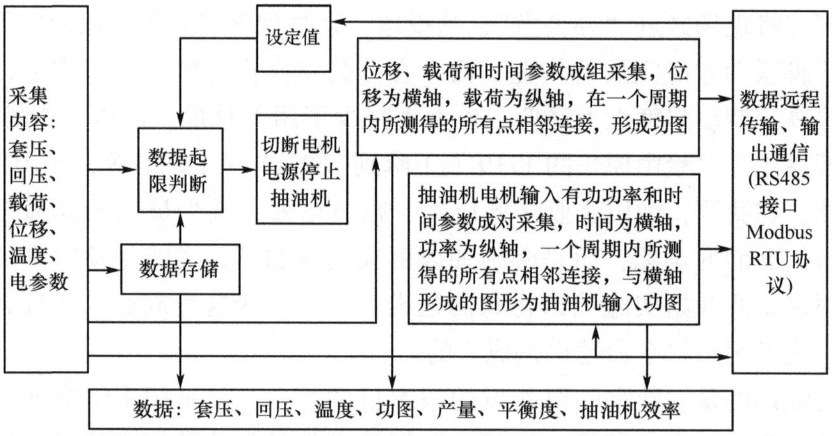

图 1.3　油井设备监测监控的数字化模型

图 1.3 是油田企业生产过程利用传感器采集数据后形成的功图，是使得生产过程中组织方式发生变化的一个模型图。就是在油田生产设备和井口上安装传感器，采集套压、回压、温度等数据，包括在抽油机上实施变频控制，通过变频控制减少用电量；在抽油机上安装位移、荷载传感器采集数据形成功图，通过功图诊断，工程技术人员在远程根据功图诊断结果，对有“病灶”的油井及时发现，及时作业，减少抽油机空抽、少抽，解决“大马力，少拉，不拉货”的问题；对于一些低产井可以进行远程控制，实施间隙采油，大大地降低能耗。这样，油田的生产组织方式不再是领导下指令、工人干活的方式了。

显然，对于油气生产的组织方式，通过自动化的过程可以优化，以减少人工操作缓慢、不到位、风险大这些问题。我们再以记者的报道为证。

据报道，长庆油田年油气当量从1000万t增长到3000万t，产量增长了3倍，而员工人数一直保持在7万人。按照发展规划，长庆油田未来要实现油气当量5000万t，人员仍要保持在7万人左右。传统的管理模式显然已经无法满足“大油田管理、大规模建设”的需要。如何更好地体现以人为本，彻底转变不适应的生产方式，进一步改善员工的工作生活环境，降低工作强度，提高生产管理效率，在考验着油田决策层的智慧（王晓晖，2010）。

对于节能降耗、建设绿色油田，这是完全可以实现的。例如，安装大量的数字化、智能化的产品，建立良好的生产管理与运行机制以及优化生产组织后，对于油井及生产设备中出现的问题便能够及时地了解与控制，可减少抽油机的空耗、降低损失、减少排放和耗能，自然也就成为绿色油田。

特别是在油田物联网建设后，油田企业的管理重心发生了变化，“前端”和“后端”成为点对点的关系，决策指挥调动中心可以直接对前端的油气井做远程的控制，“前端”以基本生产单元过程控制为核心，“后端”以油气藏研究为中心，可以有更多的精力研究地下地质、油气藏的问题，并辐射到经营管理与决策支持，有效地提升了油田企业的高效管理。

由此可以证明，第三个命题也是成立的。

当然，油田物联网建设的作用还不仅仅就这么几点，我们只是抽取了几个重要的观点和问题作为命题加以阐述，这里不再一一论证。

上述说的油田物联网的作用还是很大的。

1.3 油田物联网建设的意义与愿景

可以想象，知道了油田物联网的作用，自然其意义也就很明确了。但是，油田物联网建设的意义还是需要很好地说清楚的，这是因为作用和意义是相辅相成的。作用相当于实践的效果与结果，意义相当于认识与思想。如果不说清油田物联网建设的意义，油田物联网建设的作用是勉强的。因为没有理论的指导，就不可能有好的实践。所以，这是一个高度问题。

1.3.1 油田物联网是数字油田的重要组成部分

数字油田自1999年提出后，其建设已经取得了很大的成就，我们在《数字油田在中国——理论、实践和发展》一书中做了详尽的论述。数字油田包含油田数字化建设的全部内容，因此，毫无疑问，油田物联网是数字油田的重要组成部分。

（1）从数字油田的基本概念和原理可知，数字油田是指全面数字化了的油田，就是将油田中所有的事物（盆地、地面、井中、油藏）全部转化为数字，通过数据转换为信息，从而寻找更多的油气资源，发现剩余油，提高采收率，延长油田的生命周期。油田物联网技术一个最基本的功能就是安装更多的传感器，采集更多的数据，让“油田中所有的事物（盆地、地面、井中、油藏）全部转化为数字”，油田物联网正是遵循了这样一个基本的原则，在做着这样的一件事，在落实数字油田的理论与原理。所以，油田物联网就是数字油田的一个组成部分。

（2）数字油田提出之后，人们在积极地寻求数字油田从理论到实践的发展，其中的数字化管理建设就是数字油田的具体实践，数字化管理的基本技术就是利用传感器技术，采用无线技术和网络技术，完成对油田的数字化。所以，数字油田为油田物联网提供了理论、原理的支持，油田数字化管理是在数字油田建设中从理论到实践的一个飞跃，油田物联网是在数字油田理论指导下，集成了油田数字化技术后成为一个油田现代化的新型技术。这一新型技术有效地改变了油田生产过程中的运行管理方式，可实现节能降耗，减轻工人劳动强度与风险，让油田成为绿色的油田，提高油田在国际竞争中地位与管理水平，因此，油田物联网建设的意义是巨大的。

（3）在我国，大力倡导“两化”（工业化与信息化）深度融合，将其作为国家战略的重要举措，在数字油田建设中包含了更加丰富的内涵与外延。2013年，我国又提出了“新四化”（工业化、信息化、城镇化和农业现代化）战略，其中信息化是关键，而油田物联网建设就是在油田落实“新四化”最重要的技术，是油田技术与信息技术结合、融合，使得油田企业在管理模式上发生质的变化，油田实现科学化管理，以提高油田企业的地位和竞争力。因此，油田物联网建设，是油田企业落实国家“两化”深度融合战略的具体实践。

从以上这三点的简单论述看，我们从一般到特殊，从普通到高端，从油田企业到国家战略的意义都涵盖了，证明油田物联网建设的意义是重大的。

1.3.2 油田物联网建设的功能价值

油田物联网建设不是形象工程。

我们不得不承认，油田数字化管理工程建设中确实存在一定的负面影响，就是关于形象工程的说法。因为，在建设的单位，往往在对外宣传和上级领导考察时，将油田物联网技术作为一个展示的窗口，这一举动就使人们对数字化管理工程与功能产生了误解。

这里我们需要特别说明的一个问题，就是需要给油田数字化管理建设正名：它确实不是一个形象工程。当然，有时人们参观、学习，在控制中心大屏前给予演示，总觉得在展示一种先进，炫耀一种超前，玩的是别人没有的实力。其实，这是一种错觉和误解。

油田数字化管理建设，最早的功用是对抽油机工况和油气井井况的监测监控，是利用功图对工况和井况进行诊断，这是非常实用的一个数字化的技术，这个技术在没有实现网络化之前，是人工监测。后来发展了视频监控，完成控制中心大屏显示，远程监控，突然间就有点喧宾夺主的感觉了，将最重要的实用技术给淡忘了，视频监控成为主角了。

在此，我们要坚持还原油田数字化管理原来的功用，就是对工况、井况的监测监控，这是很有用的一个油田专项技术。目前还在发展中，不但要完善功图的诊断功能，还要完善计产和计算动液面等的功能，这是油田数字化管理的最重要的技术之一，

到目前为止形成的油田物联网技术，不但将原来的所有数字化技术集成，还形成了传感器节点相连的远程控制与管理的功用。所以，油田物联网就是为油田生产过程提供技术支持，它不是什么形象工程。

1. 油田物联网技术的价值重在数据采集，它是油田生产开发动态数据的主要来源之一

在一般人看来，油田物联网建设就是为了给管理者带来方便，能够远程控制，提高效率，这是油田物联网建设最基本的功能之一。其实，对于数字油田

来说，油田物联网建设的最重要价值在于数据的采集。

由于油藏深埋地下，油井在几千米的地层中，抽油机只要没有坏，就在不停地抽汲着。但是，是否每次都是有效运行，注满泵、满负荷地在工作呢？这就不一定了。人们如何才能最快速度知道抽油机是在最有效地工作、油井是完好的、油泵是有效的、地层压力是满足要求的等，只有通过自动化、智能化的设备代替人，感知先觉，即只有安装各类传感器，人们利用传感器对被测对象的感知，也就是对数据的采集，然后处理、分析，才能知道被测对象的基本状态。所以，油田物联网建设的价值重在数据采集。

2. 油田物联网技术的价值重在动态数据，它是油田地质研究的重要依据

在很多人看来，油井生产数据只是知道这个井每天的产量，而产量又是生产部门的事，数据形成的功图，只是生产技术人员的事，与大多数人员没有什么关系。其实，这是一个非常错误的看法。

我们知道，每一口油气井每天每时都需要生产，为了提高产量，每停抽一口井都是一个损失，领导的心都要动一下，都要问为什么？是没有油气了，还是需要作业了，还是出事故了？但无论什么状况，产量损失是必然的。所以，作为油田生产，就是对每一口油井的经营，做到精心呵护。一般来说，领导和工程技术人员都很想知道每一时刻油气井的生产状况与产量变化，这样就要采集每一时刻的数据，从而动态地观察其变化，这就产生了动态数据。

动态数据不但对于油气生产管理过程中观察每一口井的变化非常重要，而且每口油气井的生产数据也是地质研究和编制开发方案的一个重要依据，没有每一个单井的历史数据，就没有办法分析这个区域的生产能力，也就没有办法编制新的开发方案（图 1.4）。

图 1.4 是某油田油井生产历史数据分析综合曲线图，做法是将单井的产量按照天或者年，形成一个数年的产量曲线。从图中可以看出，该油田 2005 年 8 月至 2010 年 3 月投产油井数、日产油、平均单井日产油、综合含水、采油速度等重要信息。还可以分析投产以来年平均递减率，看到整个生产状况为井网不完善的低产，目前具备了一定的含油面积和地质储量规模，也摸清了油藏的产能状况，具备了投入注水开发的条件等，这样就可以编制注水开发方案了。

单井数据对于油田非常重要，单井的动态数据就显得更重要了。从而，油

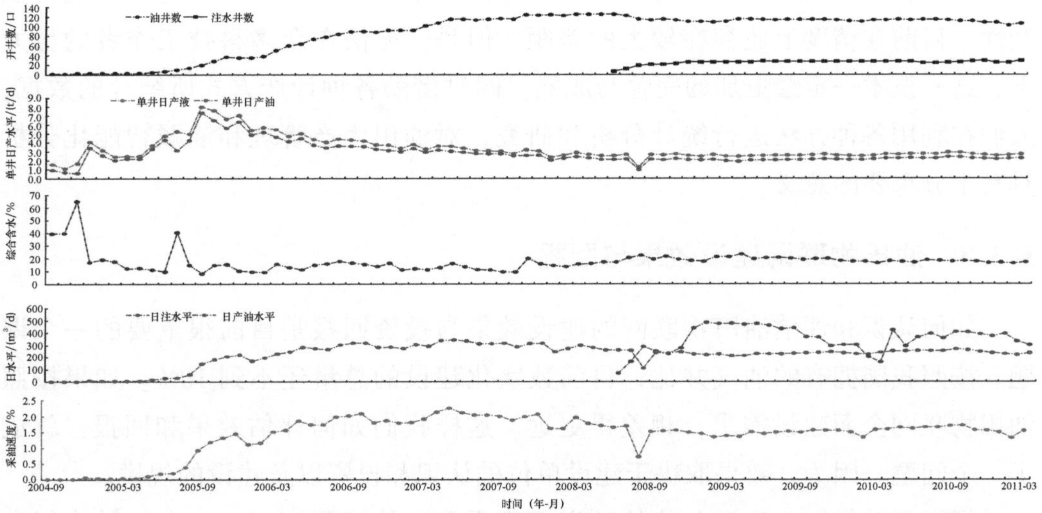

图 1.4　某油田油井生产数据综合曲线图

气井安装各种传感器监测生产动态并采集数据，是油田企业数字化建设的最基本的方法，也是目前最有效的获取有效的、有价值的动态数据的技术与方法。

物联网建设的价值在于有效地对单井连续地测量和记录动态的数据，这在人工管理是做不到的。

3. 油田物联网技术的价值重在能对数据进行挖掘，数据是油田企业的资产与财富

随着油田物联网建设的发展和油田生产挖潜、滚动开发的需求，油田生产过程中的各种数据显得越来越重要，尤其对于单井产量、地质研究的各类数据都成为油田企业重要的资产和财富。

对于单井产量的计产，目前非常渴望。因为，单井生产数据的真实性与准确性，反映了这口油气井的基本现状和生产能力，根据这些数据可以真实地分析递减率和产能等。但是，目前各种计产装置无论怎样设计和制作都无法满足单井的产量计量。通过很多学者的研究，认为可以利用功图计产。如果这一功能实现，不但可以实现单井计产，而且可以 24 小时连续计产，每一个时间段计产，人们可以利用这一真实的数据分析油气井的生产现状和产能，而更加准确和可靠。

其实，现在已经实现了功图计产，可惜的是，由于油气井工况和井况的复杂性，目前在精度上还存在较大的差距。但是，相信在众多科技工作者的努力下，这一技术一定会更加的完善与成熟。同时借助各种计产方式所统计的数据，人们在利用各种办法进行统计分析和研究，对油田生产管理和油藏智能化分析具有十分重要的意义。

1.3.3 油田物联网建设效果与回报

如何认识和评估油田物联网的建设效果与投资回报是目前很重要的一个课题。按照我国拥有的油气井比，目前数字化建设的总量还不到10%。如果按照油田物联网全面建设需求，相差得更远。这样我们如何评估效果和回报，就成了一个问题。因为，效果取决于建设单位的认识和投资以及建设的规模。

根据经验得知，建设单位的认识非常重要，认识程度高，一定能做成很高水平的规划和设计，就能加大投资力度，加快建设速度，扩大建设规模。认识一般化，自然就是等待、观望和搞点示范，有时只能当做点形象工程，如果这样就没有什么效果了。

油田物联网建设要从高层做起，“一把手”的认识和态度决定了建设高度、深度和速度。高层认识全面，严格要求，全方位地抓，就能建设得好。

如何评估油田物联网建设的效果，可以从以下三点来评估。

(1) 建设的规模：规模大，就能体现效果，规模小，就体现不出效果。

(2) 建设的投资：投资大小决定建设规模，没有投资，也就没有建设，投资小，也就没有规模。

(3) 建设的应用：建设就是为了使用，不用就没有效果。

事实上，油田物联网建设关键在于要对所采集的数据做很好的分析和应用。特别是作为数字油田建设的重要组成部分，在数字油田的数据正常化建设中，油田物联网建设解决了长期以来难以获得动态数据的大问题，通过这一建设，可以连续不断地采集数据，达到数据正常化建设的目的。

关于回报问题，也就是投入产出问题，在这里我们不赞成用投入产出来计算数字油田建设，也不赞成用投入产出来评估油田物联网建设。因为数字化、信息化建设是信息技术、数字化技术渗透在油田专业技术中发挥作用，提升油田企业地位和竞争力的技术，提高油田技术的科技含量，提高油田生产工作效率在很大的程度上是无法评估和计算的。所以，油田物联网建设投资后的效用目前还不能落在吨油成本上。假如说一定要按照吨油成本的算法，那么，如何剥离、划分网络为油田办公、生产管理挣回多少钱，物联网为油田挣回多少钱呢？

数字油田技术除了是渗透在专业技术之中发挥作用外，同时还有一个特征是先投资后收益，长期效益。要量化回报结果需要大量的计算，但也很难计算出准确的结果。不过如果知道投资后的回报有多大，可以简单地计算。

（1）油田物联网建设后实现减员增效。据已有规模建设的油田企业报道，可以将一线人员裁减到一半，这样计算用工人员数量，一个井区人工成本可以降到50%。

（2）减少人员劳动风险赔偿损失。现在人员赔偿费高达40万~70万，减少人员劳动风险，以智能设备替代人工能做的事，首期投资较大，但是减少人员伤亡，没有赔偿费用，就是一个回报。

（3）利用功图诊断，减少油井空抽、耗电，实施低产井间隙抽油，远程启停，提高采收率所节约的费用，可以折算到吨油成本，降低成本，减少损失。如果能达到20%左右的话，对于一个大规模的油田就可以降低成本达到5%。按照油田企业每年100亿的投资，可以节约5亿元。

（4）时间是有价值的。著名诺贝尔经济学奖获得者，经济学家西奥多·舒尔茨（1976）认为正是人类的时间价值的提高，时间就更加值钱，这样才会有明显的技术进步和制度创新。显然，油田物联网建设后，油田企业的端对端，即“后端”直接对“前端”，在时间成本上大大降低，时间价值的提高，使得油田企业在管理上的成本也随之降低，但效率却大大提高了。我们以记者对某油田企业的报道为例：——近千名单兵解孤忧，万余名“蓝领”转“白领”。说到看井，采油八厂樊学作业区数字化监控中心值班人员难掩喜悦，以前长期住在偏远井场，既要防盗又要防野兽侵袭，担惊受怕却只看护着一个井组的几口井，数字化完成后，坐在山下的办公室通过视频就可看护好90个井场的400多口井，产生了“千里油区无人影，胜似千军在蹲井”的神奇效果。同时，有近千名员工撤离单井过上了集体生活，有1万多名需要在现场操作的“蓝领”转成“白领”（王晓晖等，2010）。据估算，假如按照1000口油井实施数字化管理建设，一口油井按照1万元的建设费，这就需要一次性投资1000万元，然后每年的维护费每一口平均按100元计，就是10万元。如果按照90个井场400口井，有

1000人撤离、裁员的成本，每年节约人工成本和时间成本为500多万元，建设成本只要用两年就可收回。可见其经济价值之高。

以上都是根据推理计算，不具有事实说服力。但是，可以肯定一点，油田物联网建设给油田企业确实带来了很大的效益，因此，回报无疑也是巨大的。

不言而喻，数字化管理建设是最好的选择，油田物联网技术不仅仅在于投入与产出比，更重要的在于它的真实效果与价值。其实，也可以多多少少地看出了投入与产出比，这就是油田物联网建设的回报与效果。

1.3.4 油田物联网建设的愿景

油田数字化管理模式什么样？就是快捷、简单、方便、准确、高效，以将劳动强度、安全风险、生产成本降到最低。

在目前，油田物联网建设还有一个问题，就是油田物联网仅仅改变了油田企业生产过程的管理运行方式和劳动组织架构。但是，数字油田建设还没有完成油田企业整体经营模式的改变，这个模式应该是油田数字化的管理模式。这实质上是要求数字油田的物联网建设，一定要成为数字油田时代先进特征的体现，就是通过油田物联网建设后数字化管理技术改变油田企业的传统的管理模式，不应该在特别先进的数字化技术下的油田生产中还沿用传统的管理方式，这对于数字油田时代是不相符的。对此，我们描绘的场景以此为愿景。

1. 远程办公场景

油田地处偏远，多位于沙漠、山区、海域等，分散而路远，很多基层与职工需要上报计划和工作请示，包括职工请假，都要跑到机关来请主管领导，甚至厂长批准。但是，往往不是领导开会，就是出差、下基层，很远的路要跑上很多次，加大了基层单位和职工的时间成本，职工经常怨气很大。利用数字油田办公系统，领导可以随时、随地审批公文和基层申报及职工请假等手续。这样就节约了职工的时间成本，还可以及时解决职工着急的事情，使之得到尽快的答复，领导也可以随时随地地办公。

主要技术：数字油田中的智能办公系统与油田企业的行政管理流程得到充分的融合，利用移动网络和优化软件系统技术，使管理业务和管理方式发生变革，工作时效性得到了提升。

2. 数字化管理场景

生产调度方面，在油田的各种生产设备上安装各类传感器等自动化和智能化的设备，采集各类数据，经过各种通信方式与技术传输到控制室，然后进行数据处理、数据集成与管理、数据分析，从而出现传统油田生产过程的简化与优化。这一模式主要表现在三个层面的变化：在生产一线的层面上，以基本生产单元过程控制为核心功能的生产管理系统，重点实现对基本生产单元过程的控制和管理，主要采用物联网技术与方法完成数据采集与传输；在中间层面上，以公司生产指挥调度、安全环保监控、应急抢险为核心功能的生产运行指挥系统，主要采用数字化管理与平台技术完成数据集成与分析及应用；在深层次层面上，是高效管理与正确有效的决策。在一般的决策中，企业领导和工程技术人员很难对模糊地带的量化与清晰的表达，原因就是没有足够的数据做支持，油田物联网技术为油田企业在重大问题的决策中可以提供更多的数据支持，保证能够在第一时间内完成准确的决策，实现远程指挥调动与控制。

数字化管理的核心是在优化生产工艺流程的基础上，将数字化与劳动组织架构相结合，按生产流程设置劳动组织架构，实现生产组织方式和劳动组织架构的深刻变革；把油气田数字化管理的重点由后端的决策支持向生产前端的过程控制延伸，充分利用和发挥数字化技术在生产建设中的作用；通过数字化管理，促进地面工艺模式的优化，创造条件使组织设置与生产布局相统一；实现减员增效，精简机构，“让数字说话，用数字指挥”。这应该是油田物联网建设后，或者说是数字油田建设最大的变革，因此，油田企业必须在管理模式上发生深刻的变革。

3. 油藏管理的愿景

油藏，在某种程度上说就是油田企业的生命，人们在很大程度上就是围绕油藏开展工作，只有将油藏搞清楚了，油田也就清楚了。因此，油田企业其实就是以油气藏经营管理为核心的决策，在油藏管理与研究中，油田物联网技术提供大量的动态数据，而且这些数据对于准确地知道油藏的能力具有十分重要的意义，即充分利用油田物联网和数字化管理中的动态数据加强地质研究、提高采收率。所以，未来油田就是在指挥中心观察油田物联网辅助决策系统，加上油田决策者的指挥，只要轻轻点击鼠标就可以完成决策。

这就是油田物联网建设的最为重要的意义。

1.4 小 结

本章首先对油田物联网建设在油田企业中的作用进行了论证，并在此基础上进一步阐述了油田物联网建设的意义，对油田物联网建设的价值与回报进行了分析与讨论。

（1）数字油田是以数据为核心内容建设的系统工程，从数据采集、数据传输、数据存储到数据分析应用，构成一个完整的数字油田数据体系。数字化管理是数字油田的一个重要组成部分，它先于油田物联网建设开创了数字油田技术的先河，改变了油田企业的生产运行管理方式和生产组织构架，为油田企业建设与发展发挥了很大的作用。

油田物联网技术的出现，可以更大范围地集成油田数字化管理技术的内容，从更新的角度实现油田内的物物相连，其中包含很多的功能，如包括智能化、数字化、信息化等现代高科技的功能在内的远程控制、功图计产、设备管理等。其中的功图计产功能，是油田生产需求非常迫切的一个功能。因为在目前还没有很好的办法来准确计量单井产量时，如果能够利用油井监测系统实现单井计量，精度可以达到5%的话，那就是数字油田技术上一次革命。因此在数字油田建设中，数字化井场或者油田物联网建设的抽油机监测监控是极其重要的建设内容，不但可以诊断工况与井况，还能计量，这是一举多得的好方法、好技术。当然，这一技术还需要深入、科学的研究来完善它。

（2）随着物联网技术的发展，特别是大规模的油田物联网建设后，数字化设备、物联网设备自身的管理与远程监测也提上了日程。我们如何能够快速地知道每一个单一的设备什么时间到期校正、出现问题预期等的管理，都是随着数字化、物联网建设后出现的新的技术问题。同时，还带来对油田物联网管理和应用的工程技术人员、管理人员的严重不足问题，这需要大规模地培训和培养人员，以便很好地管理与利用油田物联网技术的成果。

（3）大数据时代已经到来，油田物联网建设之后将会产生大量的数据，这些数据是油田最重要的、最有价值的动态数据。对数据的有效保护、管理和安全存储与挖掘，将是未来数字油田的一个重大的任务，也是油田物联网建设后期的重大任务。利用先进的数据统计分析技术，从数据中获得更多的信息，找到更多的油气资源，提高采收率，成为今后更加光荣的使命。

总之，对于这些正在发展和出现的新的需求与技术创新，将会成为新的问题，本书就是寻求在对已有技术进行梳理和总结基础上，对未来技术创新的探索与表达。无论这本书能够带来多少价值，我们都在努力地做到真实与完美。我们相信油田物联网建设还会在建设中不断地创新与发展，因此我们需要大家一起来共同努力，推进数字油田的健康发展。

第2章 物联网与油田物联网

物联网已成为全球构建新经济社会发展的新模式，在一些国家，包括我国在内，都把物联网视为重塑国家新技术战略和长期对外竞争力的先导技术。油田物联网是物联网在油田中的延伸，是物联网的一个新领域。为此，很有必要对物联网和油田物联网的相关概念、原理、技术等加以研究。

2.1 物 联 网

2.1.1 物联网的概念与技术

1. 概念

物联网被誉为第三次信息产业的浪潮。物联网的英文名称为"The Internet of Things"，意为"物物相连的互联网"，也就是说物联网是互联网发展的一个继承，同时也是一大飞跃，它将互联网中的计算机互联互通的网络发展到物与物互相连通的网络模式，它将人与人作为终端的互联网发展到物与物作为终端的物联网，它将互联网中人作为控制者的网络发展到物也可以作为控制者的网络。所以，这些进展是新技术发展的成果，已经超越了互联网原有的内涵，互联网是物联网的重要组成部分，物联网是互联网发展了的更高层次，联系了所有可以连接的事与物。所以，无论如何，物联网已是事实，我们需要认真地学习、理解和应用。

物联网又名传感网，于1999年提出，2005年普及，2009年大发展。当然，也有人认为2010年是物联网的元年。

1999 年，中国科学院启动了传感网研究，与其他国家相比具有同发优势。

2005 年 11 月 27 日，在突尼斯举行的信息社会世界峰会（WSIS）上，国际电信联盟（ITU）发布了名为“ITU 互联网报告 2005：物联网”的报告，正式提出了物联网的概念。

我国于 2009 年 8 月提出“感知中国”后，便将物联网正式列为国家五大新兴战略性产业之一，由此物联网在中国受到了全社会极大的关注，从而推动了物联网的快速发展。

按照通常的做法，要给物联网一个定义，就是：物联网是指通过射频识别（radio frequency identification，RFID）装置、红外感应器、语音识别装置、条码识别、全球定位系统、激光扫描器等信息传感设备，按约定的协议把任何物品与互联网相连接起来，进行信息交换和通信，以实现智能化识别、定位、跟踪、监控和管理的一种网络。

物联网具有广泛的外延与深刻的内涵，其概念可以延伸为：将电子技术、信息技术渗透到各行各业的机器之间、机器与人之间、人与现实环境之间的设备和技术中，以实现高效的信息交互方式，并通过新的服务模式使各种信息技术融入社会与设备行为，使信息化在人类社会综合应用中达到更高的境界。

2. 技术

物联网技术有两个关键技术，即射频技术与无线通信技术。

1）射频技术

射频技术即无线射频识别技术，其基本工作原理并不复杂，就是标签进入磁场后，接收解读器发出的射频信号，凭借感应电流所获得的能量，发送出存储在芯片中的产品信息（无源标签或被动标签，passive tag），或者由标签主动发送某一频率的信号（有源标签或主动标签，active tag），解读器读取信息并解码后，送至中央信息系统进行有关数据的处理。

一套完整的 RFID 系统，是由阅读器（Reader）与电子标签［TAG，也就是所谓的应答器（Transponder）］及应用软件三个部分组成的，其工作原理是：阅读器发射一特定频率的无线电波能量给应答器，用以驱动应答器电路将内部的数据送出，此时阅读器便依序接收解读数据，送给应用程序做相应的处理。

从 RFID 卡片阅读器及电子标签之间的通信及能量感应方式来看，大致上可以分成感应耦合（inductive coupling）及后向散射耦合（backscatter coupling）两种。一般低频的 RFID 大都采用第一种方式，而较高频率大多采用第二种方式。

阅读器根据使用的结构和技术不同可以是读或读/写装置，这是 RFID 系统信息控制和处理中心。阅读器通常由耦合模块、收发模块、控制模块和接口单元组成。阅读器和应答器之间一般采用半双工通信方式进行信息交换，同时阅读器通过耦合给无源应答器提供能量和时序。在实际应用中，可进一步通过 Ethernet 或 WLAN 等实现对物体识别信息的采集、处理及远程传送等管理功能。应答器是 RFID 系统的信息载体，目前应答器大多是由耦合原件（线圈、微带天线等）和微芯片组成无源单元。

2）无线通信技术

物联网要将物物相连，其中一个关键是通过一定的无线通信方式，将物品之间的信息沟通、汇聚。一般认为，互联网是物联网最重要的基础，在当前条件下，物联网是不能离开互联网的，因此，射频技术除了其 Reader 发射特定频率的无线电波能量给 Transponder，用以驱动 Transponder 电路将内部的数据送出外，大量的数据还是需要用一定的通信网络将 RFID 系统互联成一个网，因此，互联网就构成了物联网技术的另一个关键技术。

由此可见，物联网中非常重要的技术是 RFID 电子标签技术。由于其比 Internet 更为庞大的物联网，成为 RFID 技术发展的趋势。

2.1.2 物联网的原理

物联网是在计算机、互联网的基础上，利用无线射频识别技术、无线数据通信等技术，构造一个覆盖世界上万事万物的物品信息，即网中万物自动识别、信息共享，按照人们预先制定的规范彼此“交流”的网络。

在这个网络中，物品能够彼此“交流”，而无需人的干预，其实质是利用射频自动识别技术，通过计算机互联网实现物品的自动识别和信息的互联与共享。它是以 RFID 系统为基础，结合现有的网络技术、数据库技术、中间件技术等，构筑一个由大量联网的阅读器和无数移动的标签组成的，通过射频信号自动识别目标对象，并获取物体的特征数据，将生产生活中的物体连接到同一个网络和数据库中，进行实际应用的网络体系。

物联网是将网络和信息化推进到物体的一个技术。物联网中的 RFID 标签中存储着规范而具有互用性的信息，通过无线通信网把它们自动采集到中央信息系统，实现物品的识别，进而通过开放性的计算机网络实现信息交换和共享，以实现对物品的实时性、网络化和远程管理。

因此，物联网的表象是物物相连，物联网的本质是感知感觉。所以，一个物联网的构成，具有以下三个基本步骤：

第一步，对事物属性进行标示；

第二步，需要识别设备，完成对物体属性的读取，并将信息转换为适合网络传输的数据格式；

第三步，将物体的信息通过网络传输到信息处理中心，由处理中心完成物体通信的相关计算。

由此构成了物联网。其基本原理为感知层—汇聚层—信息层—大数据分析与应用。这就是数据采集、数据传输、数据的存储和数据的处理与应用。

2.1.3　物联网的特征

物联网和传统的互联网相比，具有鲜明的特征。

首先，它是各种感知技术的广泛应用。物联网在部署了海量的多种类型的传感器后，然后通过遍布在各个地方和物体上的各种各样的传感器，来最终感知整个被测对象和管理对象。每个传感器都是一个信息源，不同类别的传感器所捕获的信息内容和信息格式不同。传感器获得的数据具有实时性，即按一定的频率周期性地采集环境信息和被测对象，并不断地更新数据，最终通过无线网络传输到控制中心或者数据中心。

其次，它是一种建立在互联网上的泛在网络。物联网技术的重要基础和核心仍旧是互联网，通过各种有线和无线网络与互联网融合，将物体的信息实时准确地传递出去。在物联网上的传感器定时采集的信息需要通过网络传输，由于其数量极其庞大，形成了海量信息，在传输过程中，为了保障数据的正确性和及时性，必须适应各种异构网络和协议。

再次，物联网不仅仅提供了传感器的连接，目前，在无线传感网中传感器其本身也具有智能处理的能力，能够对物体实施智能控制。

最后，物联网具有多种数据融合的特征。物联网技术面临诸多技术开发方面的挑战。物联网是嵌入式系统、联网和控制系统的集成，由计算机系统及包含传感器和执行器的嵌入式系统等异构系统组成。首先需要解决物理系统和计算机系统的协同处理。由于传感器节点数据不可能单独传输到汇聚节点，需要采用数据融合和智能技术进行处理。其次要完成各种系统的集成，以实现物联网中的数据融合。所以，只有完成物理上的协同处理和系统集成，才能组合出高效、有用的信息。

2.1.4 物联网的技术架构

物联网是一个动态的全球网络基础设施，具有基于标准和互操作通信协议的自组织能力，其中物理的和虚拟的“物”具有身份标示、物理属性、虚拟的特性和智能的接口，并与信息网络无缝整合。

从技术架构上来看，物联网可划分为一个由感知层、网络层和应用层组成的三层体系，如图 2.1 所示。

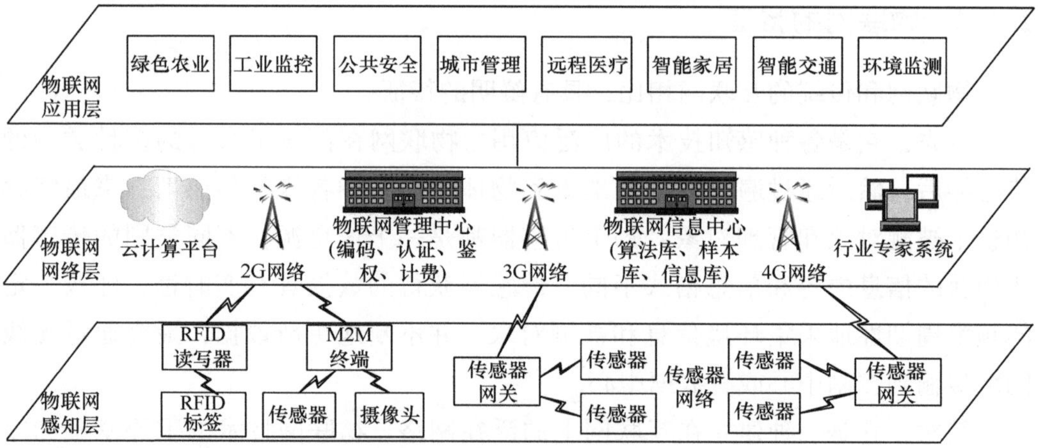

图 2.1 物联网技术架构模型图（据徐勇军等，2012，有改动）

感知层由各种传感器以及传感器网关构成，主要包括二维码标签和识读器、RFID 标签和读写器、摄像头、GPS、二氧化碳浓度传感器、温度传感器、湿度传感器、压力传感器、电量传感器以及 M2M 终端、传感器网络和传感器网关等感知终端。感知层的作用是感知对象，它是物联网识别物体、采集信息的来源，其主要功能是识别物体，采集、捕获信息。

网络层由各种私有网络、有线和无线通信网等各种通信网络与互联网形成的融合网络、网络管理系统以及物联网管理中心、信息中心、云计算平台、专家系统等对海量信息进行智能处理的部分组成。网络层的功能是负责传递和处理感知层获取的信息。

应用层是通过物联网和用户（包括人、组织和其他系统）的接口，将物联网技术与行业专业领域技术相结合，实现广泛智能化应用的解决方案。物联网通过应用层最终实现信息技术与行业专业技术的深度融合。

物联网的行业特性主要体现在其应用领域内，目前绿色农业、工业监控、公共安全、城市管理、远程医疗、智能家居、智能交通、环境监测和智能油田等各个行业均有物联网应用的尝试，在很多行业领域已经积累了很多成功的案例。

也有学者将三层架构划分为信息层、汇聚层、智能层。信息层主要是 RFID、条码和各类传感器，汇聚层以智能网关为主，包含 PHPC 及计算机，智能层包含自组织、自反馈等系统。二者理念基本差不多，只是从不同角度进行论述而已。

2.2 油田物联网

油田物联网是物联网技术在油田中的延伸。

有学者认为，物联网是新概念、老技术，原因是物联网借用了互联网的概念和 RFID 的技术，为了扩大应用领域和市场利益，硬是拉上传感器，以推动一个产业。

这个思想有一定的道理，但是，科学技术的相互融合与兼容，完成技术的升级与扩展，是完全可以的。而油田物联网就是一个很好的事例。

2.2.1 油田物联网的概念与分类

1. 概念

油田物联网一般通过采用各种传感器对油田被测对象的感知，采集被测对象的数据，利用数据对被测对象进行识别、分析、判断与控制。油田物联网分为广义的油田物联网和狭义的油田物联网。目前研究和建设的主要是狭义的油田物联网，即油气田生产物联网。本书为了叙述方便，统一称为油田物联网。

油田物联网的本质就是数据采集、数据传输、数据管理与应用的过程。油田物联网严格地讲是传感网。对此，我们需要对油田物联网的翻译做一点讨论。油田物联网即“sensor network in oilfield”，缩写为 SNO，这是因为油田物联网主要是由各类传感器组成的，由传感器采集被测对象的数据。如果要套用国际通用的物联网，即“internet of things”，油田物联网应该是“the internet of things for oilfields”，缩写为 ITO，但按照油田物联网内涵与外延，显然不是很准确。当然，如果用“sensor network in oilfield”（SNO）作为油田物联网英文名称，大家又觉得不合国际约定俗成。因此，我们可以作为一个问题，让大家来共同探讨。

显然，油田物联网除了很少的方面应用 RFID 技术以外，大量的是应用传感器，对一些需要知道的未知的物体或事物进行感知，就是感知被测对象，达到“智能化识别、定位、跟踪、监控和管理”的目的，“按约定的协议把任何物品与互联网相连接起来，进行信息交换和通信”，最终构成一个网络。这说明油田物联网的定义并不勉强。采用油田物联网（sensor network of oilfield，SNO）应该没有太大的问题，只要约定俗成了，也就通用了。

其实，本书目前主要讨论的油田生产物联网（internet of things for production of oil and gas），即狭义的油田物联网是通过传感器、射频、通信等技术，对油、气、水井，以及计量间、油气站库和相关集输管网等生产对象进行全面的感知，实现生产数据自动采集和控制及油田生产运行监控和管理，进而提高生产操作单元的自动化水平，进一步提高油田生产决策的及时性和准确性。

因此，我们给油田物联网一个定义：油田物联网是指通过在油田生产环节的设备上安装各种传感器，实施对被测对象的感知，完成数据的实时采集，按照相应的或者约定的协议传输数据，其实是按照一定的通信方式连接起全部数据采集节点，构成的油田的传感网络。

油田物联网概念的内涵和外延还在发生着变化。内涵是因为我们还没要看到其本质内涵，外延是因为受到科学技术发展的影响很大，还在不断地延伸。所以，油田物联网不仅限于油气生产过程的传感器数据采集、无线数据传输、数据存储与应用等，还包括勘探开发过程中各种数据采集系统，如地震采集、随钻系统、智能录井、智能测井以及岩心测试等。这样理解油田物联网的概念，将会大大地扩展到涵盖油田的一切数据采集系统，这都是油田物联网技术。

这样让大家对油田物联网有了更加清晰的认识后，就可以很好地建设好油田物联网了。

2. 分类

油田物联网是一个范围很广的一个概念，根据油田物联网广义的概念可分为油田勘探开发物联网、油气生产物联网和油田智能物联网等。油田勘探开发物联网又可分为地震采集物联网、非地震采集物联网、钻探与随钻采集物联网、智能录井物联网、智能测井物联网、智能完井物联网、智能岩心测试物联网等。油气生产物联网可分为油气井监测监控、注水井监测监控、水源井监测监控、集输站监测监控、输油管监测监控等。油田智能物联网还在理论探索之中。因此，我们将油田物联网可定义为更广范围的系统，如图 2.2 所示。

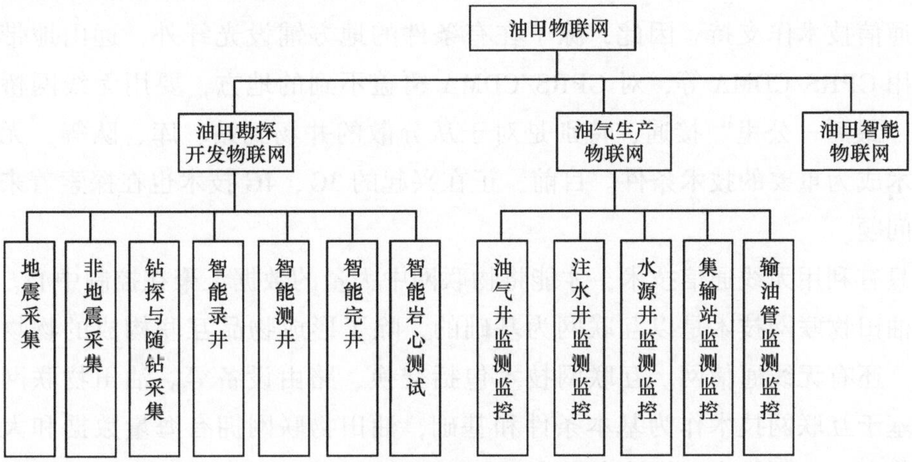

图 2.2 广义油田物联网技术分类模型图

油田物联网还在不断发展之中，相信油田物联网技术在油田也将会有更加广泛的作用和意义。

本书主要以油气生产物联网为研究对象，研究油田油气生产物联网的技术与建设，为叙述方便，以下统称为油田物联网。

2.2.2 油田物联网技术的概念和原理

1. 油田物联网技术的概念

油田物联网技术是传感器技术、无线通信技术等在油田生产过程中的应用，因此，被感知的对象具有很明显的标志，这就是油田生产过程的各种设备及其事物。所以，油田物联网的关键技术有三个。

其一为传感器技术。由于油气田生产的特殊性，油气田各种设备装置是油气生产的主要工具和手段，因为油气从地下采出到送入炼化厂，无处不用设备和仪器、仪表，将传感器安装或置入油气田生产过程的各种装置中感应设备的状态，采集各种数据，通过对数据的处理、分析，再对装置优化，反馈、控制是最基本的技术之一。因此，传感器技术是油田物联网的关键技术之一。

其二为无线通信与网络技术。油气田全部在野外作业，大漠、深山、远海都是油气田的生产基地，在油气田实施油气田物联网数据汇聚中，必须要具有无线通信技术作支持。因此，除了在有条件的地方铺设光纤外，远山地带还大多采用 GPRS/CDMA 等，对 GPRS/CDMA 覆盖不到的地方，要用无线网桥技术等把“最后一公里”接通，特别是对于从分散的井场到站、库、队等，无线网桥技术成为重要的技术条件。目前，正在兴起的 3G、4G 技术也在探索着来解决这一问题。

只有利用无线通信技术，才能将物联网中大量的数据汇聚在控制中心。

油田物联网技术是以互联网为基础的，除了形成物品互联构成的物物相连的网，还有无线通信网。互联网技术包括交换、路由设备等。油田物联网首先必须基于互联网技术作为基本条件和基础，油田物联网拥有海量数据和大量的有用信息，必须依靠网络技术完成。

其三为嵌入式系统与嵌入式人工智能技术。物联网是在互联网的基础上，将用户与物品或者物品与物品用互联网进行连接，并通过互联网进行信息交换和通信的一种概念。物联网主要通过信息采集设备以及能够将这些信息采集设备接入互联网的终端平台来实现。这样嵌入式系统与嵌入式人工智能技术是一项重要的技术。对于一些数据量不大，传输速率要求不高的应用，要考虑用较低的成本实现最可靠的物联网服务，嵌入式系统与嵌入式人工智能技术是必选的技术之一。对于油田来说，数据量大，但在追求低耗、低成本的情况下，也要选择这一技术，如接口电路技术系统，整体结构如图 2.3 所示。

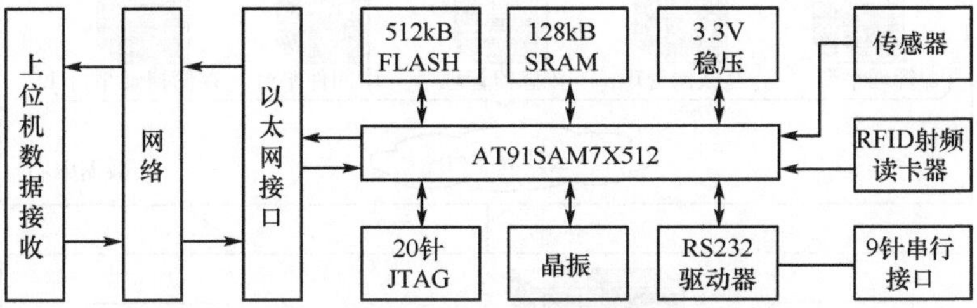

图 2.3 油田物联网接口电路技术示意图

图 2.3 是一个由传感器、RFID 信息进入到系统后的嵌入式人工系统，通过这一系统可以解决数据在低功耗条件下的传输。以设计方案灵活、功耗可控制等为特点，比起通用计算机，其具有针对性更强、体积更小、成本更低等优点，一般是物联网领域应用设计的首选方案。

2. 油田物联网技术原理

油田物联网技术在油田的应用中，主要通过各种传感器对油田生产过程与环节对象进行实时数据采集，将采集到的数据通过有线或无线网络传到控制中心，控制中心根据实时采集到的数据进行分析处理，通过分析结果再对检测对象进行实时反馈、控制。

实际操作是通过大量安装在数据采集对象上的传感器对被测对象的实时测量，如对抽油机的检测、对井下地层和井筒的检测、对井口设备运行和流体属性的检测等。这些检测过程全部进行处理后，以数据的方式表现出来，如对抽油机的测量，以功图数据以及油井压力、油管温度数据等显示和反映出来。这些数据要通过无线和有线网络组成的局域网将采集的数据实时传输到信息管理中心的数据库或者云平台，如图 2.4 所示。

图 2.4 反映的是一个油田物联网的基本原理。感知层通常被称为信息层，就是获取油田信息的技术组成，包括 RFID、条码和传感器。其实是在油田安装了大量的传感器。通信层是对传感器所采集的数据进行传输。在油田物联网中会有各种通信技术方式可利用，每一个通信技术都会组成相应的网。这是一个泛

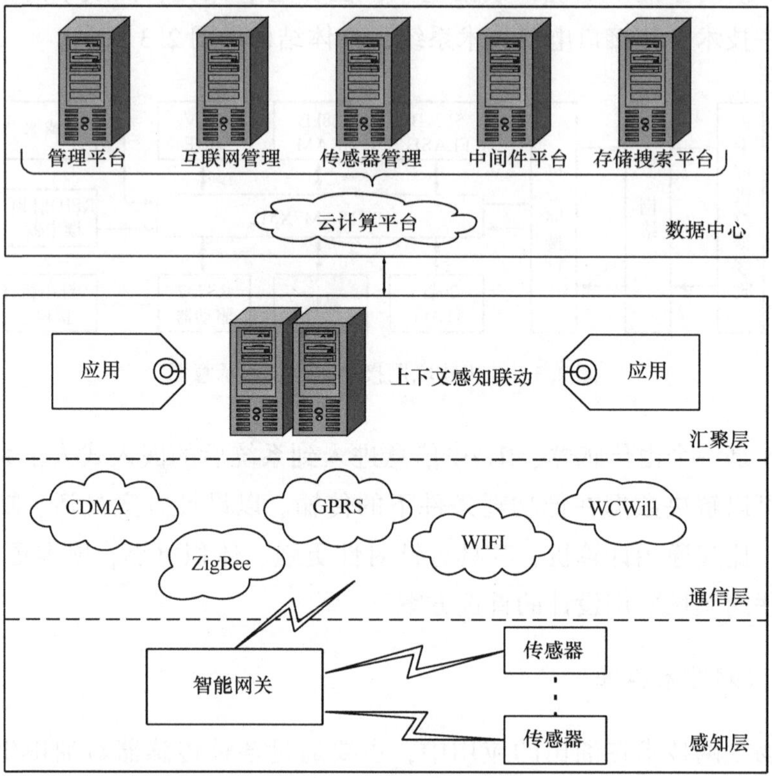

图 2.4　油田物联网原理模式

在的相互可以利用转化的网。汇聚层是将数据传输到相应的地方后的数据处理、分析、应用。

油田物联网就是利用实时数据流，结合创新型软件应用和高速计算机系统，按照科学的数据模型进行数据的组织与管理，结合需求模型进行知识集成，通过应用智能识别、数据融合、移动计算、云计算等技术进行有机统一，建立快速实时的动态应用系统，进而支持石油地质综合分析、油藏状态分析、远程监控分析，配合遥测传感器、智能井和自动控制功能，完成生产实时诊断，综合决策，达到对油田更直观、高效、准确的管理，实现准确预测、精确控制，发现油藏，提高产量，创造效益，转变生产经营模式的目的。

云计算是物联网后续处理与应用的平台，在未来，云计算要承担对物联网数据的汇聚和智能处理，特别是要走绿色油田之路，云计算是重要技术之一。

由此可见，油田物联网的基本原理是利用各种传感器对油田被测对象的感知，采用各种数据，再利用无线或者有线传输技术集成数据传给，数据中心对传感器所采集的数据进行数据处理和应用，这就是油田物联网，其本质是数据采集、数据传输、数据管理、数据应用的一个过程。

2.2.3 油田物联网的特征

油田物联网的特征主要表现在以下三个方面。

(1) 传感器的特征。物联网主要是通过射频技术来实现对物体的跟踪，而由于油田的特殊性，无法对油田生产设备和特殊的流体“产品”（油气）跟踪，但是利用各种传感器可以实现感知与监测。

(2) 规模巨大的网络。油田物联网可以根据建设的规模形成巨大的网络体系，网络将油田生产区域和生产全过程组织到一起，形成一个无线+有线的网络，不但可以完成数据的传输，而且可以完成远程的控制，做到“端”对“端”，就是通过生产指挥中心，直接对现场做远程控制。

(3) 智能控制的特征。油田物联网不仅仅提供传感器的连接，其本身也具有智能处理的能力，能够对物体实施智能控制，如油井远程启停。所以，物联网将传感器和智能处理相结合，利用云计算、模式识别等各种智能技术，扩充其应用领域，从传感器获得的海量数据中分析、加工和处理出有意义的信息，以适应不同用户的不同需求，发现新的应用领域和应用价值。

总之，油田物联网是物联网技术在油田中的延伸，油田物联网就是利用传感技术、计算机技术、通信技术、数字控制、网络技术、系统集成及数据共享技术，以油田生产过程管理与科学化运行为中心，创新油田生产运行与管理模式，开发建成集井场数据自动采集、数据加工分析、设备远程控制、远程视频监控及分析决策为一体的油田开发生产信息管理网络系统。

其实，油田物联网最大的特征是采集数据、传输数据、存储数据、处理和应用数据。

2.2.4 油田物联网的技术架构

油田物联网的技术架构完全遵循物联网技术的三层结构（图 2.5）。

在感知层，利用安装在油水井、阀组间、中转站、联合站以及管线等站点

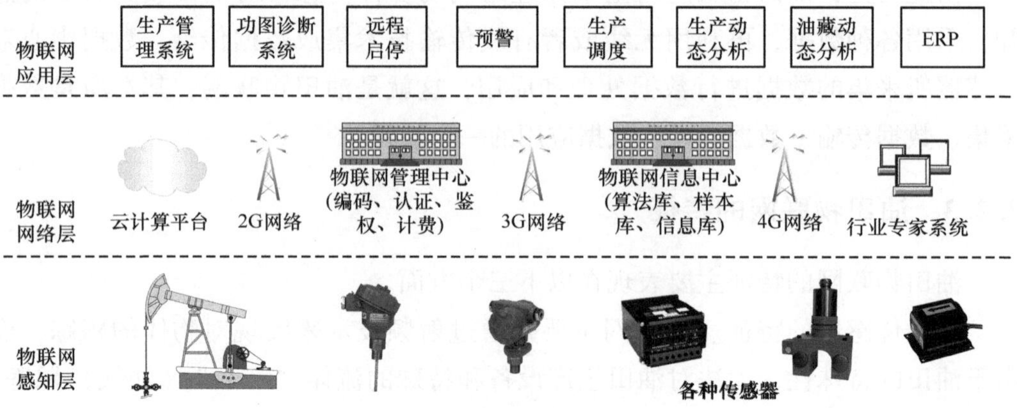

图 2.5 油田物联网技术架构

设备的传感器对油田进行感知，采集数据。

在网络层，通过油田数字化网络传输平台，满足数字化油田建设的需要。在光缆可达的站、库以及作业区以上，采用光纤传输方式，保证采集数据、视频数据的稳定传输。网络层的组网能力和覆盖等诸多技术是保证数据传输的关键。

在应用层，主要根据不同的对象编制出适应管理的处理模块，即物联网与石油行业专业技术的深度融合，与行业需求结合，实现行业智能化。

油田物联网的技术架构很明确，数据采集主要由各类传感器完成。数据传输主要由无线+有线网络完成。数据的存储、管理与应用主要在控制中心完成。

油田物联网管理根据数据技术架构可分为三级，其主要内容包括：①实时显示采油厂、作业区（联合站）、增压点（井场）的集输系统运行状态，设置交油、含水、温度等关键运行参数的报警限度，出现异常及时预警；②实时显示供注水管网、注水井、水源井的运行状态和相关参数，灵活设置注水井注水压力和瞬时流量波动上下限，若实时数据超限，系统及时报警确保平稳注水，当生产井的产液量、产油以及含水发生较大变化时系统自动提示报警；③对油井工况进行实时诊断，并显示示功图、泵功图、诊断结果及相关数据，提出措施建议；④实时监测井场集油管线、站点外输管线、注水管网的压力流量运行状况，自动判识正常运行状态下参数范围，并设置预警报警界限，从而在异常情况下实现自动报警预警功能；⑤采取巡检、特定报警等不同方式对站点井场进行实时监控，当有报警产生时，系统自动记录；⑥根据需要自动生成井、站、作业区、采油厂的各类生产报表；⑦对网络设备、现场仪表等数字化相关设备定时自动巡检，对故障设备进行报警提示；⑧根据安装设备的生命周期和维保周期，自动提出维护、更新信息；⑨显示油区道路图和电子值勤点分布情况，同时将车辆信息与公司 GPS 数据库进行数据交换，对异常信息告警提示；⑩智能预警子系统以客户端形式驻留运行在计算机中，当检测到预警信息时自动弹出界面，用语音播放报警信息，督促相关人员处理；⑪实时显示紧急事件发生部位，提示医疗、消防等相关信息，快速检索各类应急预案。

管理过程的基本模式与内容如图 2.6 所示。

图 2.6 表示了油田物联网的一般原理：简化了管理过程，利用数字化技术管理，可以从后端直接指挥前端。例如，抽油机远程启、停，工程技术人员在控制室根据功图诊断报告可以采用远程关停，以降低管理成本。

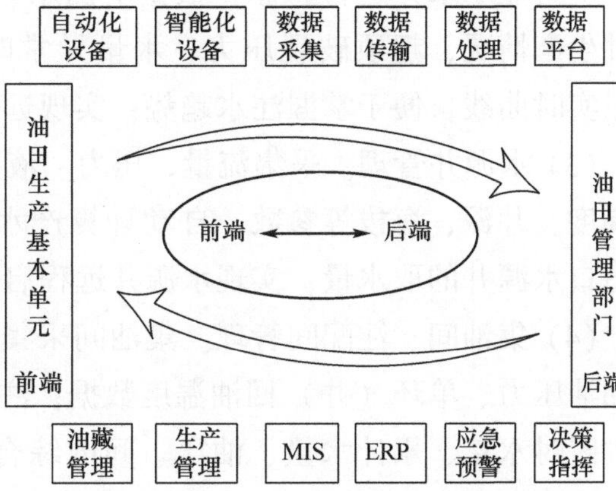

图 2.6　油田数字化管理过程模型

2.3　油田物联网技术的一般应用

2.3.1　油气水井监测与管理

油气水井监测与管理主要完成对油井、气井、注水井、水源井、集油间、注配间的数字化与管理。

(1) 油气井管理。在感知层，通过安装在油气井抽油机上的各种传感器，采集油井供电电流、电压、电量、功率采集，以及抽油机光杆的负载、位移和功图等数据。根据采集的数据，利用几何特征法、矢量特征法、差分曲线法等多种计算方法，实现抽油机的工况诊断；实现软件单井量油，实时计算单井日累积产量，即通过地面功图数据，计算出井下泵功图数据，对此泵功图进行分析，计算井下泵排量，进而求出地面折算有效排量；实现油井远程启停控制，并辅助声音告警提示；以泵效和相对流压曲线为基础，通过分析计算，自动绘制抽油机采井动态控制图，直观反映油层生产能力和抽油装置工况的协调关系；自动绘制示功图（包含功图叠加功能）、泵功图、电流图、功率图、泵效分析图；自动计算系统效率、平衡率、有效时率、地层流动压力等重要生产参数及油藏参数，为进一步的开发提供有效的依据。

（2）注水井管理。采集水井的泵压、油压、套压、瞬时注入量、日注入量数据。实时显示水井运行状态，根据所测水井油套压、瞬时流量，能够智能判断水井生产情况，超顶破裂压力、水量异常时，能够自动报警；自动绘制压力、流量实时曲线，便于掌握注水趋势；实现远程调节注水量控制。

（3）水源井管理。采集流量、压力、液面，潜水泵电参数据。根据水源井液位高度、井深、海拔等参数，自动计算产水能力，制定取水方案，以合理地分配每口水源井的取水量；实现水源井远程启停控制。

（4）集油间、注配间管理。集油间采集总管温度、总管压力、总回油温度、总回油压力、单环（井）回油温度数据；注配间采集总来水压力、总来水流量、单井瞬时水量、累计水量、油压、间内综合电流、电压参数、泵电流、电压参数。以实现间内的实时监控；实现间内单环远程总管水量控制及水井配水量远程控制。

2.3.2 生产辅助管理

（1）管网管理。主要完成管网监控、产量管理和配产管理。实现对外输管线、集油管线、掺水管线、注水管线的数据监控管理，并对异常压力、温度、流量数据进行声光告警；实现对作业区、站、间、井的产量及配产管理，绘制产量运行曲线，直观分析产量运行趋势。

（2）电力管理。主要完成对油井井排耗电量的管理。建立油井井排馈线的相互逻辑关系，实时计算单井及馈线的耗电量情况，并对馈线断电情况做出自动判断，并产生告警。

（3）设备维保管理。主要完成对生产设备的管理、抢修物资的库存管理，并对重要生产设备的维保时间进行维修保养提示。实现对抽油机、电机、抽油杆、抽油泵、柱塞泵等重要生产设备的数据库管理，并对设备维修、搬迁、报废、停用等进行管理，建立设备机历卡；实现对抢修物资入库、出库、返库等库存信息的管理；实现对生产设备维修保养自动提示；极大减轻人工巡查工作量。

（4）告警管理。完成对异常生产数据的告警，采用页面声光告警、手机短信告警方式。利用数据到达通知、异常数据智能计算等技术，实现对异常数据的告警；实现告警类型、告警阈值的灵活设置管理，可随时增改相关参数。

（5）矿区安防管理。主要完成对生产区、生活区、道路路口的视频监控及相关告警。采用移动画面智能分析技术，实现移动侦测、图像告警、突出锁定、智能记忆等功能。

（6）GIS 监控。主要完成将油水井、间、站、管线、电力、车辆运行及精确油耗管理等与油田生产管理密切相关的设备单元，按照不同图层部署到 GIS 影像图上，将这些生产单元进行直观的图像展示，并通过相应的鼠标事件实时查看设备的生产数据，对于异常数据，进行声光告警。

2.3.3　生产过程运行管理

油田生产过程是一个复杂的过程，这个过程的复杂主要由油田生产的性质决定，其中点多、线长、面广是一大特征，因此，利用数字油田的油田物联网技术对生产过程的运行管理是最适宜的。

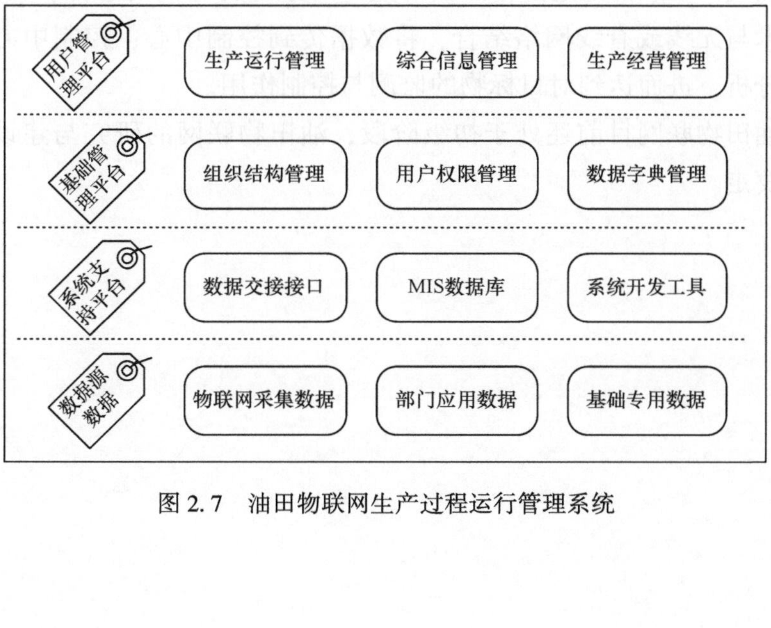

图 2.7　油田物联网生产过程运行管理系统

这个应用主要表现在对生产、经营的生产数据的处理和重要信息的分析。在这个过程中，最为重要的是建立在公司层面上的管理信息系统与数据库上，形成油田公司从生产一线到决策层的信息资源共享。

公司层面要充分利用现场所采集的数据，利用高水平的信息管理系统对数据的高效处理，也就是要开发出良好的数据接口，最大限度地使用数据，实现数据的共享和信息的准确（图 2.7）。

油田物联网最终采用的是通过管理信息系统的方式，对油田生产过程进行管理，由此可以提高管理效率，提高决策水平，提升企业核心竞争力，全面适应油田管理的需要，为油田企业发展做出贡献。

2.4 小　　结

本章对物联网以及油田物联网的概念、原理、特征、架构应用领域等分别进行了讨论。

（1）物联网是指通过射频识别装置、红外感应器、语音识别装置、条码识别、全球定位系统、激光扫描器等信息传感设备，按约定的协议把任何物品与互联网相连接起来，进行信息交换和通信，以实现智能化识别、定位、跟踪、监控和管理的一种网络。

（2）油气田物联网是通过传感器对生产对象进行全面的感知，再通过射频、通信等技术与无线或有线网络结合，将数据传到控制中心，控制中心根据对数据的处理分析，进而达到对目标物的监测与控制作用。

（3）油田物联网目前还处于初级阶段，油田物联网的研究与建设还有一段很长的路要走。

第 3 章 油田物联网传感器技术

传感器技术是当今世界普遍重视并大力发展的高新技术之一。在油田物联网建设中，传感器成为主要的数据采集装置之一，为油田数字化管理建设发挥了重要的作用。

3.1 传 感 器

在一个物联网系统中，传感器类似于人的感官，计算机相当于人的大脑，执行器相当于人的肢体，这三者构成了现代自动控制与数字化技术的一个系统。安装在油田设备上的传感器就是感官，用其感知油田中人们希望知道而又无法知道的被测对象的信息，其基本能力就是对生产设备、生产环节的数据采集，数据传到计算机中，进行数据处理，获得相关设备和事物的信息，从而得出正确的结论，实现对设备等进行诊断和反馈控制。

3.1.1 传感器的概念和作用

1. 传感器的概念

传感器（sensor）是一种检测装置，能感受到被测量的信息，并能将检测感受到的信息，按一定规律变换成为电信号或其他所需形式的信息输出，以满足信息的传输、处理、存储、显示、记录和控制等要求。它是实现自动检测和自动控制的首要环节。按照国家标准定义，“能感受规定的被测量件，并按照一定规律转换成可用信号的器件或装置，通常由敏感元件和转换元件组成”。这样我们可以简单地用一句话概括：传感器通常是指把不便于检测的非电物理量转换为与之有确定对应关系的易于检测、便于传输和处理的标准电量（4~20mA）输出的器件或装置。通用的传感器组成如图 3.1 所示。

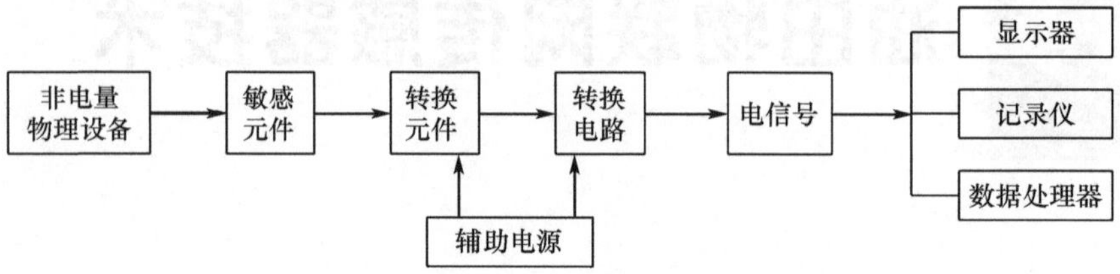

图 3.1　一般传感器的构成

由图 3.1 可以看出，敏感元件是面对被测对象的，外部的感受是敏感元件的输入，然后再输出给转换元件，即敏感元件的输出就是转换元件的输入，它把输入转换成电参量。敏感元件与转换元件在结构上通常是装在一起的。很多传感器是通过转换电路后才能输出电量信号，所以转换电路是传感器的组成环节，有时为了减小外界的影响，也希望在结构上组装在一起。不过，由于空间的限制或其他原因，转换电路常被装在电箱中。

2. 作用与功能

数字化的时代，人们在从事生产与科学实验活动中，需要对信息资源进行开发、获取和利用。传感器非常便于从被测对象中获取信息，是感知、获取与检测信息的重要手段，它提供系统赖以进行处理和决策必需的原始数据。所以，传感器包含两个重要的作用：一是检测信号；二是能把检测的信息变换成一种被测量有确定函数关系的，而且便于传输和处理的量。由此可以把传感器的功能归纳如下。

（1）测量与数据采集。这是传感器的基本功能，绝大多数传感器都能实现测量与数据采集。

（2）检测与控制。检测控制系统处于某种状态的信息，并由此来跟踪和控制系统的状态。

（3）诊断与监测。传感器对所关心的信号进行采集，然后判断装备是否正确工作。

（4）探测与保护。传感器用于陆地、海洋、太空资源以及空间环境、气象等方面的测量，便于开发和利用。

（5）智能控制。如智能家居，家用电器中有很多传感器在为人类服务；在医疗卫生中使用得更加广泛。

3.1.2　无线传感器的概念与作用

在数字化时代，随着无线电技术的发展和微电子学的进步，无线网络技术得到迅猛的发展。

无线传感器是近年来产生的一种新型的传感器，不同于传统的传感器（传统的传感器带着两根长长的“辫子”，即电源线和数据线），成为干净利落的独立设备。

在这里，有几个概念必须要说清楚。

1）传感器与无线传感器

对于传感器的基本定义和概念在 3.1.1 节中做了简单的概述，但是，为了说明与无线传感器的区别，不妨我们再说一说传感器。

传感器最早是针对设备能对被测对象的测量，也就是“感知”、“感觉”。除了能对被测对象的感知感觉外，还能将“感知”、“感觉”的信息传输出来，这样成了传、感结合的设备，因此，称为传感器。

传感器又称为变换器、转换器、检测器、敏感元件、换能器和一次仪表等。由此可以知道，传感器要输出，必然需要输出线，这样传统的传感器，除了仪表可以读数外，很多传感器不但有数据线，还要有电源线，这就是有线传感器（图 3.2）。

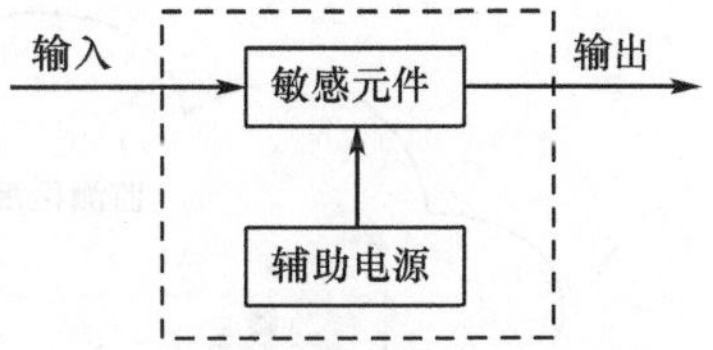

图 3.2　传感器基本结构示意图

无线传感器集成了传感器单元、通信模块和供电模块单元，通信模块是无线传感器的最重要的组成部分。随着信息技术与传感器技术的快速发展，在传感器中还具有定位系统等。这样一个先进的无线传感器，除具有无线通信能力外，还具有数据采集、数据处理的能力，其结构如图 3.3 所示。

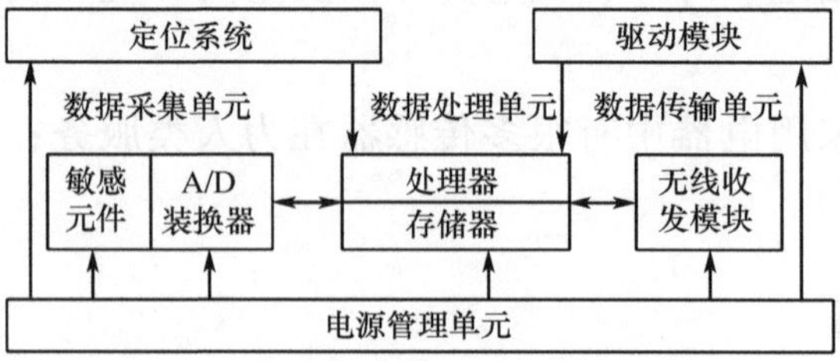

图 3.3　无线传感器逻辑结构示意图

传感器有时会工作在非常恶劣的环境与条件中，如深海、航天、生物污染、化学剧毒物中等，这其实是特殊传感器，不但要采集数据、传输数据，而且还要让人们知道其相应的位置，所以无线传感器的作用非常大。

2）无线传感器与无线传感器网络

微电子技术计算机和无线电通信等技术的进步与发展，推动了低功耗、多功能传感器的快速发展，传感器的体积从大到小，由小变微。就在这微小的体积内集成了信息采集、数据处理和无线通信等多种功能。

无线传感器网络（wireless sensor network，WSN）是指由部署在一个监测区域内大量的微小型传感器节点组成的一个多跳的自组织的网络系统，其目的是通过协作感知，多路采集，集中处理，以覆盖一个区域中感知对象的信息，从而构成一个以传感器为节点的网络。

一个典型的无线传感器网络系统包括分布式无线传感器节点，这些节点又构成集群，接收无线发送器的汇聚节点（网关）和数据中心（数据管理）等（图 3.4）。

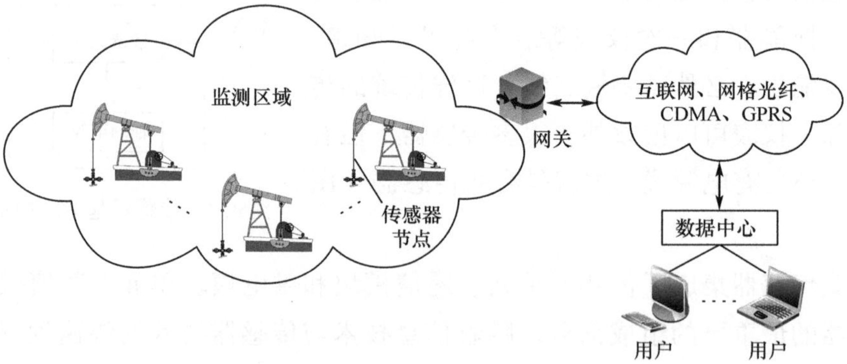

图 3.4　无线传感器网络结构图

无线传感器网络是一种自组织的智能系统，涉及了微电子、计算机、通信以及自动控制和人工智能等多学科和领域，是一个跨学科、多领域高度集成的综合性的高科技。

3）变送器

在油田经常会听到变送器，这和传感器是两个不同的概念，传感器是感知被测对象，变送器是负责将感知的信号转换与输出。

3.1.3 智能传感器的概念和作用

智能传感器是传感器的一种，也是新近几年来发展比较快的一种传感器。智能传感器有其特定的含义与特征。

1. 概念

智能传感器最早出自美国。智能传感器是指带有微处理器并兼有信息检测、信息处理功能的一种新型传感器。美国将智能传感器称为“smart sensor”，就是灵巧的、聪明的传感器；英国称之为“intelligent sensor”（智能传感器）。

我们知道，一般在宇宙飞船升空过程中，需要知道其速度、位置、姿态等数据，并且为保证宇航员正常生活需要，需控制舱内温度、气压、加速度、空气成分等，因而需安装各种类型的传感器，以便宇宙飞船在飞行中将温度、位置、速度、姿态等数据发回地面，从而掌握这些数据，对宇宙飞船控制。这样就要在宇宙飞船中安装大量高性能、灵巧、聪明的传感器，这些传感器将“五官”与“微处理器”巧妙地结合，把对外界需要的信息有效检测、逻辑判断、自行监测、数据处理、自适应等集成一体化，形成一个多功能的、智能化程度很高的传感器。

2. 结构与特征

智能传感器最大的特点是将传感器检测信息的功能与微处理器的信息处理功能有机地融合在一起。从一定意义上讲，它具有类似于人工智能的作用。

在技术上，一种智能传感器将传感器与微处理器集成在一个芯片上，构成“单片智能传感器”；另一种是传感器能够配置微处理器。在结构上，智能传感器系统将传感器、信号调理电路、微控制器及信号接口组合在一起，形成一个整体，其结构如图 3.5 所示。

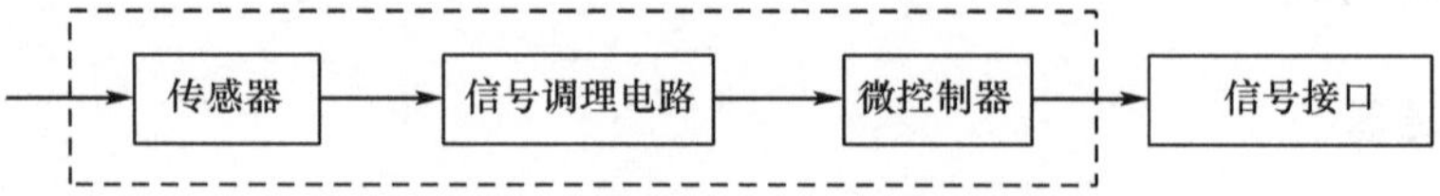

图 3.5　智能传感器系统功能结构图

由图 3.5 可知，传感元件将被测非电量转换为电信号，信号调理电路对传感器输出的电信号进行调理，并转换为数字信号送入微控制器，由微控制器处理后的测量结果经信号接口输出。

智能传感器系统不仅需要有硬件作为实现检测的基础，更重要的是要有强大的软件来支持保证测量结果的正确性和高精度，并便于输出和抗干扰的能力。

3. 智能传感器与其他传感器的区别

智能传感器主要体现在智能化上，与传统的传感器有着很大的区别，主要表现在以下三个方面。

（1）多功能、自适应。能进行多参数、多分量的检测是智能传感器的一大特色，能同时测量相对湿度、温度和露点等参数。由于智能传感器具有判断能力强、分辨能力高、分析与处理能力强的特点，使得其能够根据系统工作情况决策各部分的供电情况与高位计算机的数据传送速率，使系统工作在最优低功耗状态和优化传送速率上表现出了智能传感器与众不同的特性。

（2）数据处理。智能传感器将对数据处理，由一般传感器在中心控制室处理前置到传感器检测的信号产生点处理，这是智能传感器最大的特征之一，也是与其他传感器的最大的不同之处。智能传感器不但能放大信号，而且能使信号数字化，再用软件实现信号调节，从而实现自动调零、自动平衡、自动补偿、自动量程等。

智能传感器测量计算是其一个基本功，也就是能够根据已知被测参数求出未知参数，在数据处理中，将数据处理的任务在前置部分就非常出色地完成了。

（3）微处理器。传感器使用到一定的时间要进行送检，如不送检就出现误差。一般要求将传感器从使用现场拆卸下来送到专业实验室进行检验校正。智能传感器中具有微处理器，内存中具有校正功能软件，操作者只要输入零位和某个已知参数，其自校正软件就能校正零位和增益。智能传感器具有独特的自诊断功能，也是利用软件对装置的正确与否进行检验，以便及时发现故障，诊断故障的根源，使系统在故障出现之前提供报警，从而可使昂贵的系统减少或避免停机等。

具有微处理器的传感器属于数字式的智能传感器，可方便地与外部设备进行数字通信。普通的传感器采用对应每个信息各用一根引线的单一连线方式，而智能传感器在产生大量信息和数据时，在对装置的数据进行外部输入/输出连接时，为避免使系统连线过于庞大，一般采用灵活的串行通信系统，可使其抗环境影响（电磁干扰等）的能力大大增强。

微处理器使智能传感器采用标准接口，便于与上一级微型机的连接，实现由远程中心控制计算机来控制整个系统工作，可方便地完成对测量系统进行遥控、给定测量工作方式以及测量数据传送给远方用户等。

以上是我们对不同传感器的概念和功能、作用做一点简单的介绍，尤其对无线传感器、智能传感器做了较大篇幅的介绍，是因为它们将会在未来的数字油田建设中成为主力技术。

3.2 油田物联网传感器

3.2.1 油田物联网传感器的概念

油田物联网传感器是指在油田物联网建设中安装在油田生产过程中相应设备上检测被测对象信息，从而构成油田物联网节点的设备或装置。

随着数字油田建设的深入发展，数字化井场建设得到普遍的认同，传感器监测装置不但在油井抽油机上安装，同时出现了在注水、计量、集输、站控、污水污泥处理等劳动强度比较大、危险程度高、操作比较困难等生产环节中都实现了自动控制与智能化监测监控，从而油田数字化管理应运而生。

在物联网概念和技术提出之后，油田物联网也随之而诞生，油田物联网在数字油田思想与理念中，将数字化管理建设的全部内容与物联网技术融合。传感器成为油田物联网中的一个个节点，油田物联网集成了油田井区、站库等油田生产过程中所有安装的传感器设备，形成了油田物联网，所以，传感器在油田物联网中占有重要的地位。

3.2.2 油田物联网传感器的分类

按照数字油田建设以及油田行业的分类，油田物联网建设中使用的传感器应该属于物理量、化学量的比较多，特别集中在物理量的更多一些。我们按照应用需求划分为：抽油机、计量间、注水间、转油站、增压站、油气集输间、原油处理站、天然气处理站、污水处理厂、注气、注配间、井中、地下等。从以上这些设备与生产过程看，都要安装相应的设备实现对被测对象的检测。

按照传感器的分类，分为压力、温度、流量、液位、位移、载荷等，基本上都属于物理量的传感器（图3.6）。

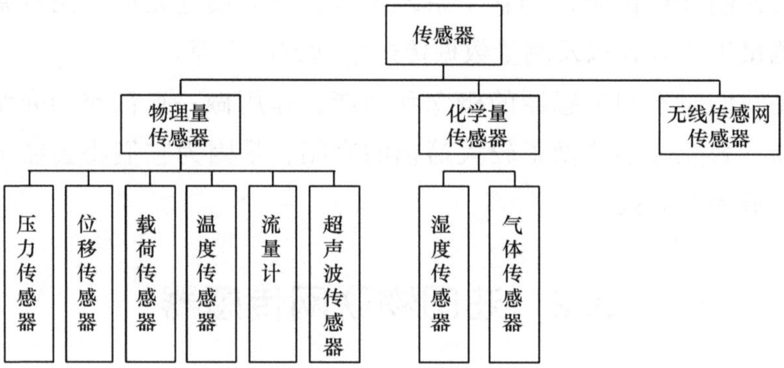

图3.6 油田传感器分类方法

传感器在不同行业、不同领域有上千种至万种，正确地选择传感器，取决于对传感器认识的程度和对行业需求的了解水平。由于传感器种类繁多，同一原理的传感器可以测量多种被测对象，因此，如果不能够很好地分类划分，就有可能选择错误，取不到很好的效果。

3.2.3 油田物联网传感器的特征

油田物联网传感器具有很明显的特征，这是因为同油田物联网所检测的对象有关，因此区别于一般物联网。

（1）油田物联网传感器主要针对油田被测对象而选择，主要由温度、压力、流量、液位、位移、载荷等组成，要求具有抗劣环境的能力，精度要求高，寿命比较长。

（2）受油田生产条件与环境的限制，特别是油田物联网建设是在油田生产系统建成、生产设备正在运行之中安装，因此，要求传感器易安装，易运行与维护。所以，近几年来，传感器在不断地改进和完善。

（3）油田物联网传感器正在向智能化、一体化发展，特别是向数字化油田生产设备隐性化的发展，即通过对生产设备生产机制的研究，将传感器技术隐形在生产设备之中，消除了传感器在一定时间内精度受限的问题。总之，传感器技术会在发展中不断地改进、完善和微型-隐形化。

3.3 抽油机传感器简介

3.3.1 传统型传感器

1. 位移传感器

1）概念与原理

位移传感器分为角位移传感器和加速度位移传感器两种。位移传感器是将物体位置的移动量转换为可传送的标准输出电信号。一般原理是 $y(t) = R\times\alpha(t)$，式中，R 为游梁支撑到“驴头”圆弧面的距离；$\alpha(t)$ 为角位移的夹角。

加速度位移传感器的原理是测量光杆的加速度，作二次积分得到光杆的位移，即

$$y(t) = \iint a(t)\,d(t)$$

式中，$a(t)$ 代表加速度。

采用加速度位移传感器存在一个问题，假设光杆冲程为 1.8m，冲次为 3 次/分，电机在匀速条件下，则上下死点最大加速度仅为 9m/s^2，这样不仅位移难求，而且上下死点甚至都找不到。因此，在使用上我们主张采用角位移传感器比较好。

角位移传感器是利用电位计将被测部位的机械角位移转换成电参量，即机械角位移传感器内部机械结构，在电位计上滑动，从而输出相应电信号，达到

测量的目的。

2）功能及参数

角度型位移传感器如图 3.7 所示。

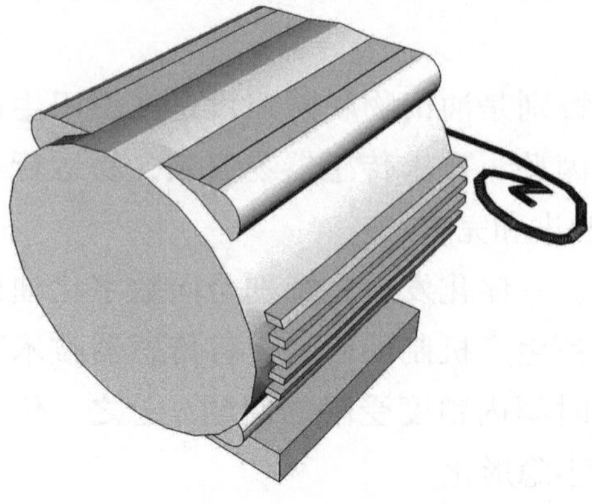

图 3.7 A 型角位移传感器

角度型角位移传感器是以电流输出与轴旋倾角为线性关系的用于测量物体旋转位置的传感器，可用作位置反馈、角度检测。它可安装在抽油机游梁轴承座处，测算出抽油机冲次和冲程的数据。

角度型角位移传感器特点如下：标准 4~20mA 信号，输出平滑性好；两线制，不分正负极，接线方便快捷；强磁吸附式或卡装式固定，安装拆卸方便安全；铝壳全密封防水，满足全天候使用；自带耐折、耐高寒高热电缆，使用寿命长等。

其技术指标见表 3.1。

表 3.1 角位移传感器参数表

序号	参数内容	参数值
1	量程	-50°~50°
2	供电	12~24 VDC（推荐 24 VDC）
3	信号	4~20mA
4	线性	1%F. S
5	重复性	≤0. 15%
6	滞后	≤0. 15%
7	输出平滑性	≤0. 05%
8	工作温度	-40~+80℃
9	绝缘电阻	2000MΩ
10	接线标志	两线制，不分正负极
11	防护等级	IP65

注：表中参数仅供参考。每一个传感器均配有技术参数，由于受版面限制，其余传感器参数取消，不做叙述。

另外，位移传感器还有开关型位移传感器。开关型传感器仅采集周期信号，在抽油机平衡块上固定磁性材料体，采用霍尔原理采集抽油机的周期信号，然后根据周期数据按正弦或余弦原理，整理出示功图数据。

开关型角位移传感器安装位置为抽油机游梁支架上，分别安装磁钢与霍尔探头。抽油机工作过程中游梁上下运动，霍尔探头与磁钢之间的距离随之变化，此时霍尔探头采集的信号强弱发生变化，经电路处理转换为电流信号，电流信号再经 RTU 处理后识别出上死点、下死点（计算周期，即冲次），同时将游梁角度信号与载荷信号按等时间点数据对应获得功图数据。不仅可以采集上死点与下死点数据，同时也提供具体的游梁位置数据，可以保证得到更加精准的示功图。

2. 荷载传感器

荷载传感器也称为载荷传感器。这是一种将重力、压力以及类似能够产生加速度等的力转换为可传送的标准信号的装置。从其名称上不难看出，主要用于工业过程载重或者力的作用所产生的信号，通过传感器测量获得荷载的量。

1）原理

载荷传感器就是测力的传感器，有很多种，主要有电阻应变式、压电式、压阻式的等。以电阻应变式为例，它是选用弹性模量均匀的材料作为受力原件，然后在上面贴应变片，因为受力和应变成正比，读出应变即对应力。

油田选择荷载传感器要进行一个具体的测量工作，首先要考虑采用何种原理的传感器，这需要分析多方面的因素之后才能确定。因为，即使是测量同一物理量，也有多种原理的传感器可供选用，哪一种原理的传感器更为合适，则需要根据被测量的特点和传感器的使用条件考虑以下一些具体问题：量程的大小；被测位置对传感器体积的要求；测量方式为接触式还是非接触式；信号的引出方法，有线或是非接触测量；传感器的来源，国产还是进口，价格能否承受，还是自行研制等。

按照形状结构划分，荷载传感器分为筒形和 U 形两种。

2）特征与参数

A. 筒形传感器

筒形传感器是比较传统的传感器。筒型传感器在安装时需要停下抽油机，

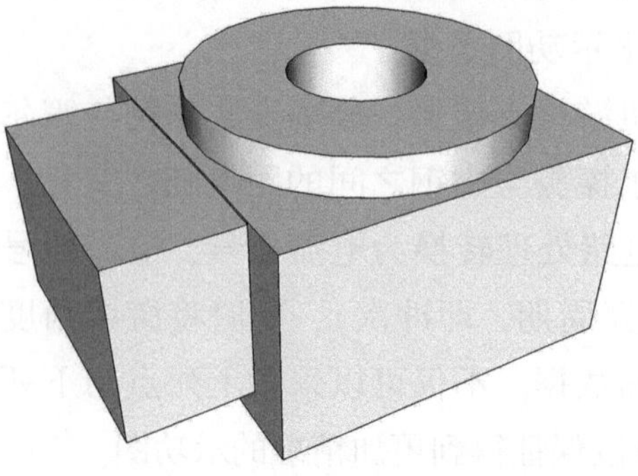

图 3.8 筒形载荷传感器

卡住光杆，拆卸悬绳器，将传感器套在光杆上，压紧悬绳器上下块。其优点是生产加工简单，可防抗偏载，缺点是安装、维护都很麻烦，其形状如图 3.8 所示。

筒形传感器一般具有不锈钢全封焊结构，表面镀铬，密封，完全做到防水、防腐、防尘、防潮、防爆；稳定可靠，动态性能好，综合精度高，能在抽油井系统中全天候稳定工作，主要适用于油田抽油井的光杆载荷测量。

B. U 形荷载传感器及参数

U 形荷载传感器是以其形状如 U 形而命名，区别于筒形传感器，故得名为 U 形传感器。“U” 形传感器的优点在于易安装，维护拆卸方便。一般安装时只要停下抽油机，卡住光杆，不需要套到挂绳或光杆上，只要松开悬绳器上下块，将其插入即可。缺点在于抗偏能力略差一点。其传感器外形如图 3.9 所示。

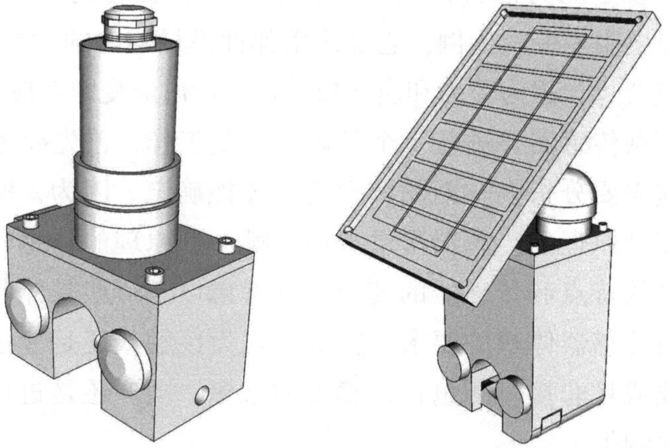

(a)有线U形传感器　　(b)无线U形太阳能传感器

图 3.9 U 形传感器

该型传感器专为油田抽油机井悬点载荷测试而设计，全密封防水，满足全天候使用；两线制，不分正负极，接线便捷；标准 4～20mA 输出，互换性好；快速接线端子，现场接线便捷，电缆复用率高。

3.3.2　一体化无线示功图传感器

一体化无线示功图传感器是新近几年出现的一种新型传感器。随着传感器技术和无线通信技术的快速发展，在数字油田快速发展与建设的条件下，大规模的数字化管理建设与油田物联网建设需求，迫使人们都在考虑怎样能够安装简单、维护方便、节能降耗，于是一体化无线传输太阳能供电传感器便应运而生。

一体化无线示功图传感器主要是将位移传感器与荷载传感器集成为一体，形成一个传感器。一体化无线示功图传感器是在一体化示功图传感器中内置无线通信模块，数据采集后通过无线通信模块输出到井口或者井组 RTU。一体化无线太阳能示功图传感器是在一体化无线示功图传感器中增加供电模块，利用太阳能板采集太阳能储集能量供给锂电池，实现能量转换后供给传感器工作。其原理结构如图 3.10 所示。

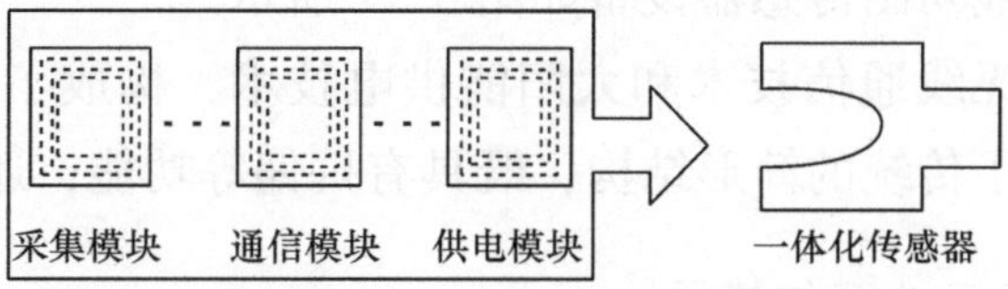

图 3.10　一体化传感器结构

一体化无线示功图传感器在结构上就是在普通传感器内部嵌入微芯片，具有将模拟信号转换成数字信号、加工处理原始感知数据的功能，通过标准接口进行数据交换。其主要特点是，可对感知数据进行分析、修正和误差补偿；具有自诊断、自校准功能，提高了可靠性；具有组态功能，可实现多传感器、多参数复合测量，扩大了检测与使用范围；具有存储功能，可随时存取检测数据；具有数据通信功能，能与计算机直接联机，相互交换信息，实现对传感器的初始化、校正和配量等操作。

由于增加了通信模块，它遵从某种网络通信协议，将测得数据发送到相应的网络上，使其能够在一定的范围内实时发布和共享。其结构原理如图 3.11 所示。

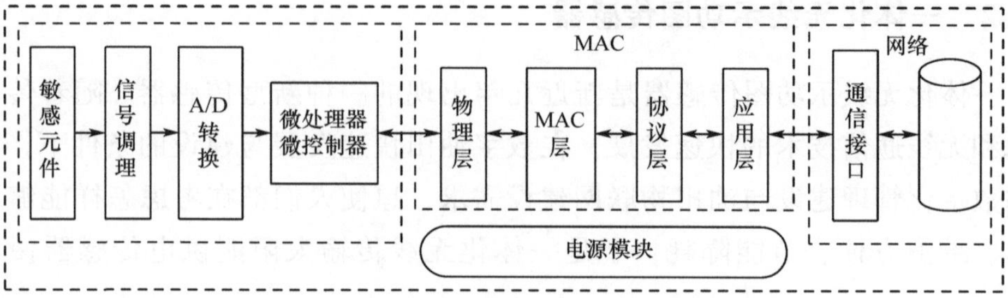

图 3.11　一体化传感器结构原理

1. 筒形一体化无线太阳能示功图传感器

筒形一体化无线太阳能示功图传感器的结构和传统的筒形传感器基本一样，但所不同的是在基本的传感器 MICA 系列处理器上加有无线通信模块和太阳能供电模块，可以形成无线传感器网络。

一体化筒形无线功图传感器设备如图 3.12 所示。

传感器集成了无线通信技术和太阳能供电技术，构成了一体化的荷载传感器。其方式是沿用了传统的筒形结构，既具有抗偏等功能，还实现了无线传输。

2. 一体化 U 形无线示功图传感器

该传感器（图 3.13）可以对抽油机进行功图测量和油井产量计算。它同时具有以下特点：①实时监测抽油机最大、最小载荷等；②载荷上限、下限设置及

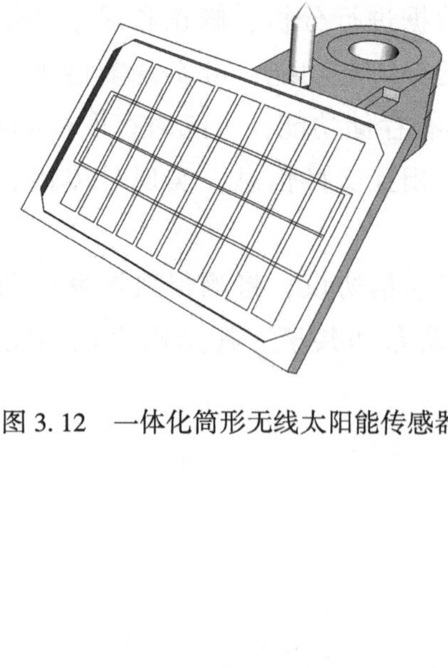

图 3.12　一体化筒形无线太阳能传感器

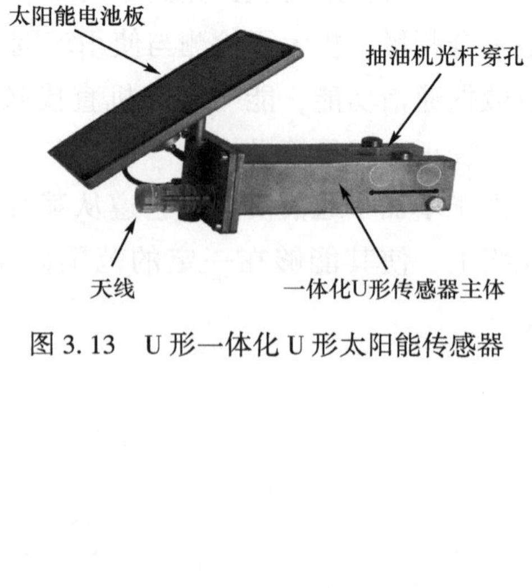

图 3.13　U 形一体化 U 形太阳能传感器

超限报警；③低功耗设计满足功图量油密点、密时数据采集需求；④U 形开口式设计；⑤防脱螺栓安全设计拆装、维护方便快捷；⑥远程升级传感器软件、电池电压监测及故障检测等。

3.3.3 几个问题的讨论

1. 各种传感器的优缺点

1) 分体式传感器的优缺点

分体有线方式传感器在抽油机悬绳器安装有线载荷传感器，游梁中轴位置安装有线角位移传感器，在井架后侧安装井口 RTU（终端），数据通过井口 RTU 传至井组 RTU。

有线方式采集井口示功图系统，主要包括井口采集单元、井场主 RTU 控制器。其中，负荷传感器和角位移传感器分别采集抽油机运行过程中的负荷信号和位移信号，将采集到的信号以有线的方式传至井口采集单元，从而测得抽油井的示功图，并通过无线通信模块将数据上传给井场主 RTU 控制器，井场主 RTU 再通过无线网桥或光纤将数据上传到站控系统中，这样就可以在监控中心查看千里之外的油井功图。

有线方式具有采集数据精度高、数据传输稳定、接电方便等优点，缺点是布线较多，施工量大。

2) 无线一体传感器优缺点

优点：①采用高精度 A/D 转换和高精度信号调理板，对抑制信号干扰和杂波效果特别明显，测量精度高。②实现井口功图采集与井场 RTU 之间数据传输的无线方式。③单井产量进行 24 小时计产，还可用来组建油井示功图远程测试系统，对油井进行长期、连续的功图就地或远程监测，可以作为一体化“功图”油量仪。④采用了一体化的设计和无绳位移载荷传感技术，结构紧凑，质量轻，安装十分方便。⑤采用低功耗技术，通过太阳能供电和内置电池可以长时间连续工作。⑥通过无线接收模块转换为 RS232 和 4~20mA 的信号输出方式，可方便地挂接到原有的抽油机井远程监控系统中。⑦简单方便的安装，不需要攀爬和焊接，维护较为方便。

缺点：无线一体化存在的问题主要有低冲次无法测量示功图，使用变频调速后该缺点将凸现。太阳能电池覆盖灰尘后效率下降，需要人工清理，大面积推广后维护困难。公共频段微功率无线通信的可靠性问题。

当然，一切均在发展之中，只有根据实际情况选择综合最优的方案，才能最终说哪一个更实际、更好。

2. 低冲次测量示功图中位移精度不高的问题

一体化示功图传感器位移测量的原理是通过采集抽油机运行过程中的加速度信号后二次积分获取位移数据。抽油机在低冲次工况下，加速度信号的变化量很小，只有几个 mg，再加上悬绳器运动过程中的振动影响，对加速度信号的采集造成的影响相对变大，导致二次积分后位移误差较大。抽油机增加了变频控制器之后，冲次的调整变得相对容易了，可以让油井以更低的速率运行，这就会使冲次较低，可以实现节能降耗。但是，这会导致加速度间接获取的位移测量不准。因此，这是一个矛盾的问题。

3. 无线一体化传感器

我们发现，在很多相关报告和方案中，都有人把一体化传感器称为无线一体化示功仪，我们认为这种称呼不妥，理由如下。

(1) 一体化无线功图传感器，本身就是将位移传感器与载荷传感器组合在一起的传感器，所不同的是供电模式和通信模式发生了变化，形成一体化无线传感器，其功能是完成示功图数据的采集。

(2) 一体化示功仪。在未实施油田物联网建设之前，就有一种人工示功图仪器。人工示功仪是人工到现场对油井逐一测试，并且在现场直接读取功图的仪器。其实，这也是传感器的一种。

(3) 根据二者的性能与操作方式等的区别，应该明确规范：在油田物联网建设中，井口悬绳器上安装的功图采集装置为一体化无线功图传感器，人工在现场功图测试的设备为示功仪。

3.4　油田物联网其他传感器

3.4.1　压力传感器

1. 压力传感器概念

压力传感器是一种把将压力变量转换为可传送的标准输出信号的仪表，而且输出信号与压力变量之间有一定的连续函数关系（一般为线性函数）。

压力传感器主要用于把水压与油压等液压，以及空气和气体等气体转换为电量。可根据不同的测量目的，以及与各种测量仪器连接，对压力进行指示、记录、监控，这在油田应用很普遍。

2. 压力传感器分类

压力传感器分两种：一种有线压力传感器；另一种是无线压力传感器。这两种压力传感器通常都安装在油井井口，以测量井口的压力。一般油井井口压力波动大，存在各种作业，经常超压，所以，统一选择压力传感器的准确度为 0.5 级，量程选择 5MPa。

（1）有线压力传感器。有线压力传感器如图 3.14 所示。其功能特点：①有线压力传感器要求两线制 DC24V，一般为 4~20mA 输出。②有线压力传感器可以实时监测井口压力，上限、下限设置及报警等；隔爆，适用二级防爆环境使用，要求终端 RTU 或仪表供电；实时在线，满足不间断地密集采集需求；标准螺纹对接拆装、维护方便快捷；实现远程故障检测、诊断等。

（2）无线压力传感器。无线压力传感器如图 3.15 所示。其功能特点：①无线压力传感器具有电池供电，实时管道压力，上限、下限设置及报警等；②低功耗设计，满足实时数据采集需求；③远程升级传感器软件、电池电压监测及故障检测等。

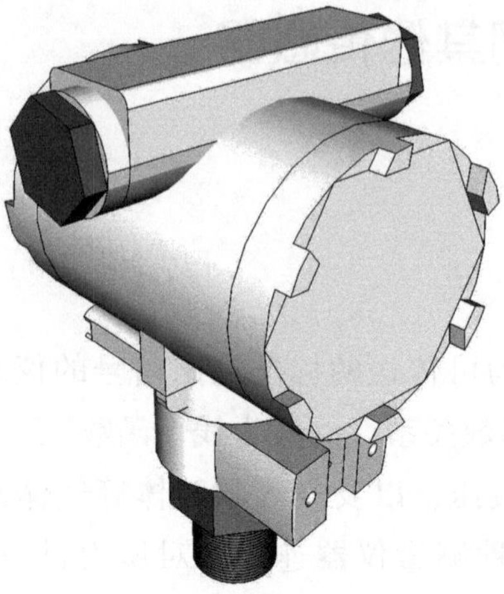

图 3.14　有线压力传感器

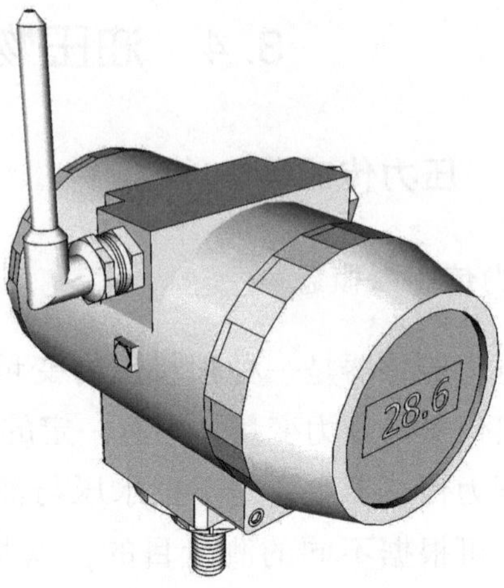

图 3.15　无线压力感器

3.4.2　温度传感器

1. 基本概念

温度传感器是采用先进的电路模块集成技术设计的变送器，可与不同的温度传感器连接，用以实现对环境温度和介质的测量，输出标准的电流信号（4~20mA）或电压信号（0~5V）。

2. 温度传感器分类

温度传感器分两种：一种为有线温度传感器；另一种为无线温度传感器。

井口温度传感器准确度等级大于1级，温度量程为0~150℃，测蒸汽选择为0~350℃。有线温度传感器要求Pt100，三线制RTD方式输出。无线温度变送器采用电池供电。

（1）有线温度传感器。其功能特点：①有线温度传感器可实时采集液体温度，上限、下限设置及报警等；②标准4~20mA或数字信号，稳定、可靠；③低功耗设计，满足密时数据采集需求；④标准螺纹对接拆装、螺纹式拆装、维护方便快捷；⑤电池电压监测及故障检测等；⑥控制室远程诊断维护、诊断，无须到现场，大大节省维护成本。

（2）无线温度传感器。无线温度传感器如图3.16所示。其功能特点：①实时监测管道温度，上限、下限设置及报警等；②低功耗设计，满足密时数据采集需求；③远程升级传感器软件、电池电压监测及故障检测等。

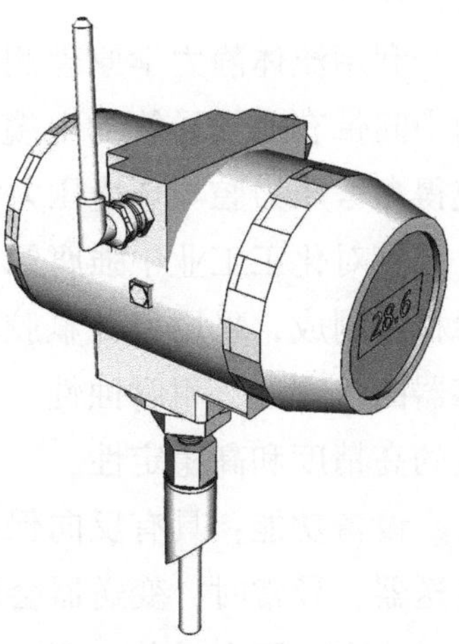

图 3.16 无线温度传感器

3.4.3 液位传感器

1. 基本概念

液位是指在容器中液体介质的高低，液位计就是测量液位的仪表。液位测量主要基于相界面两侧物质的差异或液位改变时引起有关物理参数的变化。

液位传感器（静压液位计/液位变送器/液位传感器/水位传感器）是一种测量液位的压力传感器。静压投入式液位变送器（液位计）是基于所测液体静压与该液体的高度成比例的原理，采用国外先进的隔离型扩散硅敏感元件或陶瓷电容压力敏感传感器，将静压转换为电信号，再经过温度补偿和线性修正，转化成标准电信号（一般为4~20mA/1~5VDC）。

2. 液位传感器分类

液位测量计分为两类：一类为接触式，包括单法兰静压/双法兰差压液位变送器、浮球式液位变送器、磁性液位变送器、投入式液位变送器、电动内浮球液位变送器、电动浮筒液位变送器、电容式液位变送器、磁致伸缩液位变送器、侍服液位变送器等；另一类为非接触式，分为超声波液位变送器、雷达液位变送器等。

1）静压投入式液位变送器

静压投入式液位变送器（液位计）适用于石油化工、冶金、电力、制药、供排水、环保等系统和行业的各种介质的液位测量。该测量计结构精巧，调校简单安装方式灵活。4~20mA、0~5V、0~10mA 等标准信号输出方式由用户根据需要任选。

利用流体静力学原理测量液位，是压力传感器的一项重要应用。采用特种的中间带有通气导管的电缆及专门的密封技术，既保证了传感器的水密性，又使得参考压力腔与环境压力相通，从而保证了测量的高精度和高稳定性。

针对化工工业中强腐蚀性的酸性液体而特制，该传感器壳体采用聚四氟乙烯材料制成，采用特种氟胶电缆及专门的密封技术进行电气连接，既保证了传感器的水密性、耐腐蚀性，又使得参考压力腔与环境压力相通，从而保证了测量的高精度和高稳定性。

设备功能：具有反向保护、限流保护电路，在安装时正负极接反不会损坏变送器，异常时，变送器会自动限流在35mA以内。

优点：固态结构，无可动部件，高可靠性，使用寿命长；安装方便、结构简单、经济耐用。

2）投入分体式液位传感器

分离器液位传感器采用磁感应的干簧管传感器或者磁致伸缩传感器，输出信号采用两线制或三线制DC24V，4~20mA信号输出。

量程：1~200mH_2O；

输出：4~20mA或0~5V；

电源电压：24VDC（12~36VDC），mV输出型为恒流1.5mADC或恒压12VDC供电；

精度：优于0.2%F.S；

优点：100%防水防潮，防护等级IP68，具有完备的电路功能，调校方便。

3）动液面监测井下压力传感器

油井动液面是反映地层供液能力的重要指标，及时掌握动液面情况，合理调整柱塞泵沉没度并实现动态调参，是提高油井机采效率、保证油井稳产的重要措施。

在数字化丛式井组集中控制系统中，根据不同需要设计，有就地调参、手动远程调参及自动调参三种调参模式。在就地调参模式下操作者只能在现场用电位器手动调参；在手动远程调参模式下，操作人员能够远程设定参数；在自动调参模式下，系统根据动液面在线监测装置监测的动液面数据自动计算沉没度，根据沉没度大小自动调节抽油机的运行冲次，当沉没度高时快抽，当沉没度低时慢抽，根据工艺需求当沉没度低到设定值时可以停抽或以超低固定冲次运行。为了提高自动调参的稳定性、可靠性，系统对测得的动液面数据进行堆栈处理，数据多次平均后才进行数据调节，以实现抽油机在线动态调参，量化控制的目标。

3.5 小　　结

本章对油田物联网传感器的概念和作用以及分类做了简要说明。

(1) 传感器是一种检测装置，能感知到被测对象的信息，按一定规律变换成为电信号或其他所需形式的信息输出。而人们将无线网络技术与传感器技术结合起来，便产生了无线传感器及网络的概念。

(2) 油田物联网传感器是指在油田物联网建设中安装在油田生产过程中相应设备上检测被测对象的信息，从而构成油田物联网节点的设备或装备。抽油机数字化传感器分有线传感器和无线传感器，即位移、荷载、温度、压力传感器等。

(3) 一体化无线功图传感器是新近几年出现的一种新型传感器，一体化示功图传感器主要是将位移传感器与荷载传感器集成为一体，形成一个传感器，可由太阳能供电或锂电池供电。

第 4 章 RTU 技术与应用

RTU 是在艰苦条件下作业遥信、遥测、遥控等领域广泛使用的一种自动控制装置。所以，近年来在油气田油田物联网建设中成为不可或缺的装置之一。

4.1 RTU 概念及其应用

4.1.1 RTU 的概念

远程终端装置（remote terminal unit，RTU）是一种以微处理器（CPU）为基础的智能装置，它以标准的模拟和数字输入、输出信号，与工业生产现场的仪表及控制设备相连，实时采集所需要的各工艺参数，如压力、温度、流量、液位、阀门状态等，利用编程实现就地控制，同时把有关数据进行整理，通过各种通信接口利用不同的传输协议传给中心站，也可以接收来自中心站的远程控制信号。因此，RTU 中文译为远程终端装置，有时也经常称之为终端（图 4.1）。

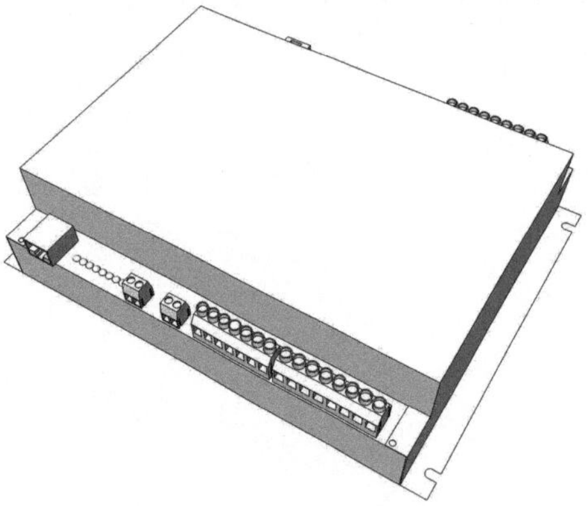

图 4.1 油田井口 RTU 外形

一般在一个采集系统中，RTU 担当着可以通过 GPRS/WiFi/LAN 等方式直接上传数据到数据接收服务器，或者通过 ZigBee 方式由 RTU 中转上传到数据接收服务器的重任，是整个系统中的核心节点。因为，其负责对现场一定范围内系统的信号、工业设备的监测与控制。

RTU产品目前与无线设备、工业TCP/IP产品结合使用，正在发挥越来越大的作用。

RTU与常用的可编程控制器PLC相比，RTU通常更具有优良的通信能力和更大的存储容量，适用于更恶劣的温度和湿度环境，提供更多的计算功能。正是由于RTU完善的功能，RTU产品在油田物联网系统中得到了大量的应用。

RTU目前尚无统一的行业标准，按照百度百科中介绍，一般来说符合下列技术特征的控制设备，均可称为RTU：①标准的编程语言环境；②极强的环境适应能力，工作温度-40~70℃，环境湿度5%~95%RH；③极强的抗电磁干扰能力；④多种标准通信协议；⑤丰富的通信接口，支持多种通信方式，通信距离长；⑥大容量存储能力；⑦实时多任务操作系统；⑧灵活互相兼容的开放式接口。

随着数字油田建设的发展，油田物联网建设在油田方兴未艾，从而使RTU在油田物联网建设中，也成为被广泛提及与热门的一个词。我们在数字化油田建设的各种文本报告、方案中随处可见，在油田的井场也都随处可见。

4.1.2 RTU的发展过程

1. RTU的简单历史

RTU的发展源于自动化技术的发展。首先，是从工业生产领域开始，而工业自动化的发展又与工业生产过程本身的发展有着密切的联系。其次，是随着生产从简单到复杂，从局部到全局，从低级到高级，从一般过渡到智能的发展，工业生产自动化也经历了一个不断发展的过程，从而RTU也在工业发展过程中得以发展。

可以简单地回顾一下工业历史与自动控制的历史，也就很容易地知道RTU产生的过程。

在20世纪中叶以前，工业自动化水平还比较低，实现控制的手段主要是单个传感器、控制器或执行器。

到20世纪50年代以后，生产过程朝着大型化、连续性方向发展，对控制对象的要求也日趋复杂。随着自动化理论的完善，自动控制的工具由一般的自动控制到数字控制（direct digital control，DDC）和监督计算机控制（supervisory computer control，SCC），这是一个发展中的飞跃。

20 世纪 60~70 年代以后，随着大规模集成电路和微处理器的产生，解决了大规模复杂系统优化与控制问题，分布式控制系统（distributed control system，DCS）逐步得到广泛应用。

20 世纪 80~90 年代及以后，工业自动化控制系统在硬件上采用上位机和 DCS 或电动单元组合仪表相结合的方式，构成两级计算机优化与控制。随着计算机及网络技术的发展，DCS 出现了开放式系统，实现了由多层次计算机网络构成的计算机集成过程系统（computer integrated process system，CIPS）。而自动化的实现工具也由 DCS 发展到了现场总线控制系统（fieldbus control system，FCS）。

目前，常用的工业自动控制系统装置硬件产品主要有工业控制用计算机系统（IPC）、分布式控制系统（DCS）、可编程控制器（PLC）、远程终端单元（RTU）等。

目前，RTU 发展得更快，特别是数字地球提出以后，全球化、信息化的快速发展，以及数字城市、数字油田、数字水利等的快速发展，使得我们可以在任何地方都能看到 RTU 的装置，各种规格、各种尺寸、各种模式的 RTU 随处可见。

2. RTU 技术发展阶段

RTU 技术的发展经历了几个发展阶段。

第一代的 RTU：只是进行简单的数据采集和一些开关量的控制，此时的 RTU 数据处理能力十分有限。现场的数据必须要传送到中心控制站，由中心控制站或主站进行数据的处理。此时的 RTU 通信能力也很弱，特点是通信速率慢，方式单一，且大多数采用的是自定义的非标准协议。

第二代 RTU：随着半导体技术的飞速发展，RTU 的核心芯片——微处理器的功能日益强大，RTU 的数据处理能力得到很大的提高，许多比较复杂的算法和通信协议得以实现，输出控制也不单纯依赖于中心控制站，通常提供本地的闭环控制和调节。

第三代 RTU：网络和通信技术的快速发展，为 RTU 技术提供了更先进、更优良的性能与技术支持，同时也为 RTU 产品带来了更广泛的应用。基于 IP 技术的网络化，RTU 具备快速的响应能力和开放式的通信协议与平台，已经成为目前市场上的主流工业控制产品。

如今，RTU 技术正朝着智能化方向发展。智能化 RTU 可以自动判断获取的数据是需要立即上报给中心控制站，还是可以暂时保留在本地以后再传，或者到中心控制站要求时再传。智能化 RTU 可以自动检测到通信的中断，并立即开始将数据保存到存储器中，从而可以最有效地利用通信网络。另外，还可以同时向几个中心控制站传送关键的数据。此外，安全性是目前通信网络中最大的问题，智能化 RTU 可以将数据在传输前进行加密，也可以拒绝那些来自未知地址的访问等。

3. 我国 RTU 技术现状

我国的 RTU 技术和产品起步较晚，国内的 RTU 产品主要应用在油田自动化，输油输气管网监控系统，城市供水、供气管网监控系统以及水利等行业和工程中。

这些行业早期的应用中使用的几乎全都是国外的 RTU 产品。近些年来，国内一些企业开始自行设计、生产 RTU，其设计思想基本上跟随国际上的发展路线。也有一些厂家引进国外技术，然后进行消化吸收，进行二次开发和应用，并逐步实现国产化。但目前真正具备 RTU 设计和开发能力的企业并不多，其产品与国际顶尖 RTU 产品也有一定的差距，主要差距表现在产品的可靠性、标准性和通用性上。

4. RTU 产品在油气田行业中的应用

由于 RTU 的特点更适合在油田各种恶劣环境中应用，因此，在国外石油天然气行业中，RTU 应用非常广泛。随着数字油田的建设与发展，RTU 在国内石油天然气行业中也得到广泛的应用。RTU 产品在油气田应用市场占有率较高，产品应用覆盖从油气田采油井口、注水井口、水源井井口、计量站、转油站、油气处理站、管线阀站到中心控制室，产品种类较齐全。可以预测，RTU 作为数字化系统的信息主要节点，市场前景将越来越广阔，行业数字化、智能化的发展势头将进一步推动 RTU 技术的跨越式发展。

4.1.3 RTU的功能与应用

1. RTU的基本功能

在站控系统中，RTU能控制对输入的扫描，且通常是以很快的速度对信息过程进行一些处理，如改变过程的状态，存储等待SCADA监控中心查询的数据等。一些RTU能够主动向SCADA监控中心进行报告，但多数情况下还是SCADA监控中心对RTU进行选择。在井场的油田物联网建设中，传感器所采集的数据都采用集中在井场RTU统一处理的和上传的方式。RTU还有报警功能，当RTU受到SCADA监控中心的选择时，它需要对如“把所有数据上传”这样的要求进行响应，来完成一个控制功能。其主要功能表现如下。

（1）数据通信。监控中心使用远端地址进行数据的安全传输，对数据变化的异常进行报告，以及高效地通过一种媒介与多个远端进行通讯。

（2）数据状态检测。对数字状态输入进行监控，并在受到轮询时向监控中心汇报状态的变化。

（3）检测与存储数据。检测、存储并迅速汇报某一状态点的突发状态变化。

（4）监控模拟。监控模拟量输入，当其变化超过事先规定的比例时，向监控中心汇报。

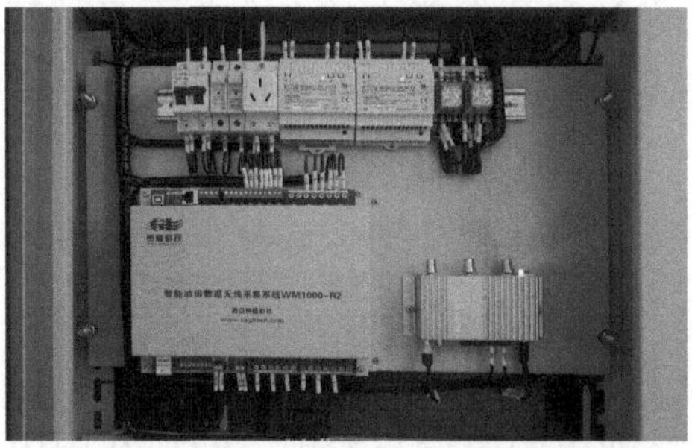

图4.2 井场RTU系统（机柜与系统）

（5）执行控制。在可编程的执行过程中对每个基点在选择—核对—执行的安全模式下进行执行控制。

（6）模拟量控制。模拟量设定点控制。

（7）序列标定。对状态变化作毫秒级事件序列的标定。

但是，总归起来，RTU应该至少具备以下两种功能：①数据采集及处理；②数据传输（网络通信）与控制。井场的RTU系统如图4.2所示。

当然，许多RTU还具备PID控制功能或逻辑控制功能、流量累计功能等。

在油田物联网建设中，油井通过传感器采集抽油机数据，传输到井口RTU，井口 RTU 再传输到井场 RTU，井场 RTU 再通过其他通信方式传输到控制中心。因此，数据采集预处理和远传是 RTU 的主要工作。

RTU 通常要具有优良的通信能力和更大的存储容量，适用于更恶劣的温度和湿度环境，提供更多的计算功能。正是由于 RTU 完善的功能，RTU 产品在石油这个特殊的行业中得到了大量的应用。RTU 将测得的状态或信号转换成可在通信媒体上发送的数据格式。它还可将从中央计算机发送来的数据转换成命令，实现对设备的功能控制。

2. RTU 的应用

RTU 的广泛应用，除了在传统的工业生产过程中如电厂、钢铁厂、化工厂之外，在测控点特别分散的场合得到更广泛的应用，如城市供水自动化控制系统，城市废水处理系统，城市煤气管网综合调度系统，天然气、石油行业自动化系统，电力远程数据集控系统，热网管道自动化控制，大气/水质等环保监测，水情水文测报系统，灯塔信标、江河航运、港口、矿山调度系统等。

在油田的应用，油田作业区一般都在方圆数百平方千米，地处沙漠、山区和海洋，自然环境十分恶劣。平时油井依靠人员值守，油井的计量数据采集依靠人工测量。但由于地域宽阔、自然条件差，大多值守人员都不愿在此工作，为此，油田都要对油井实施数字化管理，对计量站、阀组间等安装传感器实现数据自动采集，利用 RTU 对数据进行预处理和远传，可以解决油田区域无人值守与自动计量设备控制等，RTU 在数据传输中可以发挥更大的作用。

我们知道，每一个特定的生产现场往往不是只有单一的信号类型。例如，污水处理池，有温度、液面、流量、pH 等模拟量输入信号，也有控制调节阀动作的模拟量输出信号，以及泵、闸门开启关闭的开关量输入和输出信号等。所以生产现场要求可接受不同信号类型的混合型 RTU。这样一般在每一个 RTU 内部，均可配置模拟量输入、模拟量输出、开关量输入、开关量输出、脉冲量输入等至少 5 种类型的信号通道，最大通道数可达 35 个。用户选型时只要根据现场信号采集类型及数量的要求，确定 n 类信号通道即可，以满足现场的需求。

同时，不同的生产现场，各类信号类型的点数差别很大，一般要求各类信号的点数可以灵活选择。有时要将单一信号类型都接入同一个 RTU，必定有部分信号的连接电缆加长。所以像混合型信号输入输出且点数可以适当变动的

RTU，就可以灵活地适应各类生产现场的要求，不仅方便用户选型，还可节省RTU的数量及减少信号电缆的用量。

RTU供电通常使用220VAC电源、24VDC供电或12V太阳能电池供电，具有省电模式，并具备电池充电和后备功能。省电模式是指在软件控制下，RTU进入休眠状态，电耗降低，而一旦有中断输入，系统就恢复供电，这就特别适用于太阳能电池供电。另外一个优点是可向现场仪表（如变送器）提供隔离的24V电源输出，从而大大减少了配电用的专用电源、连接导线及接线工作量。

在通信方面，一般分为有线和无线两大类，有线方式采用各个公司专用网络或符合国际标准的现场总线网络通信。无线方式则采用远程拨号通信、无线电台、卫星通信、专线通信、GSM/GPRS通信等。

一般RTU只是底层设备或其他系统的通信集合点，同时也是更高层应用的（如监控主站）的数据采集设备，所以RTU基本功能就是主站与设备之间通信上传下达的中间枢纽。RTU计算功能并不是很强，与PLC相比，没有明显的优势。通俗地说，PLC是一个闷声读书搞研究的，RTU是一个交际花，如在SCSDA系统中，PLC是无法取代RTU的，可能的情况是RTU被若干PLC合成未来的、通信处理能力（包括接口兼容能力和通信协议适应能力）更强的高端设备所取代。

4.2 RTU系统组成及设计要求

RTU的系统组成包括硬件、软件和外形箱体等。传统的RTU外形通常为长方形，大多数相当于是一个黑匣子，没有显示器及操作键盘，操作及显示都要在上位计算机上进行。目前RTU机柜都已有了控制面板和按钮等（图4.3）。

如图4.3所示是比较先进的一款RTU，根据需求和生产设备安装条件可以带液晶显示器及操作键盘，液晶显示器为单色，显示分辨率为240×128，显示器的显示对比度及背光值可在线调节，在远程测控终端的液晶显示器及操作键盘上还可进行现场监控、现场操作、现场诊断、现场维护、现场升级。其最大组态画面数为40页，画面动态元素最大数量为40个，操作键盘有28个，可见其操作能力很强，显示功能非常丰富。

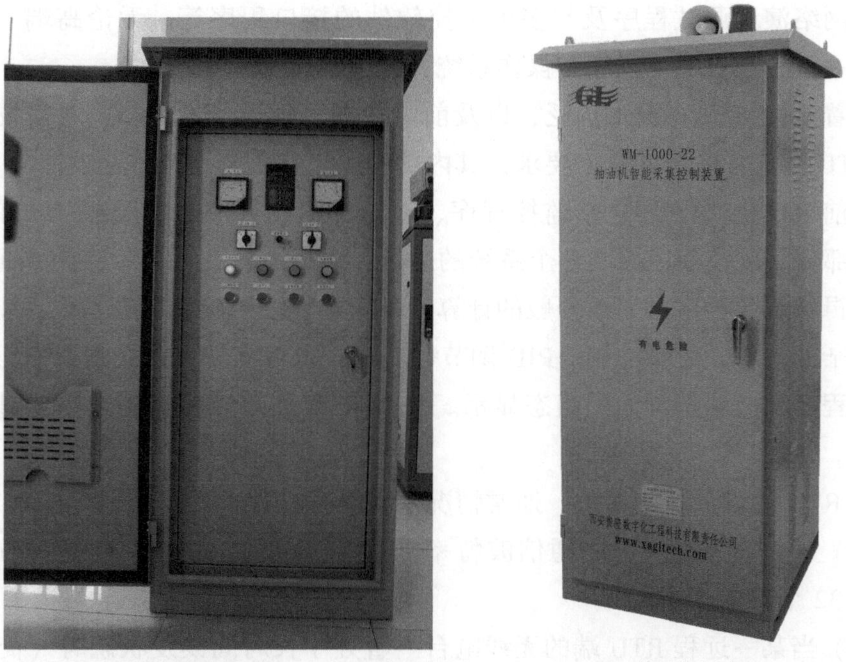

(a) RTU装置的控制面板　　　　(b) RTU装置的外型

图 4.3　油田物联网抽油机智能采集控制装置

图 4.4 是 RTU 装置的内部系统及结构。除了电路控制部分外，主要由数据处理终端部分和油水井远程控制系统两个部分组成。上部的终端部分是接受来自油、气、水井传感器所采集的数据，通过终端处理后传到井组 RTU 或远程控制中心。油水井控制系统主要是对油水井的远程启停控制。

图 4.4　油田物联网 RTU 与控制装置内部系统及结构

4.2.1　软件设计与功能

软件是 RTU 的灵魂，只有通过软件才可以表现出 RTU 的基本功能与价值。在一个 RTU 中至少要包含两个基本的系统：驱动程序和基于 Windows 的组态软件包操作系统。当然，系统可以是更加高端一点的，如网络驱动程序、网络演示调试程序及与多种工控软件的接口程序等。无论高端一点，还是普通一点，没有驱动程序和操作系统，这个 RTU 是不可用的。

随着 RTU 应用得更加广泛，以及前端数据采集设备的进步、通信技术的发展和 RTU 多任务系统的技术要求，其内部程序也在不断地改进与发展中。

目前 RTU 应用程序包括监控程序、逻辑梯级图程序、C 程序、屏幕组态程序等 4 部分。监控程序控制整个系统的运行，完成数据的采集、存储、通信等工作；逻辑梯级图程序可完成一般的计算、逻辑控制、PID 调节等功能；C 程序可完成复杂的计算、逻辑控制、PID 调节等功能，也可实现自定义的通信协议；屏幕组态程序完成屏幕画面的组态显示。有些 RTU 还可以根据用户需要进行二次开发。

在 RTU 的设计、制造中，通常情况下容易存在以下几个问题。

（1）开关电源模块无线通信波特率低（300bps），误码率高，巡测速度慢，最多带 32 个 RTU 终端。

（2）当某一远程 RTU 端的无线电台一直处于长时间误发状态时（简称“长发”），一直占用系统频点，由于系统共用一组无线电频点，这将使系统其他所有电台无法通信，整个系统瘫痪，处于故障的电台也无法发送有效的数据，因而无法确定故障点，测压点分布地域广且分散，使得故障查找很困难，往往需要数天时间。

（3）RTU 电路板集成度低，故障率较高，元器件难于采购。

（4）通信过程丢包现象频发，不易查找原因。

（5）RTU 芯片元件质量低，在高寒、高热、高湿条件下不工作。

考虑到系统的通用性和应用实际情况，要求 RTU 系统能最大限度地利用原有的无线电台、天线、电源、模拟屏、检测仪表等，是克服上述问题的最好方法。解决的办法如下。

（1）在一般情况下能实现如下功能：8 路 10 位模拟量输入、8 路开关量输入及两路脉冲量输入，其中 8 路开关量输入可扩展为 64 路开关量输入，可在 RTU 站存储 24 小时历史数据（15 分钟/次）或更多时间，具有掉电保护功能等，这是通常情况下的可能性。当然，具体设计过程中要根据需求而定。

（2）RTU 在设计制作中，一定要做到软、硬件的有机结合，可以经济有效地解决原有系统存在的问题及系统功能的要求。

(3) RTU 要做到 MTU 板和 RTU 板在硬件上的完全一致，并把通常独立于 RTU 板的无线调制解调 MODEM 集成在 RTU 板之上，简化了系统的硬件结构。如果一个系统的 RTU 板具有无线通信波特率 1200bps，误码率低，最多带 256 个 RTU 终端，这样可以有效地解决因无线电台“长发”引起系统瘫痪的问题，实现数据采集精度高、RTU 板集成度高、通用性强、软件升级容易等优点。

4.2.2　硬件设计与功能

RTU 的设计与制作是一个具体的产品化的工作，一般周期比较长。在设计中特别要强调一点的是，要根据 RTU 需求和环境生态条件设计与制作。

1. 元件的选择

RTU 设计、制作是一个很复杂的且技术含量很高的系统工程，因此，要求从源头抓起。除了采集、通信、处理的关键模块外，RTU 对设备的硬件以及它的外壳箱体的材料，箱体的防水、防湿、通风等都有很高的要求。

这里更重要的是需要强调硬件中的元件选择。目前市场中的元件，即使是同一个型号的电阻、电容，却有不同的质量标准。根据我们多年的经验，RTU 本身是在复杂、恶劣环境条件下工作，因此，要求元件的质量更高，更好。但是，在很多情况下，我们又要对设备成本控制，这就要考虑元件的成本价格。所以，往往会在降低成本的驱动下，放宽对元件档次的选择，这样如果 RTU 工作在高温、高寒条件下，选择低档次的元件会出现停机、不工作等种种问题。所以，要求必须根据油田现场的不同环境选择不同参数的元件。因此从源头抓起，才能保证 RTU 的质量，就是说的从元器件抓起。

2. 数据通信技术与对策

目前在油田物联网建设中，采用的通信方式大都比较灵活，要求根据现场情况设计 RTU 的通信方式，因此，采用标准的通信协议和多种通信方式进行通信。一般至少可提供两路对外通信接口，包括 RS232、RS485、无线电台、远程拨号通信、卫星通信、网桥专线通信等。通信距离 RS232 为 16m，RS485 为 1200m、无线电台为数 10km，专线通信也超过 10km。用户可根据使用环境从多种通信方式中进行选择或组合。RTU 还支持标准的 MODBUS RTU/ASCII 通信协议，也可以自定义通信协议。

在RTU通信中会出现很多问题，对于这些问题都要采取相应的措施加以解决，有很多对策，如无线电台处于长时间误发射状态时(“长发”) 系统瘫痪的解决对策。

1) 在RTU板上设置电台MTD2002控制端口（无线电台的电源由单片机通过电源控制)

RTU板可控制电台电源的通断；设置软件陷阱，远程RTU在15分钟内若没有接收到来自电台的任何信号，则可能是电台“长发”、电台接收故障、其他电台“长发”、RTU数据端口故障、中转台等故障，此时切断电台电源。15分钟后再开通电台电源，继续上述检测过程，这时若是由于中转台、其他电台“长发”等外部引起的故障而接收不到信号的情况，RTU板的工作得于恢复正常；设置“看门狗”（把关定时器）复位系统，程序引起的工作故障可以得到复位。

2) 中心调度室判断

如果只是接收不到某些点的信号，其他点一直正常，那么就是这些点自己有故障。如果一直接收不到所有点的信号，那么就是中转台、调度机故障或频点受到连续干扰。如果15分钟只接收不到某些点的信号，其他点正常，15分钟接收不到所有点的信号，那么是某些点出现“长发”现象，可以从可接收数据的15分钟里判断故障点。如果接收到的数据时有时无，不是15分钟间隔的规律，此时为系统频点受到干扰或中转台、调度机的不规律故障。

通过采取以上的各项措施，可以较快地查找故障点、杜绝由于电台“长发”引起的系统瘫痪，大大减少了维护工作量和维护成本。

4.3 油田物联网RTU设备技术

4.3.1 井口RTU

1. 基本概念

井口RTU是指安装在井口抽油机旁的终端。井口RTU一般接收来自抽油机上位移传感器、载荷传感器采集的数据，或者井口温度、压力传感器采集的数据。传感器将电信号传输到井口 RTU 后，RTU 将电信号实施转换、存储并发送。一般是每一口油井都会安装一台 RTU，因此，通常称之为单井 RTU。

2. 功能

单井 RTU 能够检测油井功图、温度、压力、电机参数，并能接收指令对油井启停进行控制。设备可以直接通过 GPRS/WiFi/LAN 等方式上传数据到数据接收服务器，或者通过 ZigBee 方式由 WM1000-R1 型 RTU 中转上传到数据接收服务器，从而达到节省通信费用的目的。

4.3.2 井组 RTU

1. 基本概念

井组 RTU 是指安装在井场专为丛式井、距离较近的多个井或者井场全无线解决方案中提供上传数据汇聚和转发的存储设备。

2. 功能

①能够采用 LAN/GPRS /WiFi 等多种方式上传所收到的数据，尤其在借助公网传输的环境中可节约通信费用。②采用 ZigBee 方式转发下发数据最远可视距离比不低于 600m。③根据现场情况采用多种供电方式。④在网络不通的情况下，可在最大 2GB 的 TF 卡上暂存所收到的数据，等网络接通后再转发。

3. 技术指标

传输方式：LAN/GPRS /WiFi/ZigBee/RS-485/RS-232；
供电方式：交流供电、太阳能供电、电池供电；
本地显示：2.8 寸 LCD 触摸屏；
本地存储：2GB TF 卡；
协议：MODBUS RTU；
保护：ESD 保护；

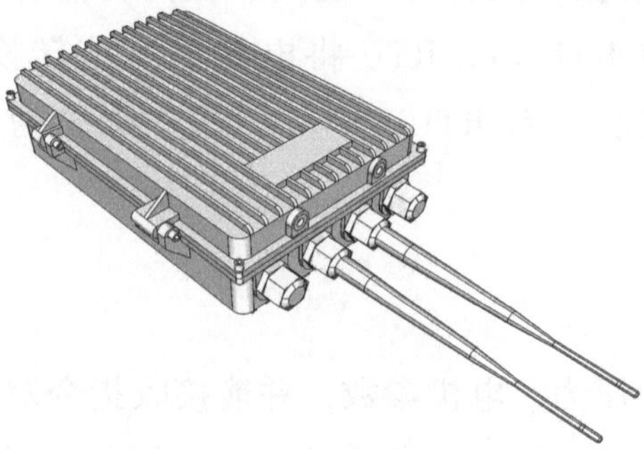

图 4.5 井组 RTU 外形

工作电压：7~24V 直流供电；

内置：供电电压、电流、环境温湿度传感器；

安装方式：平板或卡轨式；

工作温度：-40~75℃；

存储温度：-50~80℃。

4. 外形尺寸

井组 RTU 外形尺寸如图 4.5 所示。

4.3.3 RTU 系统集成

1. 基本概念

RTU 在应用过程中，一般需要井口和井组 RTU 组成，工作方式是：传感器采集的数据先传入井口 RTU 之中，井口 RTU 对数据处理后再传入井组 RTU 中，然后井组 RTU 将数据远传至控制中心或者数据中心（图 4.6）。

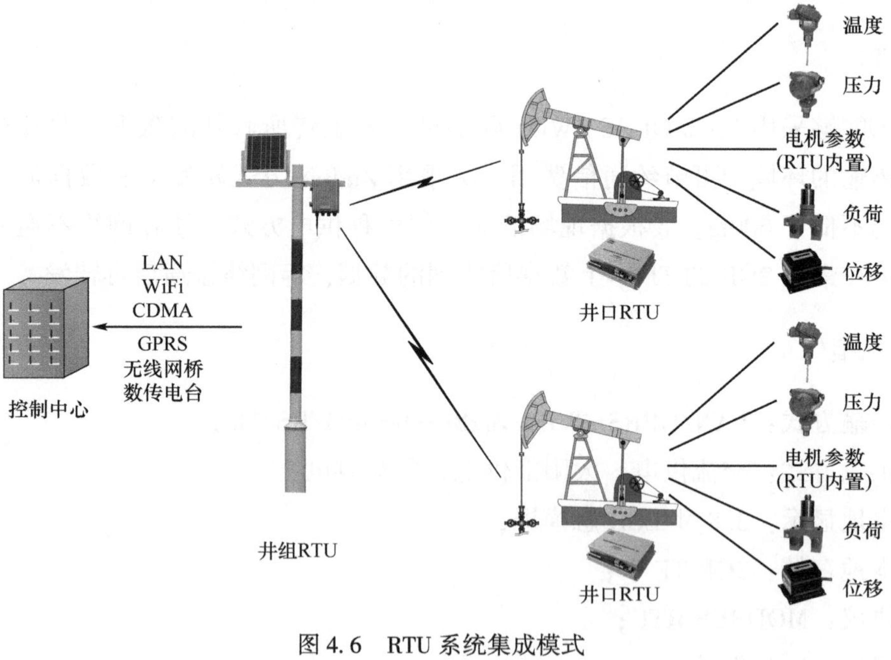

图 4.6 RTU 系统集成模式

这是一种有线+无线的模式，就是井组 RTU 采用有线连接，井口 RTU 到井组 RTU 采用无线连接。

2. 优点

（1）每口井的一套井口 RTU 设备能够满足单井需要采集的各类参数以及油井启停控制。

（2）传感器和 RTU 之间采用有线连接方式，数据传输稳定，受环境干扰因素小。

（3）多口井可以共享数据上传通道，节省通信讯费用。

（4）一般井场的无线网桥及视频监控设备可能离油井有一段距离，使用此方案可以省掉在井场网络接口和井口 RTU 之间的挖沟埋线费用。

4.3.4 未来新一代 RTU

（1）新一代 RTU 终端具有“五遥”功能，即遥测、遥信、遥控、遥调，遥视。

（2）RTU 终端在硬件电路上，结构简洁，采用工业级元器件、高质量集成芯片，抗干扰能力强，可靠性极高。其功能包含：

①油井图形监测——功图、电流图、功率图；②功图参数监测——最大最小载荷、冲程、冲次等；③井口参数监测——油压、套压、井口温度等参数；④三相电量监测——三相电流、电压、有功功率、功率因数等；⑤数据上传方式——GPRS/Wi-Fi/LAN/ZigBee/RS-485（最高传输速率不低于 115.2kbps）；⑥模拟量输入——6 路/单元；⑦输入信号——4~20mA。

（3）与常用的可编程控制器 PLC 相比，RTU 通常具有优良的通信能力和更大的存储容量，适用于更恶劣的温度和湿度环境，提供更多的计算功能。RTU 产品在石油天然气、水利、电力调度、市政调度等行业 SCADA 系统中广泛应用。

4.4 小　结

本章主要讨论了油田物联网 RTU 技术，这是一项不可或缺的技术或者装置。

（1）RTU是一种以微处理器（CPU）为基础的智能装置，它以标准的模拟和数字输入、输出信号与工业生产现场的仪表及控制设备相连，实时采集所需要的各工艺参数，如压力、温度、流量、液位、阀门状态等，利用编程实现就地控制，同时把有关数据进行整理，通过各种通信接口利用不同的传输协议传给中心站，也可以接收来自中心站的远程控制信号。

（2）油田物联网建设中的RTU分为井口RTU和井组RTU。井口RTU是指安装在井口位置的专为单井研发的油井监测监控设备。此设备能够检测油井功图、温度、压力、电机参数，并能接收指令对油井启停进行控制。井组RTU是指安装在井场专为丛式井、距离较近的多个井或者井场全无线解决方案中提供上传数据汇聚和转发的存储设备。

（3）目前RTU还没有国家标准，因此也没有统一的设计与结构。RTU还在不断地改进与完善，未来新一代RTU终端具有“五遥”功能，即遥测、遥信、遥控、遥调，遥视。RTU终端在硬件设计上结构简洁，采用工业级元器件、高质量集成芯片，抗干扰能力强，可靠性高。

第5章 油田物联网数据采集技术

油田物联网建设的主要目的之一，就是采集油田各类数据，这些数据是保证对被测对象的分析监控的主要依据。因此，将数据完整、有效地采集与传输到控制中心，是非常重要的一项工作。

5.1 油田物联网数据采集系统

5.1.1 数据采集的概念

油田物联网数据采集是指通过油田物联网的建设，在油田生产设备与环节上安装各种传感器，通过传感器对被测对象进行感知，即数据采集。

油田物联网系统中最重要的系统之一，就是数据采集系统。数据采集是油田物联网系统中的最前端，也是最关键的部分。没有数据采集，就不可能有数据传输、数据处理、数据管理和数据应用。因此，油田物联网数据采集是油田物联网的关键。

油田物联网的数据采集，就是指通过油田物联网的传感器对被测对象监测，获得数据以及RFID跟踪获得信息等。也就是其表面上看是对被测对象的监测，其实是采集被监测对象的运行过程的数据，如抽油机的工况、电机工作状况、油井井况，以及井口温度、压力等（加上站、库和管线等），实际上油田物联网的数据是通过这些传感器的感知所获得信息，经过处理，即将电信号转化为数字，将数字转化为数据获得的间接的数据，这个信息就是通过数据分析得出油井的井况、抽油机工况等。更深层次的数据含义，这些数据可以支持分析地层和油藏等。

因此，数据采集要从源头上抓好，如果采集的数据不正确，那么，分析的结果也是错误的。也就是说如果采集的数据是假的，那就会出现假数据、真分析、假结果。所以说数据采集是油田物联网的第一要务，即油田物联网数据采集是油田物联网非常重要的关键问题。

5.1.2 油田物联网数据采集的意义

我们知道，油田物联网的本质内涵，就是对油田物联网数据的采集、数据处理、数据分析和应用，实质就是“让数字说话，用数字指挥”。

（1）“让数字说话，用数字指挥”，这里所指的数字，就是油田物联网所采集的数字，即数据。没有油田物联网的建设，就没有油田物联网的数据采集，也就没有这里所指的数字。因此，油田物联网的采集系统是“让数字说话，用数字指挥”的前提。

（2）“让数字说话，用数字指挥”，数字是处于核心地位，“让数字说话”，体现了实事求是，数字可以说明一切，可以证明一切。产量是多少，让数字证明；设备工况如何，让数字证明；油井井况如何，让数字证明。等等。数字是唯一可证明一切的事实。“用数字指挥”，由于有了“让数字说话”的前提，自然就会用数字决策，用数字指挥了。这是油田物联网数据价值的体现。

（3）“让数字说话，用数字指挥”，数据高于一切，终于一切，数据采集就自然而然地高于一切，终于一切。因此，油田物联网的数据采集系统结构、数据采集系统的设计内容、数据采集系统的基本方式与方法、数据采集系统的建设就显得尤为重要。

5.1.3 油田物联网数据采集系统

油田物联网具有三层架构。油田物联网系统是依据物联网技术的三层架构来设计与建设的。从广义上来理解，油田物联网就是一个在对被测对象感知的基础上，融合了计算机技术、通信技术、网络技术和自动控制技术等，实现可控、可信、可扩展的网络化系统。狭义上来讲，油田物联网就是利用传感技术、计算机软件技术、数字控制、通信网络、系统集成及数据共享技术等构建了油田生产管理系统。该系统是以生产运行分析为中心，创新油田生产过程管理，搭建了集井场数据自动采集、数据处理分析、设备远程控制、远程视频监控及分析决策为一体的油田生产信息管理平台。

在目前，油田物联网建设主要采用一个三层架构的模式，包括三个基本的功能层（图 5.1）。

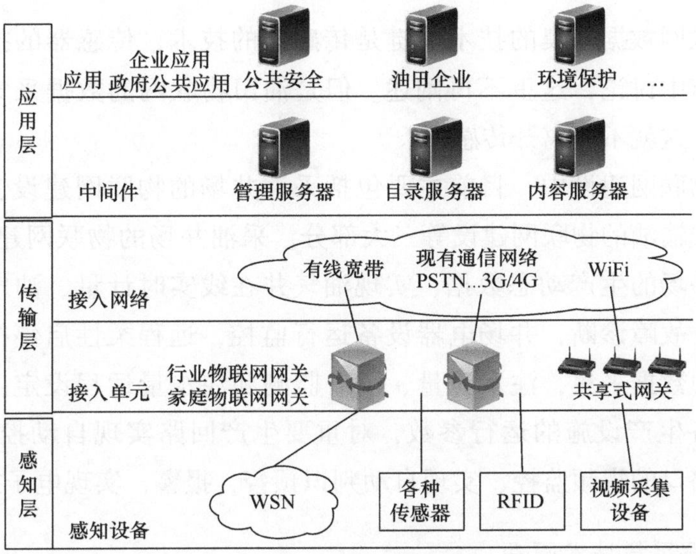

图 5.1 油田物联网基本功能层

图 5.1 表示了油田物联网系统所包含的基本内容，即由数据采集子系统（感知层）、数据传输子系统（传输层）和生产管理子系统（应用层）三部分，构成了油田物联网系统的基本结构。

在数据采集子系统中，也就是油田物联网感知层中，主要有各种传感器，这是油田物联网数据采集的主力军。其次有 RFID、视频监控和 WSN 等，除此以外，还应该包含站控系统的数据，这些系统又构成了油田物联网的数据采集体系，或者说是构成了油田物联网的数据采集系统。

所以，油田物联网建设不是工程创造价值，而是油田物联网的数据创造价值。

5.2 油井数据采集技术与方法

5.2.1 油田物联网数据采集技术

由于油田物联网的数据采集十分重要，因此，数据采集的技术也是非常关键的。

1. 数据采集技术

油田物联网数据采集的技术关键是传感器的技术，传感器的技术我们已经在相关的章节中讨论，这里不再阐述。但是油田物联网的数据采集技术还要做很好的讨论，这就不能离开传感器。

在油田物联网建设中，目前主要包括采油井场的物联网建设、站库的物联网建设和管线输油的物联网建设等三大部分。采油井场的物联网建设主要为了：①实时采集井场的生产动态数据，实现油气井在线实时计量、油气井工况分析及显示，油井故障诊断，井场电器设备运行监控，远程柔性启停控制，井口出油温度、压力数据采集，注水流量、压力监测和注水量远程设定；②自动采集和处理站内各生产设施的运行参数，对重要生产回路实现自动控制；③井场、站点和重要路口的视频监控，实现自动判识预警，报警，实现电子执勤等。

2. 传感器数据采集技术原理

油井传感器采集数据是在抽油机上安装传感器，传统型的传感器是有线的传感器，就是在传感器上带有两根线，一根是数据线，一根是电源线。位移传感器要安装在横梁上，传感器安装后，数据线和电源线要顺着抽油机的架子下来接到井口 RTU 终端上。荷载传感器安装在抽油机的悬绳器上，数据线和电源线一般都在空中飘着，然后接到井口 RTU，其安装形式如图 5.2 所示。

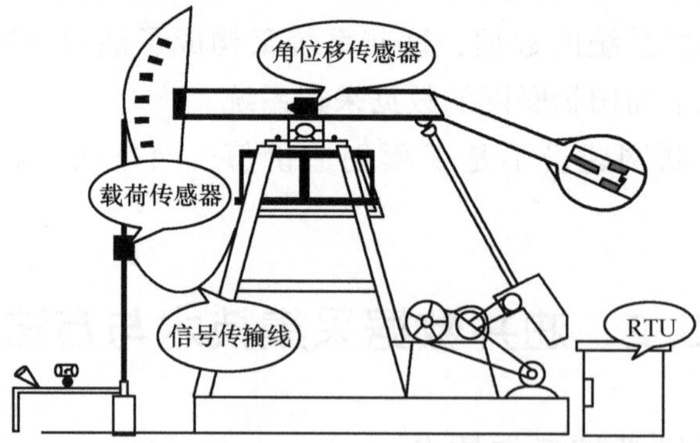

图 5.2 传统抽油机传感器数据采集

图 5.2 所展示的是传感器安装的位置与数据采集的机制。这种传感器的好处是相对采集的数据是实际检测的，位移和荷载传感器分别测量数据，然后到 RTU 进行数据汇聚、处理，形成功图。缺点是传感器都带有两根“大辫子”，安装、管理、后期维护都不是很方便。

经过多年的研究与改进，现在实现了一体化传感器，或者太阳能一体化无线传感器等技术，如图 5.3 所示。

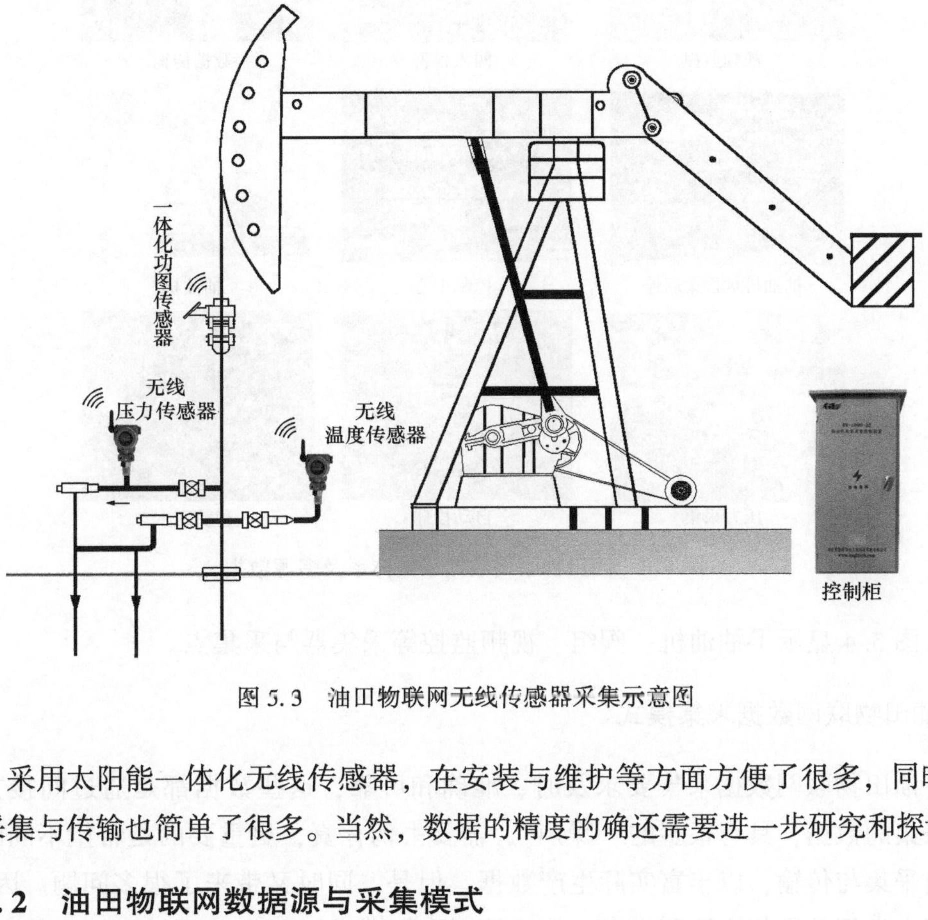

图 5.3　油田物联网无线传感器采集示意图

采用太阳能一体化无线传感器，在安装与维护等方面方便了很多，同时数据采集与传输也简单了很多。当然，数据的精度的确还需要进一步研究和探讨。

5.2.2　油田物联网数据源与采集模式

1. 油田物联网数据源

油田物联网所要采集的数据包含很多方面，包括油井、井口、抽油机、注水、站控、阀组等，这些构成了油田物联网的数据源头。

油田物联网数据采集是根据需求，安装各种传感器完成对被测对象的数据采集，这样就构成了多源的油田物联网数据采集，也形成了多源的数据采集体系（图 5.4）。

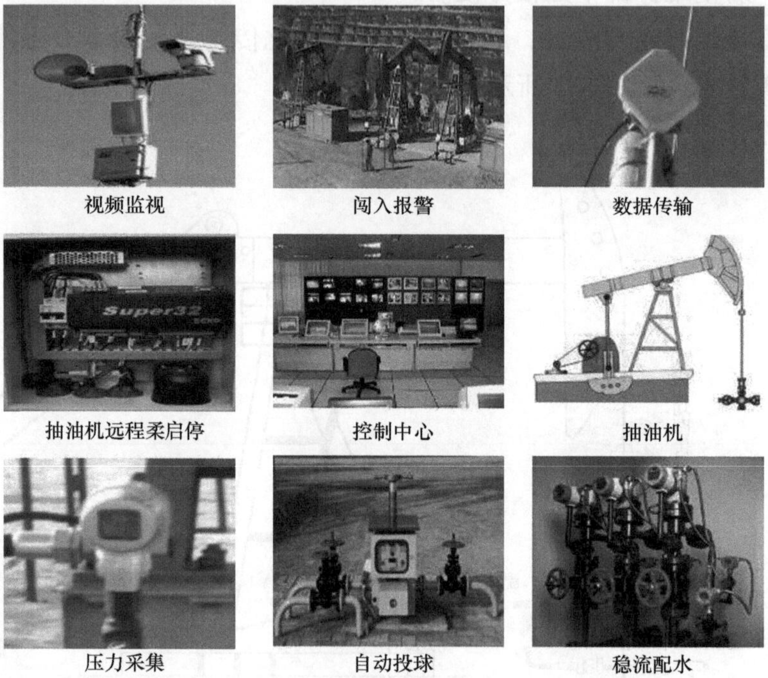

图 5.4　油田物联网数据采集体系及多源数据

图 5.4 显示了抽油机、阀组、视频监控等采集器与采集点。

2. 油田物联网数据采集模式

油田物联网数据采集要求及时、准确和可靠，这些数据都是通过间接方式所采集的数据，具有很多的“噪声”，需要去伪存真，更重要的是希望不间断和实时采集与传输，以丰富实际生产数据。但是，同时又带来了很多问题。因此，要建立良好的采集方法和方案，形成数据采集模式。

（1）油井抽油机数据采集的基本模式。通过在抽油机相应位置安装压力传感器、温度传感器、载荷传感器、位移传感器、电量采集模块等，采集井口油管的压力、温度、套压、电机综合电参、抽油机示功图、冲程、冲次等多个参数。同时装配远程启停装置，实现抽油机井的远程启停控制；还配置稳流配水阀组的参数监测和控制设备。此外，在井场安装监控杆和监控箱，放置摄像头、编解码器等井场监控视频前端设备，配合后台视频服务器以及视频控制软件，完成对井场内的视频监控；同时配备相应的视频智能监控模块，实现井场人员、车辆的跨线告警，以及闯入报警及自动喊话，为井场的设备及资源安全提供可靠保障，井场的视频监控也为油井的远程启停控制提供了可靠的现场图像依据，并且在井场安装井场数据管理设备RTU、自动投球装置、数据传输设备井组RTU及无线网桥等。

(2) 注水井数据采集的基本模式。在水井相应位置部署压力、流量传感器，完成对水井水压、注入量等数据的采集，同时配置远程配注装置，完成注水井远程调节注水量控制。

(3) 集输站数据采集基本模式。以联合站内中心控制室为控制室，主要管理计量（配）站及其管辖采油井、计量（配）站内设备和联合站内设备装置。

(4) 计量站数据采集。该系统以远程控制功能为主，对联合站的生产参数、设备运行情况进行采集并实施监测，可实现生产流程的自动切换、泵阀的远程控制等。

(5) 其他采集模式。

5.2.3 油田物联网数据采集系统

油田物联网数据采集是一个很大的、复杂的系统工程，是需要按照油田物联网工程需要与规律，在数字油田总体思想指导下进行科学的设计与建设，因此，对于油田物联网数据采集，必须做好数据采集的总体规划，编制好完整的方案，做好详细的设计。

1. 数据采集的设计思想

根据经验，做好油田物联网数据采集体系的设计，必须解决如下的几个问题：

(1) 油田物联网，需要采集哪些数据；

(2) 油田物联网感知数据如何真实地反映油田物理的世界；

(3) 油田物联网感知或者采集的数据采用哪种传输方式传输到数据中心;

(4) 油田物联网海量的数据如何最有效地存储与管理;

(5) 油田物联网感知海量数据存在大量冗余，如何进行数据融合;

(6) 油田物联网感知的海量数据如何能够保证快速查询和优化。

可见，油田物联网数据采集不是一个孤立的系统，有前端，就会有后端，自然就会有中端。数据采集的前端是油田生产环节与生产过程，以及包括生产过程的各种设备与流程，主要是考虑安装什么样的设备。中端是指采集系统的本身技术与环节，主要包括数据的传输、数据规模、设备的安装和参数的选择等。后端自然就是数据的管理与应用，包括数据中心、中控室、数据库、接口、浏览查询等。

因此，数据采集不是在建设中遇到了问题才解决，而是要在建设之前就要解决，这就是数据采集系统的规划与设计。

所以，数据采集系统设计是我们在油田物联网建设中首先要解决好的问题。

由此可以看出，油田物联网数据采集是一个大的系统，其关联着油田生产管理的需求与各种生产运行设备，关联着所采集数据的传输、管理与应用，因此，必须要做到全面、系统而科学。

2. 油田物联网数据采集方式

1) 单井数据采集

数据采集的链路如图 5.5 所示。图 5.5 是一个单井数据采集的过程，在井口上安装传感器，种类有荷载传感器、位移传感器、温度传感器、压力传感器等，数据采集后传输到井口 RTU，井口 RTU 传至井组 RTU 或者直接通过 3G 或 4G 传至控制中心服务器。

基本特点是简单，传输方式比较单一，链路较单一。

2) 多井（井组）数据采集

当一个井场的油井为丛式井时，就会有 2~10 口井同时在该井场工作，这时如果还用单井模式运行，则安装设备增多，成本增大，安装维护工作量增加，安全风险加大，同时会给数据的传输带来困难。为了避免这种问题的出现，必

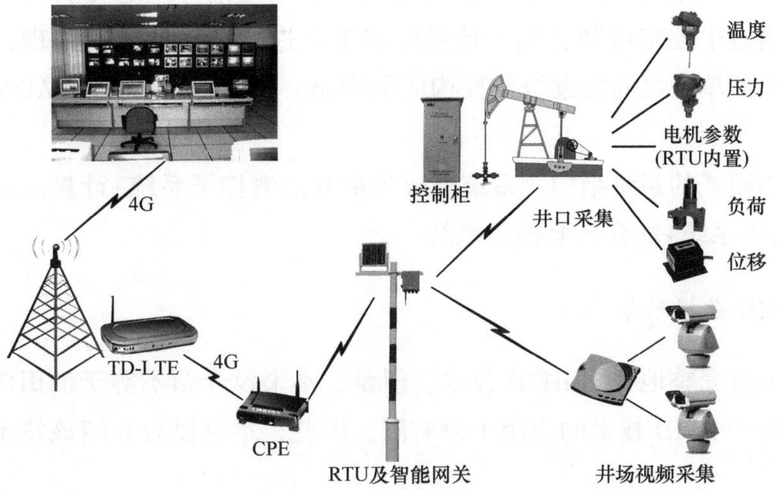

图 5.5　单井采集模式

须加入一个井组 RTU，将每个单井的数据进行集中管理后再传输出去，这样才会将数据正确、快速地传输，以保证信息的准确、可靠。

3）集油间、配注间数据采集

（1）集油间数据采集是在掺水、回油管线的相应位置安装压力、温度传感器，采集总掺水温度、压力、总回油温度、压力等参数。同时在各集油环上部署掺水控制设备，通过远程控制掺水量完成掺水温度的调节。

（2）注配间数据采集是在注配间相应管线安装压力、流量传感器，采集总来水压力、流量，单井瞬时水量以及柱塞泵综合电参等数据，同时在注水管线安装注水控制设备，完成注水量的远程调节。

4）计量站或联合站视频监控数据采集

（1）单井计量站联合站数据采集。单井计量站联合站模式除了包括单井监控模式和单井计量站监控模式的内容外，还包括对联合站内若干子系统的监控。将联合站划分为油区、水区等子系统，根据现场需要在联合站各子系统所辖要害、关键岗位设置监控点，并将联合站控制室作为系统中心控制室。联合站控制室对大站内部所辖对象进行实时采集和监控，此部分构成一个两级监控的

SCADA 系统（联合站内子系统之间通过现场有线通信方式进行实时数据交换）。整个系统通过中控室对联合站、计量站和单井进行自动化监控管理，从联合站到计量站再到单井之间的逐级监控构成的则是一个三级监控的 SCADA 的数据采集过程。

（2）该模式的系统结构。系统组成为单井监测控子系统+计量站监控子系统+图像监控子系统+联合站监控子系统。

5）RFID 数据采集

本书没有完整地介绍 RFID 技术，但是，本书没介绍不等于油田没有。可是油田目前对于 RFID 技术的应用十分有限，因此，本书没有介绍该技术及其数据采集方式。

5.3 油田站、库数据采集

油田物联网包含油田站控系统，站控系统也是油田物联网重要的数据采集系统之一，主要是 SCADA/DCS 的数据采集。

5.3.1 SCADA/DCS 的概念

1. SCADA 的概念

SCADA（supervisory control and data acquisition）系统，即计算机数据采集与监控系统，是一个以计算机为基础的生产过程控制与调度自动化系统，在工业生产过程中，实时采集现场数据。对工业现场进行本地或远程的自动控制，对工艺流程进行全面、动态和实时监视，并为生产、调度和管理提供必要的数据。它可以方便地对现场的运行设备进行监视和控制，以实现生产过程数据采集、设备控制、测量、参数调节以及各类信号报警等。SCADA 系统发展到今天已经经历了四代。

第一代是 20 世纪 70 年代，基于专用计算机和专用操作系统的 SCADA 系统，这一阶段是从计算机运用到 SCADA 系统的开始。

第二代是 20 世纪 80 年代，基于通用计算机的 SCADA 系统，在第二代中，广泛采用 VAX 等其他计算机以及其他通用工作站，操作系统一般是通用的 UNIX 操作系统。在这一阶段，SCADA 系统在电网调度自动化中与经济运行分析，自动发电控制（AGC）以及网络分析结合到一起构成了 EMS 系统（能量管理系统）。

第一代与第二代 SCADA 系统的共同特点是基于集中式计算机系统，并且系统不具有开放性，因而系统维护、升级以及与其他联网构成很大困难。

第三代是 20 世纪 90 年代，按照开放的原则，基于分布式计算机网络以及关系数据库技术，能够实现大范围联网的 EMS/SCADA 系统。这一阶段是我国 SCADA/EMS 系统发展最快的阶段，各种最新的计算机技术都汇集进 SCADA/EMS 系统中。

第四代 SCADA/EMS 系统的基础条件已经或即将具备。该系统的主要特征是采用 Internet 技术、面向对象技术、神经网络技术以及 JAVA 技术等，继续扩大 SCADA/EMS 系统与其他系统的集成、综合安全经济运行以及商业化运营的需要。目前，正处在此阶段，技术上已经使图像监控系统和 SCADA 系统的联动成为了可能。

我国的 SCADA 系统是从 20 世纪 80 年代开始起步，随着计算机、通信等技术在生产调度中产生实效，优化经济调度的 SCADA 系统越来越受到各行各业的重视。目前 SCADA 系统主要应用于水利、石油、供电等行业中。建立在计算机、通信、控制、传感器基础上的 SCADA 技术，随着这些技术发展也在不断发展，SCADA 系统在不断与其他系统集成，支持更多的编程语言和网络技术，越来越能满足企业的各种需求。

2. DCS 的概念

DCS（distributed control systems，DCS），又称为分散控制系统、分散型控制系统、集散控制系统。行业内也称 4C 技术，即 Control 控制技术、Computer 计算机技术、Communication 通信技术、Cathode Ray Tube CRT 显示技术，也就是所谓的分布式控制系统，或在有些资料中称之为集散系统，是相对于集中式控制系统而言的一种新型计算机控制系统，它是在集中式控制系统的基础上发展、演变而来的。在系统功能方面，DCS 和集中式控制系统的区别不大，但在系统功能的实现方法上却完全不同。

在20世纪90年代后期，随着计算机技术发展的突飞猛进，更多新的技术被应用到了DCS之中。其中PLC是一种针对顺序逻辑控制发展起来的电子设备，主要用于代替不灵活而且笨重的继电器逻辑。而SCADA的重点是在监视、控制，可以实现部分逻辑功能，基本用于上位监控。PLC单纯地实现逻辑功能和控制，不提供人机界面，需借助与按钮指示灯、HMI以及SCADA系统实现操作。因此，DCS因兼具了二者的功能，受到人们的重视和欢迎。但是DCS价格上也要昂贵一些，基本上用在比较大的系统中和一些控制要求高的系统中。

我们从这些简单的概念中了解到，以上三者其实互相渗透。一些生产企业中包含三种系统，SCADA作为生产管理级上位监控，DCS实现复杂控制，而PLC实现单机及简单控制。但随着技术的发展，有一些厂家的PLC也可以实现很复杂的精确控制，渐渐占领了DCS的市场。

5.3.2 SCADA数据采集方式

SCADA在油田物联网中作为站控数据采集系统，主要对集输站、计量站等数据的采集，在目前基本上是一个独立的系统，只是在油田物联网系统中进行集成。

1. 站控系统技术的原理

在站控系统中，SCS（station control system）是SCADA系统的最基本单元。在实际应用中，SCS通过PLC（或RTU）得到现场测量单元所测的参数，并控制和调节现场设备。同时，SCS将从现场检测的参数和其他状态信息量等实时传送到调度控制中心（dispatchand control center，DCC）的主机系统，该信息实际是主机系统实时查询站控系统所检测的参数和状态信息，接收来自DCC主机系统的指令。SCS可以独立运行，即当SCS与DCC的通信中断时，不会影响SCS完成数据采集和监控功能。PLC（或RTU）也可以在站控计算机故障时独立完成数据采集和控制功能。

DCC的基本工作原理是，DCC通过微波、卫星或光纤等通信系统构成的通信信道，向各SCS实时查询由SCS检测并处理过的现场数据（包括模拟量和状态量等数据）和信息。DCC收到数据和信息后，在主机系统监控屏幕上显示。

同时将采集到的实时数据与设定值、报警限相比较，给出报警信息。操作员可以从DCC向各个SCS发送指令，完成远控功能。远控功能包括设定压气站或配气站的流量或压力、调节设定值、控制某些阀门的开关、启/停压缩机、启动或停运某站等。

站控系统主要通过软件系统来实现其基本功能，因此，其软件就显得尤为重要。

2. 站控系统数据采集与管理

站控系统数据采集与管理主要依靠软件平台来完成，完成增压点站内及所辖油水井生产数据实时监测、安全风险预警提示、油水井工况动态分析、报表自动生成等功能，并与上位管理系统进行数据通信，上传本站的重要生产运行数据，接收上位系统的调度指令。主要目的是能迅速将软件部署到站控点（如增压点、联合站），对外提供标准的数据库数据接口，方便更大系统的数据整合及信息发布，以加快油田数字化的建设，有效指导油田开发。其系统结构如图5.6所示。

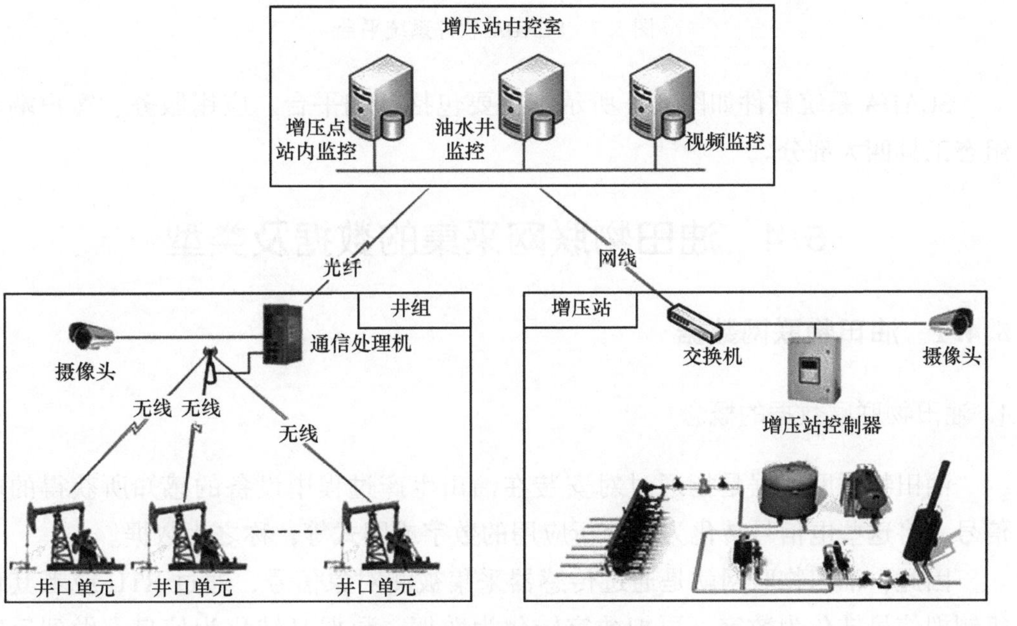

图5.6　站控系统结构图

图 5.6 结构说明，数据来自于井场和增压站等，数据进入中控室服务器，服务器分别有增压站监控、油水井监控和视频监控等，可完成数字化管理等工作。其软件管理系统主要内容如图 5.7 所示。

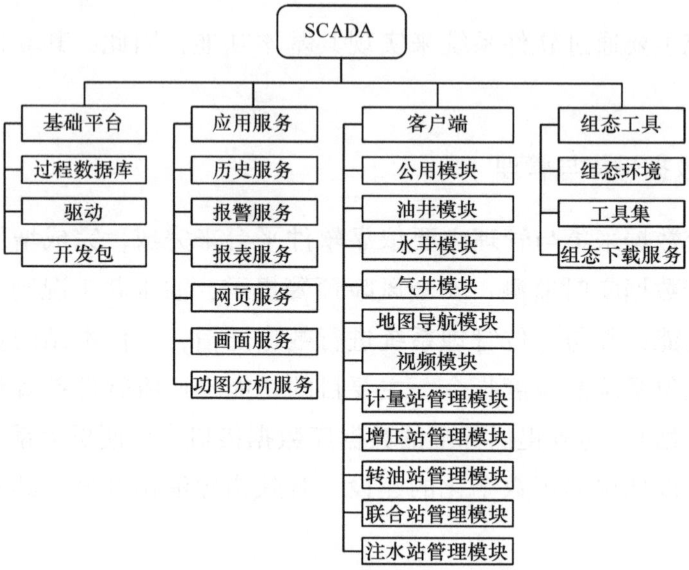

图 5.7　SCADA 软件系统平台

SCADA 系统软件如图 5.7 所示，主要包括基础平台、应用服务、客户端和组态工具四大部分。

5.4　油田物联网采集的数据及类型

5.4.1　油田物联网数据

1. 油田物联网数据的概念

油田物联网数据是指通过对安装在油田生产过程中设备的感知所获得的电信号，将这些电信号转化为可分析应用的数字或图式等，称之为数据。

因此，油田物联网就是通过传感器采集被测对象信号，通过 RTU 或者其他机制把信号转化为数字，再把数字转化为数据，数据又转化为信息，做到反馈控制，这是非常重要的一个机制。这也就是我们讨论油田物联网的本质是讨论数据从哪来，到哪去，更重要的是要知道油田物联网数据的重要性。

2. 油田物联网数据的特征

油田物联网数据具有很多特征，其中最主要的特征有如下几点。

(1) 电信号转化为数据。油田物联网数据是通过安装在油气田生产设备上的各种装置，如传感器和仪表等所采集的、在未做处理之前大量的是电信号的“数据”，要经过相关处理之后，将电信号变成相应的数字，其表现形式是数据或图式，如示功图等，这些数据对于间接掌握被测对象的状况具有很好的指向性，通过这些数据可以对被测对象反馈控制。

(2) 具有可传输、可汇聚、可集成性。油田物联网大量的数据都需要通过一定的传输方式传输到相应的服务器或者软件系统中，进行存储与分析应用。因数据传输构成了数据链路，多节点与多链路构成数据网络。因此，传输网络是数据的载体。

(3) 具有可用性。油田物联网数据具有很高的价值，所有的决策和反馈控制都是来自源数据的支持。但是，由于油田物联网是一种特殊的网，即采用传感器网络传输数据或者是因为要传输传感器采集的数据而采用的无线（有线）通信技术建立的网络，具有专用性。

由此，我们可以知道油田物联网数据的真正意义：油田物联网数据是“让数字说话，用数字指挥”的基本信息载体。因为，传感器所采集的数据是直接对油田设备等被测对象所感知的信息，是为使油田掌握油田生产过程，从生产环节中获得的数据，可直接完成对生产现场的指挥与调动的正确决策的信息来源于油田物联网的数据，就是“让数字说话，用数字指挥”的最原始的原材料。

5.4.2 油田物联网数据类型

根据油田物联网所采集的数据，大体上可分为三类：一类是图像，如视频监控数据。这是通过摄像头直接摄取的画面，但需要传输到控制中心，通过解码器解码，在显示屏上看到井场等的画面。另一类是数字，通过仪表采集的数字，如压力、温度，这些都是可以直接在仪表上读取的数字。还有一类是通过对电信号的处理，转换后的数据，形成图形，如示功图、SCADA 等（表 5.1）。

表 5.1 油田物联网数据类型表

类别	形式	检测对象	测量设备（装置）	数据格式	数据方式
A	图像	井场，站，库	摄像机或者系统	多种	画面图像
B	图形	抽油机、泵	传感器	多种	示功图、泵功图
C	数字	油水井，套管	传感器、仪表	表	直读数字

从表 5.1 中可以看到，A 类数据主要来源是对油田井场、站、库视频监控所拍摄的图像。一般要求每个监控点都是 24 小时不间断地拍摄，图像要求清晰，实施本地存储和远程同时存储，从而要求高，传输量大。不同时期建设、不同厂家产品，经常出现同一个监控点数据格式不一致。在站控还有一类数据就是来自 SCADA 或 DCS 等采集的数据，这是一种集成性运行图。

B 类数据主要来源于对抽油机的监测监控，是安装在抽油机上的传感器对被测对象的测量。这类数据对于一个节点数据量很小，但是，数据在不同的时段数据方式不一样，如在 RTU 存储的数据可能是电信号，也可能是数字。在最终端存储的是功图，包括示功图和泵功图等，也存在不同时期、不同厂家的格式不尽一致的问题。

C 类数据主要来源于井口传感器所采集的数据，表现形式基本上多位数字。

为了进一步细分数据，我们编录了油田物联网的详细数据表（表 5.2）。

表 5.2 将油田物联网数据分为数据采集体、数据参数与作用等介绍。数据采集体是指数据来源处，也就是说数据在油田什么地方或者什么设备上采集的，包括抽油机、计量间等设备和作业单元。采集参数和数据以及作用都在表 5.2 中做了较为详细的交代。这些数据的细分对于油田物联网数据的管理与应用十分重要。

5.4.3 油田物联网数据的价值

油田物联网建设的本质是数据采集，关键是数据应用，发挥数据的重要作用。因此，油田物联网数据可以创造价值，数据可以创造效率，数据可以创造效益。

(1) 油田物联网数据创造价值。油气田生产过程是一个动态变化的过程，生产管理与工程技术人员需要借助油田物联网技术获得实时数据，通过对数据的处理、分析，才能快速地获得油气生产动态的变化过程，从而快速采取措施，降低生产过程成本，提高采收率，创造更多的价值。

表 5.2　油田物联网数据详细分类表

采集	传感设备	采集参数	采集的数据	作用
抽油井	油井传感器	油压	油压数据	油压：判断油井生产管线是否堵、漏，以及抽油井油压大小与能耗
	压力变送器	套压	套压数据	套压：调节供排平衡，提高泵效，提高产量，初步分析油井气体相对大小
	温度变送器	示功图	示功图数据	抽油机井工况诊断、分析，判断抽油机是否平衡，反应抽油设备目前的工作状态
	便携式回声仪	油温	油温数据	依据温度变化，判断热洗清蜡井热洗效果
	电参数采集模块	动液面	动液面数据	了解供液情况，辅助判断泵况；用于异常井诊断、调参，调整工作制度等
	电磁继电器	电参数	电参数数据	能耗分析，指导节能工作；了解油井井下负荷变化情况，为分析泵况做决策
	变频器	启停控制	启停控制数据	降低异常损失，提高生产时率。发生异常后及时关停，防止事故扩大化
		冲次	冲次数据	合理调参，实现供排平衡，提高泵效，且可有效减少光杆盘根磨损，节能
电泵井	压力变送器	油压	油压数据	油压：分析泵工作情况
	电参数采集模块	套压	套压数据	套压：调节供排平衡，提高泵效，提高产量
		回压	回压数据	回压：管线是否堵、漏；掌握管线压力，避免回流
		电参数	电参数数据	计算抽油单耗；了解油井井下负荷变化情况，为分析泵况做决策
自喷井	压力变送器	油压	油压数据	判断自喷能力、油管结蜡等
		套压	套压数据	套压：判断地层供液能力；合理控制套压提高泵效，提高产量
		回压	回压数据	回压：判断出油管线是否结蜡，破漏等
天然气井	温度变送器	油压	油压数据	反应生产状态，判断生产能力，油管冻堵情况等，为下步措施做准备
	压力变送器	井温	井温数据	检查气井生产是否正常，及时调整工作制度
	可燃气体探测器	套压	套压数据	掌握地层供气能力，综合分析，合理控制套压能提高泵效，提高产量
	有害气体探测器	节流后（或出口）压力、温度	节流后（或出口）压力数据	落实压力变化，进行压力变化分析，以确定是否套管破漏
	井口紧急断阀			分析节流工作情况，根据压力、温度判断管线破、堵等
			温度数据	可燃气体浓度实时检测，防止火灾、爆炸等事故发生

续表

采集	传感设备	采集参数	采集的数据	作用
		可燃气体浓度	可燃气体浓度	在含硫化氢、较封闭的环境检测，防止人员中毒等事故发生
		有害气体浓度	有害气体浓度	发生压力突然增大等紧急情况时，自动关断生产管线（自动关井，或执行紧急停车指令实现远程关井，保护生产管线）
		紧急关断	紧急关断数据	
注水井	压力变送器	油压	油压数据	掌握注入压力变化情况，分析井下状况；检查注水管线是否正常，及时发现管线破、堵等
	高压自控流量仪	套压	套压数据	落实压力变化，通过压力变化分析是否套管破漏
		流量	流量数据	动态调控，按计划注水；检查水井生产是否正常，及时检查流程和调节水量
注汽井	压力变送器	压力	压力数据	检测注入汽压力变化情况
	温度变送器	温度	温度数据	检测注入汽温度变化情况，根据地层情况调整注汽温度
	流量计	流量	流量数据	掌握注汽量
原油计量间	压力变送器	集油管汇压力	集油管汇压力	分析支线甚至干线压损情况，判断管线内是否通畅，及时发现管线破、堵等
	液位变送器	计量分离器液位	计量分离器液位	测定液量，自动计量掌握液位变化，确保计量单产准确
	温度变送器	计量分离器压力	数据	自动计量，掌握压力变化，防止分离器超压运行
	电动阀	油温	计量分离器压力	监控来油温度，判断集油是否掺水输送；监控措施后集输管线的温度变化
	含水仪	电动执行机构	数据	自动量油控制开关，必不可少
	旋进漩涡流量计	含水率	油温数据	跟踪单井含水变化，分析措施效果，为油井动态分析提供依据，减少取样化验工作量
		气体流量	电动执行机构	掌握单井日产气量，为油井动态分析提供依据
			含水率数据	
			气体流量数据	
井场	红外摄像机	视频	图像数据	用于在井场、站、库视频监控，重现24小时实时录像；为井场、站、库安全提供保障
	传感器	有害气体	有害气体数据	
站库	DCS	站控系统	站控系统运行图	监控集输站油罐液位计运行情况
	SCADA	标签	与人员、车辆等	为站、库保障安全，对进入人员、车辆实行安全管理
	RFID		追踪的数据	

（2）油田物联网数据创造效率。生产调动是油田生产过程中最重要、最平凡的一个工作，如何做到快速、准确，必须通过对生产动态数据的处理、分析后实现对生产过程的可视化远程调控。所以，油田物联网数据提供了基础和依据，也就创造了效率。

（3）油田物联网数据创造效益。油田物联网数据具有很广阔的应用，每一个生产环节，都会有深入的应用，每一个应用都会产生不同的效果，整体上都会促进油田的建设与发展，数据提高了油田企业的开发能力，可以创造效益。

5.5　小　　结

本章主要讨论了油田物联网的数据采集与数据。数据采集是油田物联网一个重要的子系统。

（1）油田物联网数据采集是指通过油田物联网的建设，在油田生产设备与环节上安装各种传感器，传感器对被测对象的感知即完成数据的采集。数据采集是油田物联网系统中的最前端，也是最关键的部分。因此，油田物联网数据采集是油田物联网的关键。

（2）油田物联网建设不是工程创造价值，而是油田物联网的数据创造价值。

油田物联网的数据采集技术主要是传感器技术。油田物联网感知层中，除了各种传感器外，还有 RFID、视频监控和 WSN 等，除此以外，还应该包含站控系统的数据，这些系统又构成了油田物联网的数据采集体系，或者说是构成了油田物联网的数据采集的技术系统。

（3）油田物联网数据是指通过安装各类传感器对油田生产过程设备、事物的感知，将传感器的电信号转化为可分析应用的数字或图表等。油田物联网数据是一个多源的数据，这些数据通过细分对油田生产过程的管理与应用十分重要。

第 6 章 油田物联网的数据传输

6.1 数据传输的概念

数据传输是油田物联网中的又一个重要的组成部分，因此，在油田物联网建设中，其与油田物联网数据采集具有同样重要的地位。

1. 数据传输的概念

油田物联网数据传输是指在油田物联网建设中，自传感器所采集的信号起，采用一定的通信方式实施对数据的传输。数据传输在油田物联网中贯穿始终。

传感器数据传输很简单，传统的传感器所采集的数据主要依靠数据线。例如，油井位移、荷载传感器都有两条线，一条是电源线，一条是数据线。当传感器采集到信号后便通过数据线传输到井口 RTU，这样就完成了一个系统过程。因此，传统的都将 RTU 称为终端。

随着无线电技术、通信技术的发展，目前油田物联网都要求采用无线一体化传感器，这样传感器采用无线技术，实现了传感器一剪“大辫子”（数据线），这实际上完成了一次数据传输的革命。

2. 链路数据传输的概念

链路数据传输是指当传感器采集的数据汇聚到 RTU 之后的数据传输。例如，从井口 RTU 到井组 RTU，从井组 RTU 到控制中心，这样一个过程都是数据链路上的传输过程。这对油田物联网十分重要。

链路数据传输技术有很多，如 CDMA/GPRS/3G/4G 等，还有网桥、电传、光纤等。

3. 数据传输的其他技术

其他传输技术是指上述几种技术之外的技术，是一些比较特殊的技术，如RFID技术的数据传输，这是一种依靠空气介质传输的方式实现对数据的传输等。

总之，数据传输技术在油田物联网建设中占据非常重要的地位，但往往在建设中被忽略或者不被重视。

6.2 数据传输技术

数据传输技术是指采用选择哪种通信技术对油田物联网数据传输的技术，目前在油田物联网传输中的主要通信技术有多种。

6.2.1 ZigBee技术

ZigBee，作为一种新兴的无线通信技术，也是一种高可靠的无线数传网络，类似于CDMA和GSM网络。ZigBee数传模块类似于移动网络基站。

ZigBee是一个可由多到65000个无线数传模块组成的无线数传网络平台，在整个网络覆盖范围内，每一个ZigBee网络数传模块之间可以相互通信，每个网络节点间的距离可以从标准的75m到几百米、几千米，并且支持通信面积无限扩展。

与移动通信的CDMA网或GSM网不同的是，ZigBee网络主要为工业现场自动化控制数据传输而建立，因而，它必须具有简单、使用方便、工作可靠、价格低的特点。而移动通信网主要是为语音通信而建立，每个基站价值一般都在百万元人民币以上。但每个ZigBee“基站”却不到1000元人民币。每个ZigBee网络节点不仅本身可以作为监控对象，如其所连接的传感器直接进行数据采集和监控，还可以自动中转别的网络节点传过来的数据资料。除此之外，每一个ZigBee网络节点还可在自己信号覆盖的范围内，和多个不承担网络信息中转任务的孤立的子节点无线连接。

ZigBee技术作为一种新兴的无线通信技术，与蓝牙和WiFi相比，具有距离短、复杂度低、功耗低、数据速率低、成本低、自组网和双向无线通信等特点，适合于自动控制领域和远程控制的传感器和执行机构等设备的联网，可以嵌入各种设备。

ZigBee 技术近年来被广泛应用，特别在油田物联网技术中已成为一个重要的技术之一。

1. 基本概念

ZigBee，在中国被译为“紫蜂”，这一名称来源于蜜蜂的八字舞，由于蜜蜂（bee）是靠飞翔和“嗡嗡”（zig）地抖动翅膀的“舞蹈”来与同伴传递花粉所在方位信息的，也就是说蜜蜂依靠这样的方式构成了群体中的通信网络。因此，人们将这种通信技术称为 ZigBee 技术。

ZigBee 是基于 IEEE 802.15.4 标准的，一种短距离、低复杂度、低速率、低成本、低功耗的个人局域网协议，是一种新兴的无线组网双向通信技术。主要用于距离短、功耗低且传输速率不高的各种电子设备之间进行数据传输以及典型的有周期性数据、间歇性数据和低反应时间数据传输的应用。

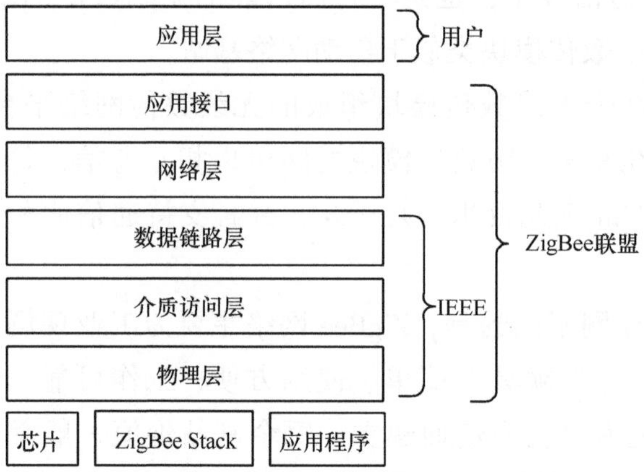

图 6.1 ZigBee 结构示意图

2. 基本技术原理

1）ZigBee 协议栈结构

ZigBee 是一组基于 IEEE 802.15.4 无线标准研制开发的有关组网、安全和应用软件方面的技术标准。协议栈基于开放互联标准 OSI 7 层模型，由应用层、应用支持子层（应用接口）、网络/安全层、数据链路层（MAC）和物理层组成。网络层以上的协议由 ZigBee 联盟负责制定，IEEE 制定物理层和链路层标准，其结构如图 6.1 所示。

2）ZigBee 协议层作用

ZigBee 可工作在 2.14GHz（全球流行）、868MHz（欧洲流行）和 915MHz

(美国流行) 三个频段上，分别具有最高 250kbit/s、20kbit/s、40kbit/s 的传输速率（表 6.1）。

ZigBee 的传输距离一般为 10~75m，主要用于个人区域网和对等网络，主要用于近距离无线连接。它依据 IEEE 802.15.4 标准，在数千个微小的传感器之间相互协调实现通信。这些传感器只需要很少的能量，以接力的方式通过无线电波将数据从一个网络节点传到另一个节点。所以，它们的通信效率非常高。

表 6.1　ZigBee 的频带和数据传输率

	频带	使用范围	数据传输速率	信道数	带宽
2.4GHz	ISM	全球	250kbps	16	0.6MHz
868MHz		欧洲	20kbps	1	2MHz
915MHz	ISM	北美	40kbps	10	5MHz

实际上，868MHz 传输速率为 20kbps，一般适用于欧洲，915MHz 传输速率为 40kbps，适用于美国，2.4GHz 传输速率为 250kbps，适用于全球通用，我国一般使用 2.4GHz。

由于这三个频带的物理层并不相同，其各自信道带宽也不同，分别为 0.6MHz、2MHz 和 5MHz，分别有 1 个、10 个和 16 个信道。

不同频带的扩频和调制方式有区别，虽然都使用了直接扩频（DSSS）的方式，但从比特到码片的变换方式有较大的差别。调制方式都用了调相技术，但 868MHz 和 915MHz 频段采用的是二进制相移键控（binary phase shift keying，BPSK），而 2.4GHz 频段采用的是偏移四相相移键控（offset-quadrature phase shift keying，OQPSK）。

一般基于 IEEE 802.15.4 的 ZigBee 在室内通常能达到 30~50m 作用距离，在室外空旷地带，甚至可以达到 400m 作用距离。

3. ZigBee 的技术优势

(1) 低功耗。ZigBee 的传输速率低，发射功率仅为 1mW，而且采用休眠模式，功耗低。在低耗电待机模式下，2 节 5 号干电池可支持 1 个节点工作 6~24 个月，甚至更长。ZigBee 设备非常省电，这是 ZigBee 的突出优势。

(2) 低成本。通过大幅简化协议（不到蓝牙的 1/10），降低了对通信控制器的要求，按预测分析，以8051的8位微控制器测算，全功能的主节点需要32kb代码，子功能节点少至4kb代码，即它的模块复杂度不高，而且ZigBee免协议专利费。使用频段无需付费。因为Zigbee数据传输速率低，协议简单，无需网络运营费用；并且ZigBee协议是免专利费的。低成本对于ZigBee也是一个关键的优势因素。

（3）数据传输速率低。ZigBee工作在20~250kbps的较低速率，分别提供250kbps（2.4GHz）、40kbps（915MHz）和20kbps（868MHz）的原始数据吞吐率，满足低速率传输数据的应用需求。

（4）近距离。传输范围一般为10~100m，在增加RF发射功率后，也可增加到1~3km。这指的是相邻节点间的距离。如果通过路由和节点间通信的接力，传输距离将可以更远。

（5）短时延。ZigBee的响应速度较快，一般从睡眠转入工作状态只需15ms，节点连接进入网络只需30ms，活动设备信道接入的时延为15ms，进一步节省了电能。相比较，蓝牙需要3~10s、WiFi需要3s，等。

4. ZigBee在物联网的基本应用

ZigBee的目标定位于现存的系统，还不能满足其需求的特定的市场，其应用前景广阔。ZigBee目前的应用领域主要包括家庭和楼宇网络、工业控制、商业、公共场所 、农业控制、医疗和油田物联网中等。

每个Zigbee网络节点（FFD和RFD）可以支持多到31个的传感器和受控设备，每一个传感器和受控设备可以有几种不同的接口方式，可以采集和传输数字量和模拟量，非常适用于控制领域。其在物联中的应用模式如图6.2所示。

现阶段，工业应用中大多数设备仍然以有线方式进行连接，实现各种控制功能。有线连接方式具有速度快、数据流量大、可靠性强的特点，在实际应用中也达到了比较满意的效果。但由于有线连接方式存在布线麻烦、线路故障难以检测、设备重新布局就要重新布线、不能随意移动等缺点，不适合应用于一些机动性要求较强，或者工作受到内部线路限制的设备。因此，人们越来越关注于能否使用无线方式来取代有线方式。

ZigBee技术的出现，使得对于重要设备状态的实时在线监测成为可行。对于传送长度一般为几十字节的传感器读数来说，高带宽是多余的，ZigBee低带

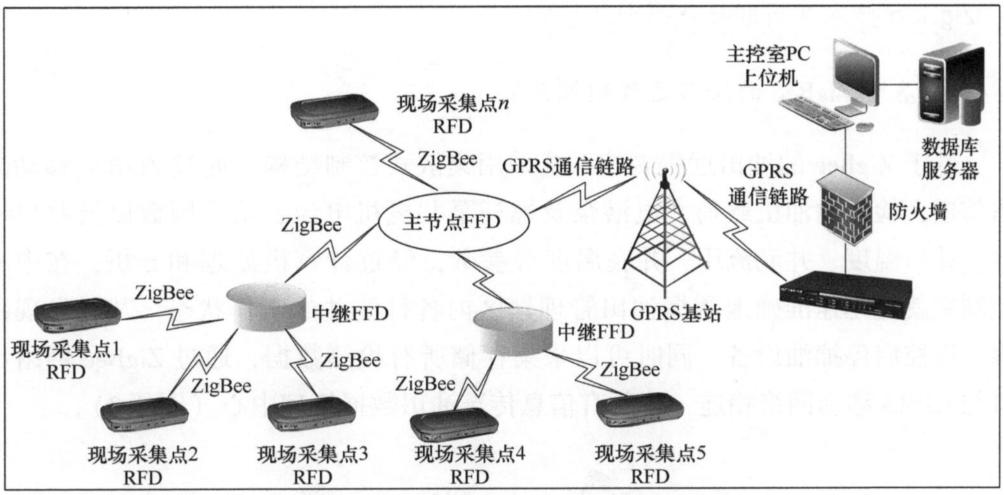

图 6.2 ZigBee 在物联网的应用示意图

宽的特性正好有助于它实现其低功率、低成本和鲁棒性的目标。通过采用无线在线检测方案可以降低安装成本和运行维护成本，减少人力资源，同时可以做到关键设备的状态的实时在线测量，避免重大事故的发生，为设备运行、维护和检修提供了重要指导。

同时，ZigBee 技术还应用于无线传感器网络中，无线传感器网络是由大量无处不在的具有通信和计算能力的微小传感器节点密集布设在无人值守的监控领域而构成的能够根据环境自主完成指定任务的“智能”自治测控网络系统。无线传感器网络是一种超大规模、无人值守、资源严格受限的全分布系统，采用多跳对等通信方式，其网络拓扑动态变化，具有自组织、自治、自适应等智能属性，在环境、军事、气候预测、医疗、家庭智能以及外层空间探索等许多方面都具有广泛的应用前景。无线传感器网络一直限于科研机构和实验室试验，影响其产业化的障碍主要是易用性、可靠性、抗干扰、低成本、互操作性、安全性、小体积和低功耗。ZigBee 技术的出现解决了制约无线传感器网络发展的难题。

5. ZigBee 技术在石油石化行业的应用

1）基于 ZigBee 的油田远程测控系统

基于 ZigBee 的油田远程测控系统采用集散式控制结构，通过 ZigBee 移动通信信道，检测抽油机载荷、电潜泵及螺杆泵井电机电流、功率因数以及井口压力、井口温度、井底流压、井底温度等参数，经过计算机处理和分析，在中心控制室就能迅速准确地掌握油田管理辖区内各种油井的工作状态，及时发现隐患，遥控启停抽油设备。同时可以采集存储所有检测数据，通过 ZigBee 网络出口与 GPRS 移动网络相连，将所有信息传至油田数据管理中心（图 6.3）。

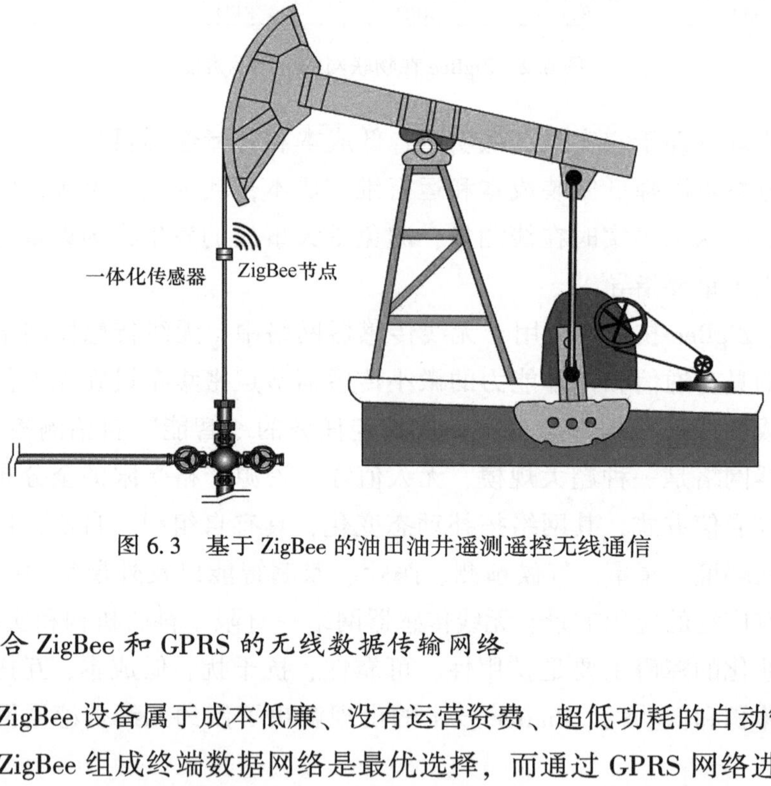

图 6.3 基于 ZigBee 的油田油井遥测遥控无线通信

2）结合 ZigBee 和 GPRS 的无线数据传输网络

由于 ZigBee 设备属于成本低廉、没有运营资费、超低功耗的自动管理网络，所以使用 ZigBee 组成终端数据网络是最优选择，而通过 GPRS 网络进行统一的远程传输，可大大提高数据的集中、互通和管理能力。将 ZigBee 和 GPRS 网络结合在一起，可以实现比较复杂的通信方式，如在目标服务器安装 GPRS 数据终端，或通过 GPRS 转 Internet 的方法，可将现场数据传送到目标服务器。

结合ZigBee和GPRS的无线网络结构充分利用了ZigBee网络低功耗、低成本、自组织、数据路由的优势和GPRS网络覆盖范围广、可连接Internet的优点，在局域内可由ZigBee网络组织无线的数据传输，在广域内可借助GPRS网络传递数据，可用于对人迹罕至地区的环境监测和工业生产的流程监控，是一种新型的多模网络结构，具有广泛的应用前景（图6.4）。

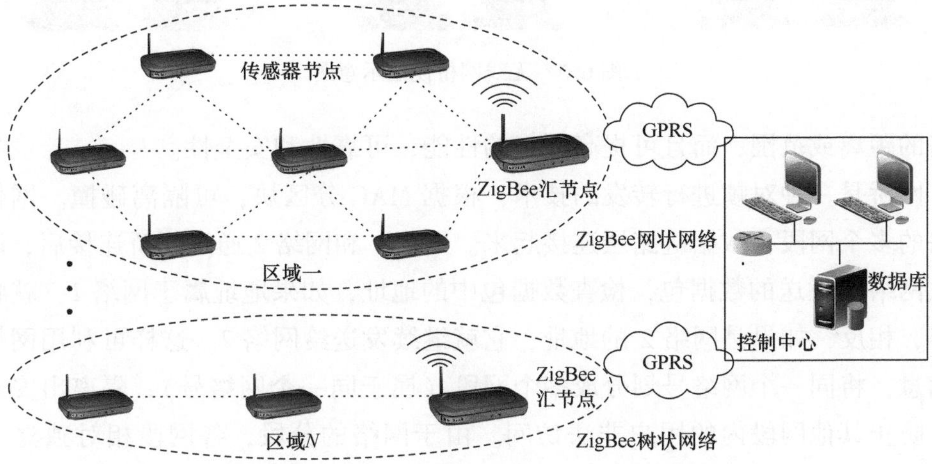

图6.4 结合ZigBee和GPRS的无线数据传输网络

6.2.2 无线网桥技术

1. 基本概念

网桥（bridge）是指一种在链路层实现中继，常用于连接两个或更多个局域网的网络互联设备。无线网桥技术是指通过点对点，或者一点对多点，中继中转的一种无线通信技术（图6.5）。由此形成的网络又称为无线网桥网络。

2. 基本技术及其优点

1）基本技术

网桥像一个聪明的中继器。网桥将两个相似的网络连接起来，并对网络数据的流通进行管理。它工作于数据链路层，在网络互联中起到数据接收、地址过滤与数据转发的作用，用来实现多个网络系统之间的数据交换，不但能扩展

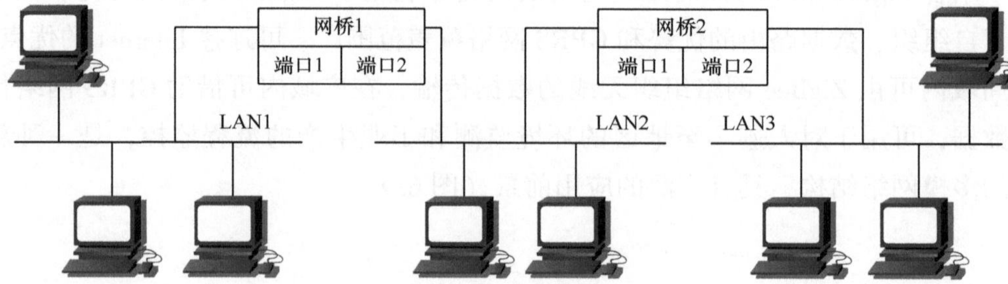

图 6.5　无线网桥使用示意图

网络的距离或范围，而且可提高网络的性能、可靠性和安全性。

网桥是一种对帧进行转发的技术，根据 MAC 分区块，可隔离碰撞。网桥将网络的多个网段在数据链路层连接起来。网络 1 和网络 2 通过网桥连接后，网桥接收网络 1 发送的数据包，检查数据包中的地址，如果地址属于网络 1，就将其放弃，相反，如果是网络 2 的地址，它就继续发送给网络 2。这样可利用网桥隔离信息，将同一个网络号划分成多个网段（属于同一个网络号），隔离出安全网段，防止其他网段内的用户非法访问。由于网络的分段，各网段相对独立（属于同一个网络号），一个网段的故障不会影响到另一个网段的运行。

2）网桥不同于中继器和集线器

网桥是通过逻辑判断而确定如何传输帧的。这个逻辑是基于以太网的协议的，符合 OSI 的第二层规范。所以网桥可以被看做是第二层的设备，用来决定何时转发帧。网桥编辑如下。

（1）检查收到的信号，解释 0 和 1 的含义，并找出帧中的目的 MAC 地址。

（2）如果具有该目的的 MAC 地址的帧能够通过网桥上不同的接口到达目的地（不是帧到达网桥的那个接口），则通过重新生成信号来传输这帧（这个过程叫做转发）。

（3）如果该帧到达的接口就是目的地址可达到的端口，则丢弃该帧（这个过程叫做过滤）。

网桥可以是专门硬件设备，也可以由计算机加装的网桥软件来实现，这时计算机上会安装多个网络适配器（网卡）。

网桥的功能在延长网络跨度上类似于中继器，然而它能提供智能化连接服务，即根据帧的终点地址处于哪一网段来进行转发和滤除。网桥对站点所处网段的了解是靠“自学习”实现的，有透明网桥、转换网桥、封装网桥、源路由选择网桥等。

3）网桥与转发器的比较

网桥的存储和转发功能与中继器相比有优点也有缺点，其优点是：①使用网桥进行互连克服了物理限制，这意味着构成 LAN 的数据站总数和网段数很容易扩充。②网桥纳入存储和转发功能，可使其适应于连接使用不同 MAC 协议的两个 LAN，因而构成一个不同 LAN 混连在一起的混合网络环境。③网桥的中继功能仅仅依赖于 MAC 帧的地址，因而对高层协议完全透明。④网桥将一个较大的 LAN 分成段，有利于改善可靠性、可用性和安全性。

网桥的主要缺点是：由于网桥在执行转发前先接收帧并进行缓冲，与中继器相比会引入更多时延。由于网桥不提供流控功能，因此在流量较大时有可能使其过载，从而造成帧的丢失。

网桥的优点多于缺点，这正是其广泛使用的原因。

远程网桥通过一个通常较慢的链路（如电话线）连接两个远程 LAN，对本地网桥而言，性能比较重要，而对远程网桥而言，在长距离上可正常运行是更重要的。

4）网桥与路由器的比较

网桥并不了解其转发帧中高层协议的信息，这使它可以同时以同种方式处理 IP、IPX 等协议，它还提供了将无路由协议的网络（如 NetBEUI）分段的功能。

由于路由器处理网络层的数据，因此它们更容易互连不同的数据链路层，如以太网段等。网桥通常比路由器难控制。像 IP 等协议有复杂的路由协议，使网管易于管理路由；IP 等协议还提供了较多的网络如何分段的信息（即使其地址也提供了此类信息）。而网桥则只用 MAC 地址和物理拓扑进行工作，因此网桥一般适于小型较简单的网络。

3. 基本应用

（1）网桥在数据链路层上实现局域网互联。

（2）网桥能够互连两个采用不同数据链路层协议、不同传输介质与不同传输速率的网络。

（3）网桥以接收、存储、地址过滤与转发的方式实现互联的网络之间的通信。

（4）网桥需要互连的网络在数据链路层以上采用相同的协议。

（5）网桥可以分隔两个网络之间的通信量，有利于改善互联网络的性能与安全性。

4. 无线网桥在油田物联网应用中的基本架设方案

无线网桥在实际中将如何运用架设，一般有以下几种可采用的架设方案。

1）点对点方式直接传输

点对点型无线网桥设备可用来连接分别位于不同建筑物中两个固定的网络，它们一般由一对桥接器和一对天线组成。两个天线必须相对定向放置，室外的天线与室内的桥接器之间用电缆相连，而桥接器与网络之间则是物理连接（图 6.6）。

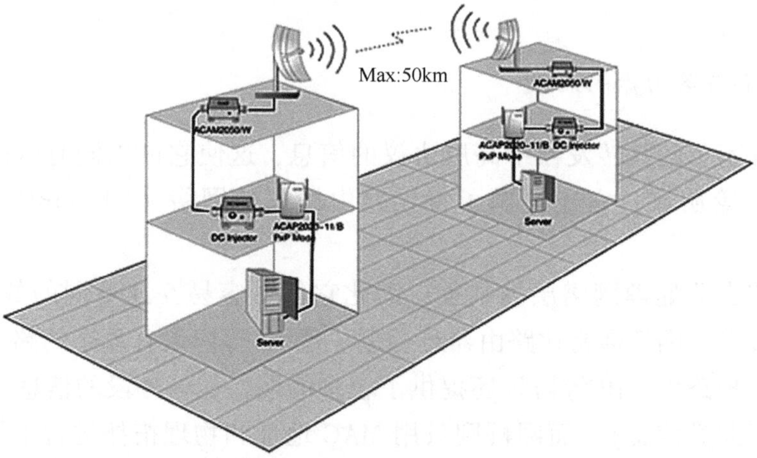

图 6.6　点对点无线网桥组网方式示意图

这种传输方式主要用于井场至控制中心的可通视的无线网桥数据传输。

2）中继方式间接传输

BC 两点之间不可视，但两者之间可以通过一座 A 楼间接可视，并且 AC 两点、BA 两点之间满足网桥设备通信的要求。可采用中继方式，A 楼作为中继点。BC 各放置网桥，定向天线。A 点可选方式有：①放置一台网桥和一面全向天线，这种方式适合对传输带宽要求不高、距离较近的情况；②如果 A 点采用的是单点对多点型无线网桥可在中心点 A 的无线网桥上插两块无线网卡，两块无线网卡分别通过馈线接两部天线，两部天线分别指向 B 网和 C 网；③放置两台网桥和两面定向天线。

这种传输方式主要用于井场至作业区、作业区至控制中心的不可通视的无线网桥数据传输。常常由于地形或地面建筑物或有可利用中间网桥而采用这种传输方式。

3）点对多点传输

无线网桥往往由于构建网络时的特殊要求，很难就近找到供电，因此，具有 PoE（以太网供电）能力就非常重要，如可以支持 IEEE 802. 3 国际标准的以太网供电，可以通过 5 类线为网桥提供 12V 的直流电源。一般网桥都可以通过 Web 方式来进行管理，或者通过 SNMP 方式管理。它还具有先进的链路完整性检测能力，当其作为 AP 使用的时候，可以自动检测上联的以太网连接是否工作正常，一旦发现上联线路断线，就会自动断开与其连接的无线工作站，这样被断开的工作站可以及时被发现，并搜寻其他可用的 AP，明显地提高了网络连接的可靠性，并且也为及时锁定并排除问题提供了方便。总之，随着无线网络的成熟和普及，无线网桥的应用也将会大大普及。

这种传输方式主要用于井场至作业区、作业区至控制中心的可通视的无线网桥数据传输。众多井场的无线网桥都要将数据传输至作业区的无线网桥，或者几个作业区的无线网桥要将数据传输至采油厂无线网桥，这样就形成了点对多点的传输形式。

4）油田物联网中网桥的应用

网桥在油田物联网中主要用于井场至区队、区队至采油厂的传输，由于网桥架设简单，传输距离远，传输流量相对较大，受地形限制小，所以在油田物联网的低级传输层及中级传输层中有很大的作用。

油田物联网数据传输就是借助网桥完成井区的数据传输网络的建设，数据从最前端的单井 RTU 传输给井场 RTU，井场 RTU 将数据传输到网桥中，网桥不但可以传输单井抽油机的传感器数据，还可以传输视频监控摄像机的数据，不失真、不掉包，带宽可以达到 2G，是目前解决数字油田数据传输“最后一公里”问题最好的方式之一。

6.2.3 光纤技术

1. 基本概念

光纤（optical fiber）又称光导纤维，是一种利用光在玻璃或塑料制成的纤维中的全反射原理而达成的传输光能的波导介质，一般由纤芯和包层组成。

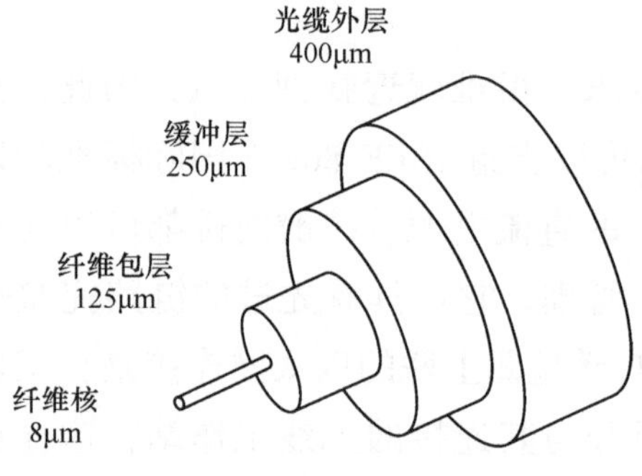

图 6.7 典型的单模光纤结构图

2. 光纤的内部结构

光纤是由纤维核、纤维包层、缓冲层和光缆外层（护套）构成的一种同心圆柱体结构。纤芯位于最内层，为高折射率玻璃芯（芯径一般为 50μm 或 62.5μm），是传光的基本物质通道，纤芯外面是将光波约束在纤芯的为低折射率硅玻璃包层（直径一般为 125μm），一般内芯玻璃的折射率比外层玻璃大 1%，包层外面的黑色树脂涂覆层用来吸收外泄的光能，最外层的护套为保护层。

20 世纪 90 年代中期，基于光纤技术的油田应用得到了发展。近几年，应用于油田的光纤元件的可靠性也得到了极大的改善，大量的光纤系统已开发用于通信技术领域，图 6.7 给出了对单模光纤电缆的基本结构。

3. 光纤的基本技术及光纤通信原理

1）光纤技术的基本原理

光纤是通过纤维全反射能力达到光能的传输，如果纤维核的折射率大于纤维包层的折射率，那么内部反射将引导光通过整个传导纤维，其基本技术如图 6.8 所示。

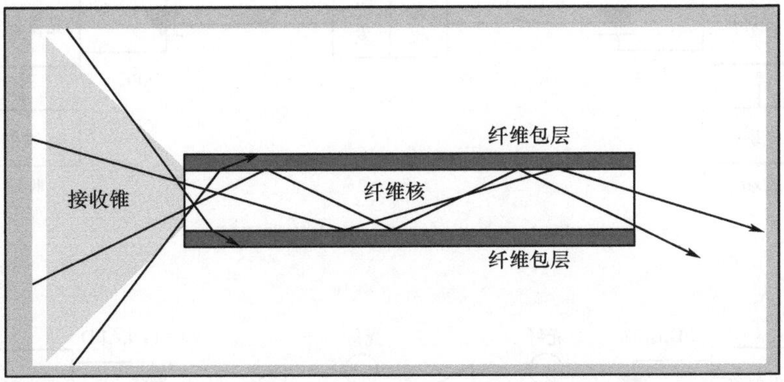

图 6.8　光在多模式光纤中的传播示意图

根据光的折射和全反射原理，当光线射到内芯和外层界面的角度大于产生全反射的临界角时，光线透不过界面，全部反射。这时光线在界面经过无数次的全反射，以锯齿状路线在内芯向前传播，最后传至纤维的另一端。

光纤的一端的发射装置使用发光二极管（light emitting diode，LED）或一束激光将光脉冲传送至光纤，光纤的另一端的接收装置使用光敏元件检测脉冲。微细的光纤封装在塑料护套中，使得它能够弯曲而不至于断裂。

在日常生活中，由于光在光导纤维的传导损耗比电在电线传导的损耗低得多，光纤被用做长距离的信息传递。

2）光纤通信原理及基本结构

光纤通信的概念及原理：光纤通信是以光波作为传输信息的载波、以光纤作为传输介质的一种通信。用户通过电缆或双绞线与发送端和接受端相连，发送端将用户输入的信息（语音、文字、图形、图像等）经过处理后调制在光波上，然后入射到光纤内传送到接收端，接收端对收到的光波进行处理，还原出发送用户的信息，并输送给接受用户。

光纤通信系统的基本构成：主要组成部分包括光纤、光接收器、光发送器、光中继器和适当的接口设备。实际中，光发送器和光接收器安放在同一机架中，合称为光纤传输终端，简称光端机。其光-电-光中继数字通信模式如图 6.9 和图

6.10 所示。

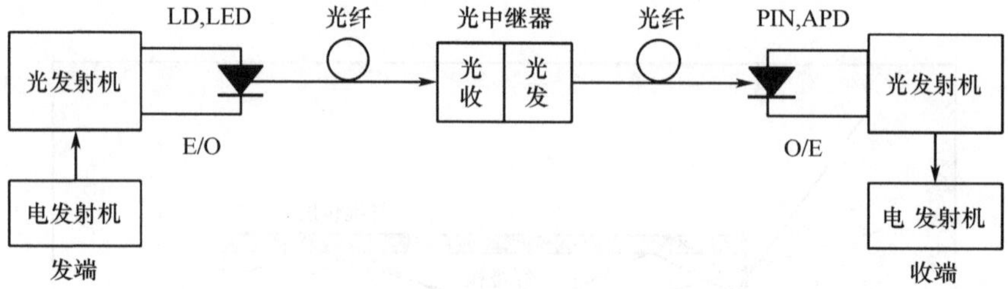

图 6.9　光-电-光中继的数字通信

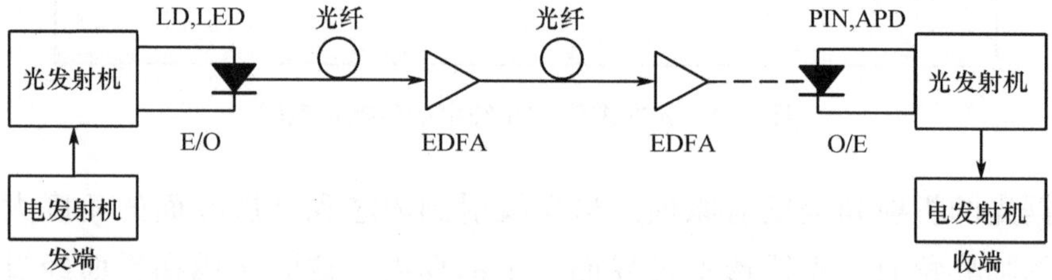

图 6.10　单信道全光中继数字通信

4. 光纤在油田物联网数据传输中的应用

光导纤维一开始就用在通信技术里，多股光导纤维做成的光缆可用于通信，它的传导性能良好，传输信息容量大。

根据理论计算，一对细如蛛丝的光导纤维可以同时通一百亿路电话！铺设1000km 的同轴电缆大约需要 500t 铜，改用光纤通信只需几千克石英就可以了。沙石中就含有石英，几乎是取之不尽的。

目前，光纤在油田物联网数据传输中应用比较广泛，从油气井至作业区已经有部分已经在建设时就铺就光缆，主要传输井场的采集各种数据，包括传感器、视频监控数据等。由于各个油田的地域环境不同，光纤建设的速度程度也不尽相同，在平原条件比较好的区域光纤大部分铺设到井区，而对区域条件不好的山区，一般从作业区指挥部、队部至采油厂、采油厂至油田公司都已经有了光纤网络，实现了数据的大量、快速、安全和实时的传送，对油田的物联网建设具有很大的促进作用。

6.3　油田物联网数据传输方式

油田物联网建设采集了数据，就需要传输，传输方式一定要同现场条件相匹配。数据传输有各种方式，但是，基本分为两类，即有线和无线。两种通信方式对油田物联网技术来说同等重要。

6.3.1　油田物联网数据传输方式与结构

1. 油田物联网数据传输方式的概念

油田物联网数据传输方式是指采用有线或无线传输所采集数据的传输技术。

有线方式是指利用数据线传输数据的技术，如光纤或者电缆都属于有线技术。近年来，很多油田光缆建设发展得很快，这很有利于油田物联网的建设与发展。

无线方式是指利用无线通信技术对所采集的数据进行传输的技术，如网桥等技术。

有线+无线方式是指在一个传输系统中有线和无线交替使用的技术，如从传感器到井口 RTU 采用有线技术，从井口 RTU 到井组 RTU 采用无线技术，从井组到集输站用无线，从集输站到采油厂用光纤等。这种方式被广泛使用，效果很好。

2. 油田物联网的数据传输结构

油田物联网的数据传输结构为如图 6.11 所示。

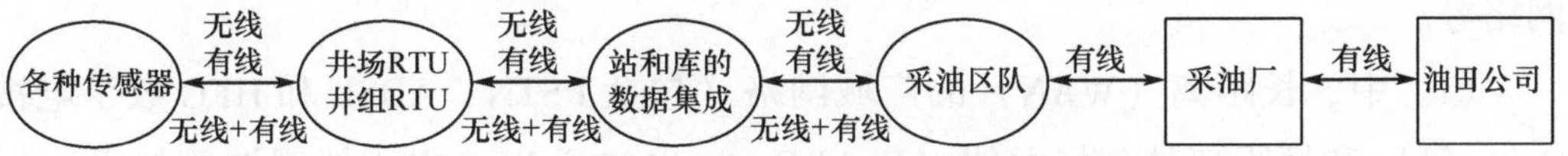

图 6.11　油田物联网数据传输的基本结构

从图 6.11 中可以看出，各种传感器采集数据，传输到 RTU，再到站，站到区队，然后到采油厂及公司。尽管个油田公司的建制不太一样，如有的称作业区，有的称采油队，但是，这是一个以集输站为单元的一个数据集成模式，大部分油田公司都会采用。

3. 油田物联网数据传输的特点

油田物联网数据采集对象具有地形环境复杂、地理条件差、井场分布广、井场数量多、距离远、井场建设设施不一等特点，导致油田物联网数据传输方式必须根据实际情况进行最优的选择，选择的结果在达到综合因素最优的同时，数据传输的形式却是千变万化。

总的说来，油田物联网数据传输的特点有以下的基本规律：①不同传输层数据传输的要求不同，流量不同，层级越低，流量越小，层级越高，流量越大。②不同传输层传输的模式不同，距离不同，层级越低，无线模式越多，层级越高，有线模式越多。③不同传输层的传输仪器不同，由于数据流量不同，传输模式不同。地形地物不同。传输速率要求不同、成本不同和建设规模不同决定了传输仪器的不同，层级越低，对传输仪器的技术要求越新；层级越高，对传输仪器的技术要求相对传统一些。油田物联网数据传输特点是具有因地制宜的特点。

6.3.2 油田物联网数据传输与模式

1. 有线传输

有线传输主要是设备之间采用线缆连接并传输数据，其基本上是以线状为传导体，即由数据线连接设备传输数据，而且有线传输目前还是主流的。在我国大规模、长距离的业务中大部分还是有线通信，即以光纤为主。

有线通信技术可分为中、长距离的广域网络，短距离构成的局域网和光纤网络等。

(1) 中、长距离（WAN）的广域网络（包括 PSTN、ADSL 和 HFC 数字电视 Cable 等）和短距离的现场总线（Field Bus，也包括 PLC 电力线载波等技术）。

现有的电信网、有线电视网和计算机网的三网也是物联网业务可以利用的中、长距离有线网络。其中三网融合是指电信网、计算机网和有线电视网三大网络通过技术改造，能够提供包括语音、数据、图像等综合多媒体的通信业务。目前主要是应用层次上互相使用统一的通信协议。IP 优化光纤网络就是新一代电信网的基础，是三网融合的结合点。

有线广域网在物联网应用中的一个劣势就是众所周知的IP地址不够的问题，在IPv6未全面实施之前，这个问题将制约有线网在物联网业务中的使用。

（2）短距离构成的局域网。短距离的局域网目前主要用于条件比较复杂的环境下，无线网信号无法覆盖和图像数据传输量大、要求比较高的区域，有线网络还是具有相对优势。但是随着无线网覆盖在不断加大，IPv6全面推行后，这样铺设难度高、工程量大、维护麻烦的短距离有线网在逐步退出历史舞台。

（3）光纤网络。对于油田物联网，还是需要大量采用光纤网络，因为油田地域比较广，油田数据量大，视频数据及远程控制拒绝延迟和不流畅，光纤传输是最好的选择，它对大数据量和图像数据传输，以及远程控制有保证。但同时也带来施工难、成本高等问题。

在油田物联网建设中，在井场范围内有时也需要有线传输，如抽油机上的位移传感器、载荷传感器在分体安装时，也要用数据线连接，将数据传入井口RTU。

目前，有线传输主要用于集团公司、采油厂及站库之间，以及传输数据量大、安全性能要求高的地方，可以发挥光纤通信容量大、距离长、通信衰减小的优势。

2. 无线传输

无线传输主要是设备之间通过无线连接并传输数据。无线传输信息的物质是肉眼不可见的电磁波，也就是信息的载体是波。无线传输一般分为：①长距离的无线广域网（WWAN），如全球移动通信系统GSM、CDMA、TD-SCDMA通用分组无线业务GPRS；②中、短距离的无线局域网（WLAN）；③蓝牙；④WiFi（无线宽带）；⑤超短距离的WPAN（无线个人网，Wireless Personal Area Networks）；⑥ZigBee等。

油田物联网用到的主要无线传输方式有ZigBee、433M无线、GPRS和WiFi等。

无线传输主要用于传输距离短、传输流量小、传输速度要求低以及地形复杂的地段，可以发挥无线传输流量小、成本低、安装开通快捷、维护迁移容易、施工简单方便的特点。

油田物联网的无线传输是多元的，这是因为油气田的特殊性造就了在油气田物联网建设中必须采用多种格式的数据传输，以及多种通信方式的组网方式。

（1）WiFi是物联网最基本的通信方式之一，一般包括集输站库等防火防爆等级比较高的油气重地，WiFi是重要的通信方式和数据传输方式。

目前在大集团、大油田公司，以及工作人员相对集中的楼宇办公场所和使用手机等设备远程办公系统的地段，WiFi也可以发挥很好的作用。

（2）ZigBee无线通信方式目前被广泛应用，2.4GHz标准通信协议，可以用与RS485、RS232标准通信接口对外相连，具有在1000m以内实行自组织寻址的特点和优势。现在主要用于油田物联网建设中的井场无线通信之中，主要包括一体化功图传感器、井口RTU、井组RTU等，是一个比较好的通信方式和数据传输方式。

（3）无线网桥中继是解决光纤通信末端大容量传输最好的办法，我们称之为“最后一公里”。因为，无线网桥的最大理论带宽可以达300M、150M，普遍使用的是54M等。油气田、油水井和站点分布比较广，GPRS、CDMA带宽不够，不能传输图像，而且消费也比较大。用无线网桥建立井区末端网络覆盖比较好，带宽可以传输图像，特别是对地处山区地带的油气田，无线网桥更加适合。

3. 油田物联网数据传输的模式

油田物联网数据传输的基本模式一般包括四种。

1）有线传输模式

有线传输模式是一种比较传统的传输模式，目前仍然是主要的传输方式。它可以在传感器到RTU之间、RTU到网桥之间、光纤与服务器之间进行，是目前比较主要的传输方式之一。

传感器的有线传输主要是指传感器将采集到的信息用数据传输线的方式上传到目的地。这类主要是传统的传感器，一般有两根线：数据线和电源线。

2）无线传输模式

无线传输模式是一种比较新的传输模式，是一种辅助有线传输的传输方式，它可以在传感器到RTU之间、RTU到网桥之间、网桥与网桥之间，网桥与光纤之间进行数据的传输，是目前应用比较活跃的传输方式。对于数据量比较小的产量数据可以用GPRS或CDMA等方式。

传感器的无线传输主要是指传感器将采集到的信息用肉眼不可见的电磁波形式上传至目的地的传输方式。

3）有线+无线的传输模式

有线加无线的方式，需要二者密切配合的，是一种比较实用的传输模式，它可以根据传输的数据特点、现场地形地物的特点以及建设规模和投资成本的要求进行最经济、最快和最有效的数据传输。它是油田物联网数据传输应用比较广泛的模式。

目前油田物联网传感器的数据传输一般有三种方式。

第一种是将传感器和GPRS/CDMA模块集成于一体，采集到的数据除了在传感器上显示外，直接发送到远端监控中心。

第二种是将压力、温度、流量、载荷等各种无线传感器采集到的数据以射频无线的方式发送到监控器或RTU，监控器或RTU可以在本地显示，也可以RS232/RS485、电话线、GPRS/CDMA、数传电台、光缆等方式远距离发送。

第三种方式就是以通用模块对传统有线压力传感器、温度传感器、流量传感器、载荷传感器、仪表、开关等进行改造，传统的传感器、仪表、开关接上无线采集模块后，可以直接通过GPRS/CMDA发送到监控中心，也可以将数据发送到本地监控器或RTU后，再以RS232/485、电话线、GPRS/CDMA、数传电台、光缆等方式远距离发送到监控中心。

4）RTU的传输方式

RTU的作用是将各种传感器、仪表、设备的数据采集汇聚起来，通过GPRS/CDMA/载波/光缆等方式，将数据发送到监控中心，或者通过监控中心向RTU连接的设备发出指令。RTU和传感器的连接可以是有线的，也可以是无线的。RTU供电系统可以是市电供电，也可以是太阳能或电池供电。可以以有线或者无线方式连接的传感器、仪表、设备多达数百个。

6.3.3 油田物联网数据传输汇聚应用

1. 基本概念

油田物联网数据汇聚有多种方式，在很多油田都是通过各种方式汇聚完成的，借助一种方式的传输也可以完成。但是，由于油田点多、线长、面广，地形复杂，特别是实施滚动，扩边开发战略完全借助一种传输方式成本会很高，最经济有效的方式就是多种方式的组合，这样便于施工，还可降低成本，达到好的效果与成本比。根据我们的建设经验，采用如下汇聚组合方式，特别山区油田比较经济有效（图6.12）。

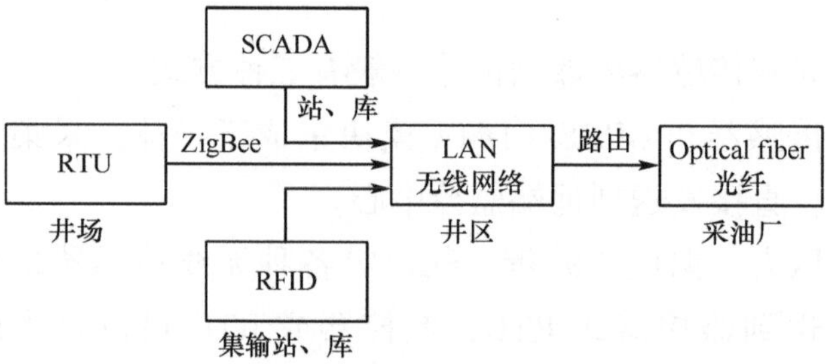

图6.12　油田物联网数据传输组合汇聚示意图

2. 油田物联网数据组合汇聚的优点

油田物联网建设必须考虑其投资的经济性和应用性，因此，采用组合汇聚的方式在目前条件下比较经济，是最有效的方式，其优点：

（1）光纤前数据传输速度快，对带宽要求高，有条件和经济能力强的油田公司应该优先考虑，其一次建成，长久使用，可解决油田数据传输不失真、不掉线等大问题。但是光纤铺设成本很高，不但光纤本身的造价高，还有开挖征地、青苗赔偿等一系列的成本。在某些地区，开沟铺设的成本要远远高于光纤本身的成本。

（2）无线网格覆盖面大，对地处山区的油田特别适应，可解决油田“最后一公里”问题。在数字油田建设中总是存在“最后一公里”问题，就是井区通信网与数据传输的问题，人们在这个区域里采用过很多的模式，如采用电台，

CDMA/GPRS 等，由于带宽和覆盖面的问题，不能满足视频监控等数据对于带宽比较高的传输要求。采用无线网桥是最好的办法，相对成本比较低，建设难度小，同当地群众关系不大，在油田井区内可以灵活建点，取电，覆盖面大。

（3）油田物联网数据汇聚组网方式。对于数据传输的末梢传输网会更加的灵活，单井可采用 RTU，对丛式井，单井密度小的区域井采用井组 RTU 或者 Zigbee 就可以完成。对于站、库更加灵活，DCS、SCADA、RFID、WiFi 都可以通过一定方式集成在一起。这种数据传输优点更多，经济性更强。

3. 油田物联网海洋数据传输

油田物联网海洋数据传输主要是海底电缆，海底电缆英文名称是 submarien cable，是敷设在海底及河流水下用的电缆，分海底通信电缆和海底电力电缆。海底通信电缆主要用于通信业务，费用昂贵，但保密程度高。海底电力电缆主要用于水下传输大功率电能，与地下电力电缆的作用等同，只不过应用的场合和敷设的方式不同。由于海底电缆工程是被世界各国公认为复杂困难的大型工程，因此一般应用在环境探测、海洋物理调查，以及电缆的设计、制造和安装。

用于海底光缆的光纤比陆地光缆所用的光纤有更高的要求，要求低损耗、高强度、制造长度长，光缆的中继距离长，一般都在 50km 以上，在光纤的传输性能方面要求在 25 年以内不会变化。在海底光缆的结构方面，要求能经受强大的压力和拉力，特别是深海光缆（敷设在水深 1000m 以上海底的光缆），在敷设和维修作业中除了光缆本身的质量外，还要加上海浪加到光缆上的动态应力，在如此大的负荷条件下，光缆的应变要限制在 0. 7%~0. 8%；海底光缆的结构要求坚固、材料轻，但不能用轻金属铝，因为铝和海水会发生电化学反应而产生氢气，氢分子会扩散到光纤的玻璃材料中，使光纤的损耗变大，因此海底光缆既要防止内部产生氢气，同时还要防止氢气从外部渗入光缆。为此，在 20 世纪 90 年代初期，研制开发出一种涂碳或涂钛层的光纤，能阻止氢的渗透和防止化学腐蚀。光纤接头也要求是高强度的，要求接续保持原有光纤的强度和原有光纤的表面不受损伤。

6.4 小　　结

油田物联网数据传输是油田物联网的一个重要组成部分。

（1）油田物联网数据传输是指通过一定的数据载体将传感器采集的数据传到控制中心。

（2）油田物联网数据传输，依靠各种传输技术。油田物联网用到的主要传输技术包括以有线传输方式为主的光纤技术和无线传输技术，如 ZigBee、GPRS、CDMA 和 WiFi 以及网桥激射等。

（3）油田物联网数据传输的基本模式一般包括三种：①有线传输模式；②无线传输模式；③有线+无线的传输模式。

油井一般距离作业区较远，而且油井数量众多，建设时间有早有晚，数据传输设备有的是有线的，有的是无线的，所以油井到作业区的传输模式是既有有线模式，又有无线传输模式，有线的一般是光纤，无线的一般是 RTU/无线网桥，或者是 ZigBee 形式。

第 7 章 油田物联网建设与生态环境

油田物联网建设是一项巨大的系统工程，包含很多个子系统，因此，油田物联网建设关联到多个学科、多个领域。更重要的是要根植于广袤的环境与生态系统之中，这样对于油田物联网建设提出了更高的要求。

7.1 油田物联网建设

7.1.1 油田物联网建设的概念

1. 基本概念

油田物联网建设是一个复杂的工程，因为油田物联网包含物联网技术和油田数字化技术中的传感器、计算机、通信与网络等众多学科和技术领域。因此，油田物联网是一个众多技术的集合体，是一个系统集成的过程。

油田物联网建设是指将油田物联网设备系统安装在油田设备系统之上的一个过程，构成一个油田物联网的工程。其实，油田物联网建设是在数字油田理论指导下，在应用物联网技术原理的前提下，将各种传感器、仪表等数据采集器安装在油田生产过程中各类设备上，采集相应的数据。所以，严格意义上讲，是数据流转的一个过程，就是传感器采集数据，通过统一的标准通信协议，在各种网络条件下将数据传输、汇聚到设备的控制中心，经过数据处理、分析，实现对油田生产过程的各类设备的反馈控制，达到数字化管理的目的。由此可见，油田物联网建设包含这样几个部分：①数据采集部分；②数据传输部分；③数据存储、管理与应用部分。

这三个部分组成了油田物联网的基本体系。同时，也构成了油田物联网数据的基本链路（图 7.1）：

图 7.1　油田物联网数据链路图

油田物联网建设就是将这些节点链接在一起，形成一个整体的油田物联网工程。

2. 油田物联网系统

油田物联网是个巨大的系统，油田物联网建设是一个系统工程。这是因为油田物联网是由很多个系统组成的，因此，在建设中必须依据系统科学思想的指导，按照系统工程思想和方法来建设。所以，在讨论油田物联网建设中，我们必须要引入系统科学思想和系统工程方法论进行讨论。

1）系统与系统工程

系统一词早在上古时代就有，只是人们将其作为哲学问题研究。到了 20 世纪 40 年代由贝塔朗菲首先提出了系统论，他认为“系统是相互作用的要素的综合体”，从而系统成为一种科学。其数学模型为

$$S=(E,\ R) \tag{7.1}$$

式中，S 代表系统；E 代表系统中各元素的集合；R 代表系统中各元素之间的关系集。

这就是一个系统的基本思想，说明系统其实就是多个要素或者诸多子系统通过一定的机制形成一个整体的集合。

随着时代和社会的进步与发展，系统科学内涵和外延也在不断发展与完善。因此，人们给系统一个定义，即系统是由两个以上有机联系、相互作用的要素组成的，具有特定功能、结构和环境的整体。

人们用系统思想和定量与定性相结合的系统方法，来处理大型复杂的系统问题，将这一工程都统一看成是一类工程实践，便将其统称为系统工程。

2）系统工程方法论

在物质世界中，一个系统中的任何一部分可被看成是一个系统，而每个系统又可看成一个大系统中的一部分。在一个系统中强调系统的整体性，就是无论有多少个要素，都要有机地结合在一起，形成整体效应。现代社会，人们把事物看成系统整体的一部分，而不是把整体看成许多相互不联系的属性部分，这就是综合思想，即系统方法。

方法论是指处理问题的指导方针、行为准则、基本策略，可以指出完成一项任务的一般途径或路径。

系统工程方法论就是分析和解决系统开发、运作及管理实践中的问题所应遵循的工作程序、逻辑步骤和基本方法，是系统工程思考问题和处理问题的一般方法与总体框架。

3）油田物联网系统

我们在这里非常简单地论述了一点关于系统的基本知识，目的是想告诉大家，油田物联网之所以称为系统工程，就是因为除了其包含的内容多、系统多，关键是它具备了系统科学的基本思想。它不但是多个系统的组成与集合，而且符合霍尔三维结构的系统工程思想［霍尔三维结构是由美国 A. D. 霍尔（A. D. Hall）等在大量工程实践的基础上，于 1969 年提出的］，集中体现了系统工程方法中的系统化、综合化、最优化、程序化和标准化等特点。在这里我们以数据为核心的油田物联网系统为例，看看油田物联网系统的结构，如图 7. 2 所示。

图 7. 2 是油田物联网中最简单的一个系统划分，在以数据为核心的系统划分中，数据作为链条，由数据串起了数据采集、数据传输、数据管理和数据应用等，这几个部分构成了油田物联网的数据系统工程，在实施建设中，一个也不能少。

在以数据为核心的系统中，数据采集系统又分为油气水井系统采集、井场数据采集和站（库）数据采集等子系统。在传输中又有网桥系统、光纤系统和 3G 等子系统。在数据管理中，有数据中心、控制中心和指挥调动系统等子系统；在数据应用系统中又包含生产管理系统、生产调动和预警系统等。这些都可以

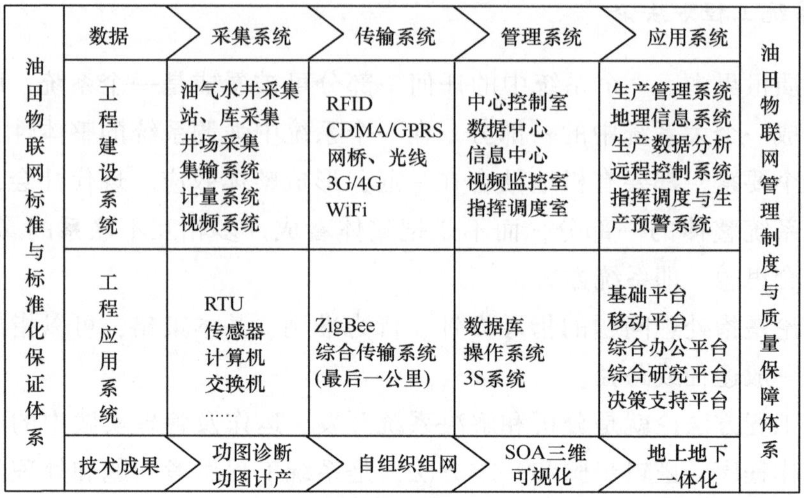

图 7.2　油田物联网数据系统工程

归为工程建设的子系统，在这些系统中还要再细分为实施系统等。这些系统构成了其技术成果系统等。在全部的油田物联网系统中，还有两个非常重要的系统做保障：一个是标准与标准化保证体系；另一个是管理制度与质量保障体系。这就是油田物联网大系统的完整概念。

作为一个系统工程，不但要做到系统性、完整性和有机结合，更重要的是要实现整体效应。因此，在建设中必须遵行系统工程方法论的基本思想和原则。按照霍尔三维结构的系统工程思想就是要做到：规划、设计、运筹与生产、系统实施、运行、更新。而作为油田物联网建设工程，也必须遵循这一规则（我们针对油田物联网系统工程的实际做以下调整）：

第一步，规划；

第二步，综合方案（需求分析、设备配置、技术参数、工程优化、经济分析、质量保证）；

第三步，设计；

第四步，运筹或协调；

第五步，系统安装；

第六步，运行（维护）；

第七步，更新（升级换代）。

建设过程中，这几个步骤一个也不能少。但是，由于受篇幅的限制，我们重点论述一下需求分析的思想和技巧。

7.1.2 建设的需求分析

在油田物联网建设过程中，需求分析是建设过程中最前端的一项重要工作，这在我们现实中就是做方案，做不同的方案，包括初步方案、详细方案、最终建设方案等。

做一个综合方案，包括的内容很多，其中需求分析、设备配置、技术参数、工程优化、经济分析、质量保证等是不能少的。而对于工程建设中最重要的是要做好需求分析，这是十分重要的一项工作。

需求分析做什么？就是对油田物联网建设的需要作分析。

1. 油田企业物联网建设需求划分

根据多年来的实践经验得知，在油田物联网建设中，有个层级不同的需求问题，也就是说，不是所有的油田企业要求都是一样的。因此，我们把其分为三级，即一级需求、二级需求、三级需求。

一级需求，也就是第一种需要，只是对油气井实现监测监控。这是最简单的要求，也就是说，这一级需要，在建设中，不需要建设得很全，没有站控等要求，只是希望把井场部分建设好。

二级需求，也就是第二种需要，是油气井监测监控，还要加上注水系统的监测监控与井场的视频监控。

三级需求，也是第三种需要，是一个大而全的生产过程的监测与反馈控制。

需要说明的是，这里的三级需求，是按照需要划分的三个层次，是一个简单的划分，也是为了便于叙述的划分，没有太严格的意义。但是，这有利于对建设规模等的控制。

2. 油田物联网建设的第三级需求分析

一般来说，需求是建设最大的动力，没有需求，就没有建设。在我们划分的三级需求中，其实一级、二级相对简单，主要是三级需求是一个全面的需求。对一般人来说，建设的初期都不太清楚做什么，这主要是需要什么不清楚。因此，在这里重点叙述三级需求，因为其包含一级和二级的需求内容，所以，一、二级就不再一一叙述了。

三级需求，是一个最为全面的需求，包含三级管理和建设工程的全部内容，因此，为了方便叙述和理解，我们分别以四级管理建制叙述。

1）以站为控制中心建设的需求

这一级需求是以一个井区内的站级为中心，涉及周边的井场、油井和站内的数字化设备及其数据采集与管理的需求分析。

站级是指集油站。而站级油气生产过程油田物联网建设是指以集油站为中心建立控制中心，辐射本站所管理的全部油气水井和计量站、注水站等的数字化管理建设。以站为中心的生产主要涉及油气生产、外输、采暖伴热、注水和供电五个方面，从而站一级控制台的主要功能，是实现油、气、水井生产过程监测控制，其建设需求包括：

（1）在油、气、水井生产过程中实现电机电流、电机电压、油压、套压、回压，井口注水压力等生产参数的实时采集、存储和传送。

（2）动液面、静液面的定时提取；油井产量的自动计量，自动折算，并将成果进入数据库班报。

（3）抽油机井功图的自动计量和工况诊断，就是综合荷载、位移数据来形成抽油机井功图，通过功图判断抽油机井工作状态，实现图形化的生产显示和异常情况报警并计产。

（4）通过安装远程控制柜，实现站内设备油水井的远程柔启动，实现远程启停油井设备，保证设备完好和远程控制。

（5）实现实时监测水套炉温度、炉壳体压力，炉进气压力，分离器压力、外输泵压力、增注泵压力运行电流等设备运行参数以及站内机泵的远程启停控制。

（6）实现站内外输管线压力、温度、流量的实时参数采集和远程监控。

（7）实现站内配电间的电表计量、电气控制自动化，实时显示变频器等智能设备运行情况。

（8）实现站内重要设备、井口、重要仪表的电子巡更。

（9）要求电子巡更能够自行适当改变。

(10) 全部井场、道路、站内、工作重点环节盲区实现视频监控和视频会议系统。

2) 以联合站控制为中心的需求分析

联合站一般要包括集油站、注水站等的多功能的大型集输站。而以联合站为中心的油气生产过程油田物联网建设，是指以联合站为中心建立控制中心，辐射本站所管理的全部油气水井和计量站、注水站和集油站的数字化管理建设。其建设需求包括：

(1) 实现联合站沉降罐、储油罐、污水罐、净水罐等罐位实时监控显示，以及沉降罐油水界面显示。

(2) 输油岗输油泵运行参数监测，以及外输管线流量、温度、压力实时显示。

(3) 实现注水罐液位监测、注水泵运行电流、压力变化、注水干线压力等状况参数监测。

(4) 实现污水处理过程自动化，定时监测污水处理机杂情况；实现污泥罐罐位显示，自动处理污泥压滤流程。

(5) 实现联合站破乳剂、净水剂、悬浮剂等化学药剂的加药计量和自动化加药控制。

(6) 实现联合站重要管线的压力、流量显示，重要流程运行状况显示，重点机泵设备和阀门的远程关断控制。

(7) 实现污泥拉运、药剂拉运的地秤计量控制。

(8) 实现与公司机关、作业区的视频监控系统。

(9) 实现联合站重要生产点源的电子巡更，巡更点能够自由调整。

(10) 实现自动化的集输公司运行报表生成，综合信息指挥软件。

这是联合站原油处理过程、污水处理过程、油田注水等自动化控制过程的需求，需要系统完好连接，真正实现联合站全系统的全数字化显示和控制。

3) 以采油厂为中心建设的需求分析

这一级需求是以采油厂级为中心的需求分析。

其实，一个油田企业的生产系统，就是由很多个生产单元组成的，而每一个生产单元就是以站为中心的生产单元，这就是由多个以站为中心的生产单元组成的。一个以采油厂为中心的生产系统，包含多个联合站或者多个集输站。所以，油田物联网以采油厂为中心建设就是以采油厂为中心全面建设，是每一个以站为中心的组合。那么，以采油厂为中心的油田物联网建设既包含以站为中心的建设内容，也包含以联合站为中心的建设内容。具体包含：

（1）建立大屏幕中心控制室，汇集各站中控台、井场实时监测监控数据；同时对作业区和各站重要设备实现远程开关权限管理。

（2）监测并显示作业区外输主管线的原油外输流量、温度、压力、外输气等情况并显示在大屏幕。

（3）建立作业区综合生产管理系统。

（4）提取作业区重点油水井的日常生产情况，并设置阈值报警显示在电子大屏幕。

（5）跟踪作业区重点项目的开展和进度情况。包括：①建立作业施工井、重点作业现场远程视频监控系统；②建立作业区级的用电控制系统和各井用电计量；③实现作业区与各站以及公司机关指挥中心和公司领导计算机桌面的远程视频会议系统。

当然，以站为中心的建设也要建立一个小的控制中心，以联合站为中心的建设也要建设一个相对大的控制中心。如果以采油厂为中心建设联合站作为油气生产的重要单元，也应该建设一个分控制中心。这是由于联合站生产涉及原油脱水、污水处理、生产注水等相关流程。站内各类机泵控制、自动化处理系统较多，在相对独立的情况下运行时，要实现油水处理全过程自动化，这个直接关系到采油单位的日常生产效率的提高。有很多油田公司在数字化管理建设中，要求以联合站为中心的分级管理，因此自动化系统在联合站整合，各系统整合到联合站综合运行平台上，实现联合站各类自控系统的统一运行的集中控制，集中显示。

4）公司级（集团公司）控制中心建设的功能需求

在油田物联网建设中，我们不太主张公司级甚至集团公司级建立控制中心，因为这是一个极大的浪费。但是，可以建立远程指挥调动中心，这不在三级需求划分之中。这样，公司级或集团公司级应该包含：

（1）建立公司大屏幕中心指挥平台，汇集各作业区联合站的实时监控数据，反映全公司个生产单位生产运行总体情况。

（2）建立公司生产指标完成情况电子屏幕，必要时可以远程查看各站、作业区、联合站的中控台生产实时监控数据。

（3）可任意查看各站、作业区、联合站视频监控画面。包括：①实现与作业区、各站的远程视频会议系统；②大屏幕综合显示公司外输气量、外输油量、注水量等实时信息以及当天重点工作量的完成情况、完成进度；③针对上作业实际情况实现船舶运行动态管理，针对山区、沙漠作业实际实现对车辆 GPS 定位；④自动化地调度报表，综合信息指挥软件；⑤建设公司地面地理信息系统，完善各类地面工程、管网的分布显示。

（4）生产预警分析系统与预警指挥调动。

由此可见，整个系统包括：油气水井的生产自动化系统，公司统一的视频监控系统，分级到站的视频会议系统，联合站自动化生产系统，地面管线、地理信息采集系统等，以及生产调度指挥系统等子系统建设。

这就是油田物联网建设的基本需求和初步的功能分析。每个建设单位的要求不一样，可以根据具体情况选取增减。作为油田物联网建设，还应包含 RFID 技术的应用。

在这里，我们再做一点讨论，就是对于油田物联网建设集团公司、油田公司、采油厂三级，各自的责任，我们觉得应该有一个严格的界定，如果没有严格的界定就会出现重复建设，职责不清，功能重复或者闲置，造成各种浪费。

我们主张各自明确各自的需要，才能做到明确的界定。严格意义上讲，采油厂就是油气生产单位，指挥调动中心，反馈控制应该在采油厂。油田公司和集团公司在宏观角度控制，以数据集成分析，研究决策为重点，这样既可以将职责分清，又可以发挥更好的作用。

总之，需求决定建设，有了明确的需求，才会有科学化的建设。建设决定应用，有了良好的建设，才有良好的管理与应用。

7.1.3　建设的基本内容与方法

1. 建设的内容

一般来说，只有需要了，才实施建设。因此，根据需求与功能的分析，我们也不难看出建设的基本内容了。所以，目前物联网建设技术基本成熟，方法有多种，功能基本都能达到。其建设的基本内容如下。

（1）数据采集：主要是安装各类传感器。

（2）数据传输：要注意设计一定的组网方式，保证数据的传输。

（3）数据管理和应用：数据应用是个关键。

2. 建设方法

油田物联网建设，会牵扯油田生产过程的方方面面，也会牵扯油田物联网技术中的方方面面。因此，与很多方面都存在直接和间接的关系，其中，与以下几方面关系最大。

首先，要有良好的系统设计，这支队伍不但熟知物联网技术、产品选型、功能链路的各个环节需求与匹配，还要懂得油田生产业务与技术、生产环节与过程、生产设备与性能，只有这样才能设计得科学、合理、可用。因此，在建设之前选择专业的设计单位做全面的专业设计，十分重要，而且非常必要。

其次，要选择一支专业的建设队伍。专业的建设队伍也应具备油田物联网全面技术和全面熟悉油田生产过程及设备，没有这样的专业知识和技术，将会在施工过程中出现错误，甚至引起重大安全事故，从而也就不能取得良好的整体效果。

最后，油田物联网建设与环境有很大的关系，在这里称为油田物联网生态。油田物联网生态分为两类，一类是自然环境；另一类是井区油田设备的“人文环境”。这一点，在油田物联网建设中十分重要。

3. 油田物联网结构与模式

1）油田物联网结构

油田物联网建设在结构上类似于物联网技术的三层结构，但是，由于油田企业的特殊性，在油田物联网建设过程中，一般将数据又分为单独的一层建设，这样油田物联网表现出是四层结构，即采集层、传输层、数据层和应用层。但是一般认为数据层和应用层为一层，通常称之为三层架构。

采集层其实就是感知层。主要是利用安装在油水井、阀组间、中转站、联合站以及管线等站点设备上的传感器对被测对象的感知，即采集数据。

传输层也叫控制层，其实是数据传输层。主要通过油田无线或者有线网络，满足油田物联网数据传输的需要。RTU 在这里起着重要的作用。

数据层是油田物联网的数据中心。主要对传感器所采集的数据在数据中心进行存储、管理与汇聚。

应用层是根据不同的应用对象完成适应其生产过程管理需要的多个应用模块，实施对油田生产过程的管理、指挥调动与远程控制等。其基本结构如图 7.3 所示。

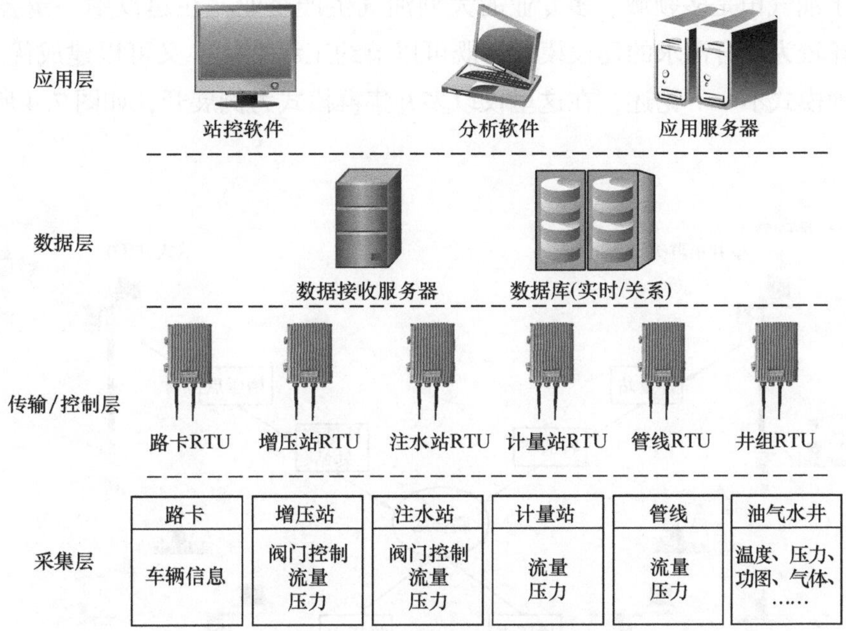

图 7.3　油田物联网技术结构

油田物联网的技术结构很明确，数据采集主要由各类传感器完成，数据传输主要由无线+有线网络完成，数据的存储、管理主要在控制中心完成。油田物联网应用是一个很大的系统平台，在平台上可以实时显示采油厂、作业区（联合站）、增压点（井场）的集输系统运行状态；实时显示供注水管网、注水井、水源井运行状态；实时监测井场集油管线、站点外输管线、注水管网的压力流量运行状况，自动判识正常运行状态下参数范围，并设置预警报警界限，从而在异常情况下实现自动报警预警等。

2）建设模式

油田物联网的基本结构决定着油田物联网建设的基本模式。这个模式其实就是油田物联网建设的整体解决方案。

根据多年的建设经验和对油田物联网建设方式的研究，我们将油田物联网建设归纳为八种建设模式，包括多井集群模式、单井模式、有线传输模式、无线传输模式、有线+无线传输模式、一体化无线传输模式、太阳能一体化无线传输模式以及站控集成辅助决策模式。

由于油气田是多领域、多专业的大型油气生产企业，在建设中一定要根据需求，选择较为适合需求的建设模式，既可以节约工程费用，又可以建成优质工程。对于多种模式不一一论述，在这里仅以多井集群模式为例展开，如图 7.4 所示。

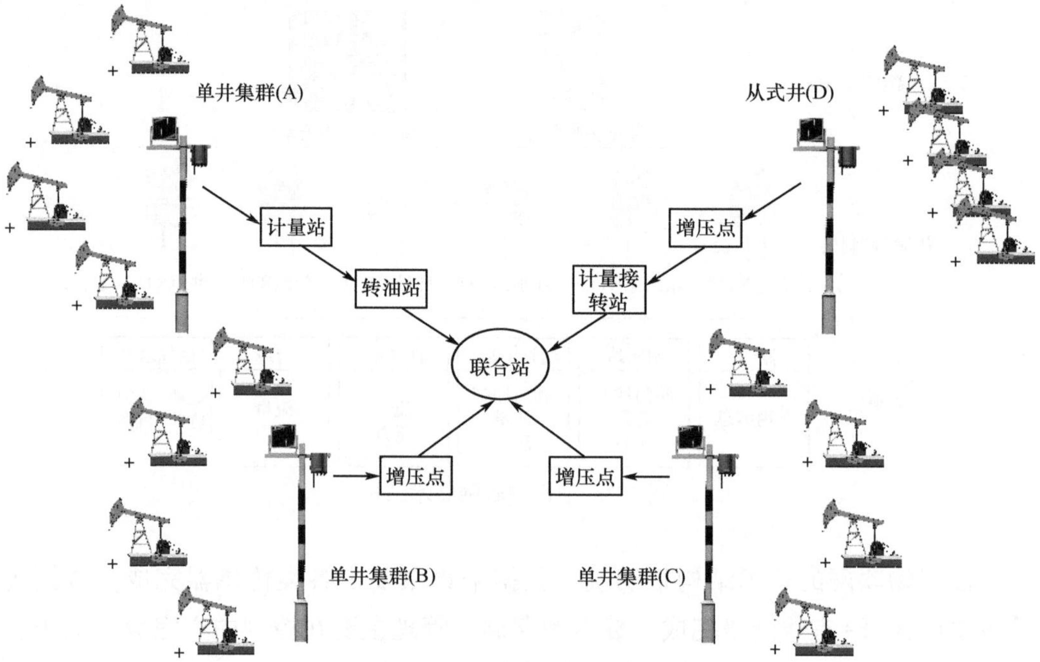

图 7.4　油田物联网单井集群模式

图 7.4 是一个大型生产油气区物联网建设的基本模式，即在一个油气生产区域内，以联合站作为控制中心，由油气生产井、水井等构成几个大的集群，分片建设。每一片又以接转站、增压点为中心，相对集中的油气井集中成片，分为 A、B、C、D 集群，而联合站分别对 A、B、C、D 等集群进行集成控制。

对于多井集群模式建设，其数据流如图 7.5 所示。

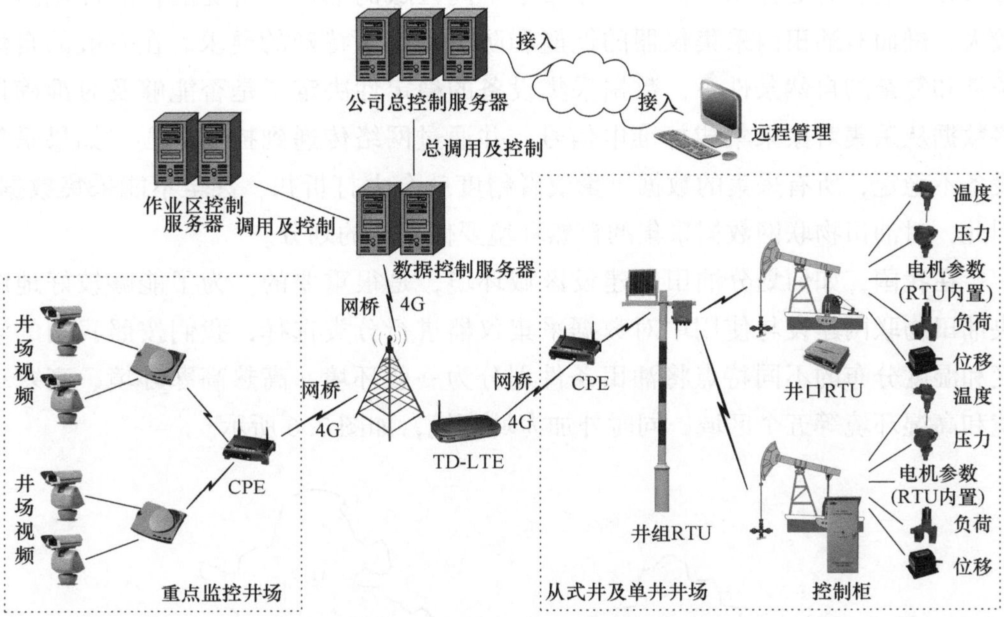

图 7.5　以站为单元的油田物联网结构模型

图 7.5 为井场包括抽油机传感器数据采集和视频监控的数据，然后通过网桥、4G 或其他通信方式将数据传至站级控制服务端，然后数据接入作业区应用和公式远程查询、浏览与控制等。

从以上多井集群模式可以看出油田物联网建设的方式，也看到数据流转的方式，这在目前是最好的模式。当然，选择不同的模式都有其优缺点，在建设过程中专业咨询机构会做得更好。

7.2　油田物联网建设生态环境与划分

油田物联网环境是指油田物联网设备安装在油田设备上所遇到的油田现场环境，油田物联网生态是指油田物联网系统所处各种因素与制约油田物联网技术发挥作用的生存条件与自然环境。

7.2.1　油田物联网建设的基本环境条件划分

我国国土幅员辽阔，油田众多，分布较广，有的分布在东北、西北，有的分布在西南，有的分布在海域。分布于不同区域的油田，所处的自然环境差异较大，进而对油田内采集仪器的性能和防护提出了特殊的要求。在一般的自然条件和复杂的自然条件下，数据采集设备的稳定性决定了是否能够及时准确地将数据从采集对象采集成标准电信号，并通过网络传递到控制中心。如果采集设备不稳定，所有采集的数据质量或者精度就会大打折扣，甚至不能采集数据。因此，对油田物联网数据采集的自然环境要做基本的划分。

在我国，如何划分油田的建设区域环境，是很重要的。为了能够较好地解决油田物联网建设与使用中对数据采集仪器进行分类选择，我们按照我国的温度和湿度分布的不同特点将油田条件划分为一般环境、高热高寒环境、高寒环境和高湿环境等五个区域，同时外加海域环境，如图 7.6 所示。

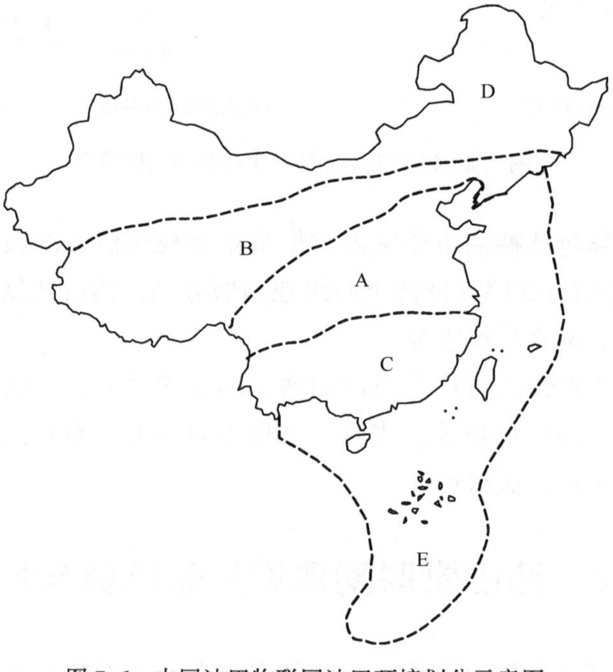

图 7.6　中国油田物联网油田环境划分示意图

图 7.6 中，A 类区为一般环境，国内目前常见的设备或采集器适应这样的区域环境。B 类为高热高寒环境，C 类为高湿环境，D 类为高寒环境，E 类为海域环境，这些区域环境对与油田物联网件建设提出了特别高的要求。

7.2.2　我国油田环境的基本特点

1. 一般环境

一般环境是指既不是高热、高寒，也不是高湿，而是温度为-20～40℃，湿度在 50%以下，可以满足一般传感器设备和仪表的正常工作，对此，我们定义为一般环境条件，如分布于鄂尔多斯盆地、华北平原等。鄂尔多斯盆地北起阴山、大青山，南抵秦岭，西至贺兰山、六盘山，东达吕梁山、太行山，总面积 $37km^2$，是中国第二大沉积盆地。该区位于中纬度地区，属于干旱半干旱地区，平均温度最高 35℃，最低温度-20℃，年平均相对湿度为 50%～70%。所以，该区的气候特点为一般自然环境，我国目前所有的传感器、仪表及 RTU 等都适应这样的环境，完全可以满足数据的常年正常采集。

2. 高热高寒环境

高热高寒环境是指既高热又高寒，即夏季地面温度可达 80℃，而在冬季极寒条件下，最低温度为-50℃，湿度一般为 30%～40%。这样极端的气候可占全年气候的 1/2 或者 1/3，这类气候条件需要传感设备和仪表满足这种条件才可以正常工作，因此，我们定义为高热高寒环境。这个部分主要分布于大西北的准格尔盆地、塔里木盆地、青藏高原和内蒙古等。例如，塔里木盆地，处于天山和昆仑山、阿尔金山之间。盆地内海拔在 800m 至 1300m 之间，地势西高东低，盆地的中部是著名的塔克拉玛干沙漠。塔里木盆地是大型封闭性山间盆地，天山、昆仑山阻隔印度洋和西太平洋暖湿气流的进入，降水量小，气候变化大。夏季炎热少雨，沙漠植被稀少，光照充足，导致沙漠干旱缺水，而且沙子的比热比水的比热要低得多，对太阳热量的吸收快，升温快，沙面温度高达 70～80℃。晚上释放热量迅速，降温快。在冬季气候又变得异常寒冷，平常气温都为-32～-20℃，最低气温可达-50℃。全年相对湿度为 40%～70%。

这样的气候条件，既具有温度较高的“高热”环境，又具有温度较低的“高寒”环境，从而对采集仪器的要求很高，要求采集仪器必须能在“高寒、高热”环境之中连续正常工作，以保证数据采集及传输的准确和可靠。

3. 高寒环境

高寒环境是指在冬天极寒条件下，最低气温可达-60℃及其以上，冬季较长，年平均气温在0℃以下。高寒地区油田对于传感设备和仪器要求更高，一般能满足仪表在-40~60℃条件下正常工作。

这个部分主要分布于内蒙古、东北地区等，如海拉尔盆地。海拉尔盆地属中温带半湿润半干旱大陆性季风气候。由于纬度偏高，远离海洋，加之大兴安岭的屏障作用，湿润的海洋性气候团的影响减弱，大部分时间在西伯利亚高压的控制之下，形成了区域气候特点：春季多大风而少雨，蒸发量大；夏季温凉而短促，降水集中；秋季降温快，霜冻早；冬季严寒漫长，地面积雪时间长。年平均气温-0.3℃，最高39.5℃，最低-60℃，年平均相对湿度为50%~60%。

该区的气候条件特点主要为低温温度很低，属于“高寒”的自然环境。

4. 高湿环境

高湿环境是指湿度一般为70%~80%条件下，潮湿，多雨，传感设备和仪表要满足在高湿条件下正常工作。

这个部分主要分布在秦岭以南，有陕西的汉中盆地、四川盆地等。例如，四川盆地，油气资源丰富，生产能力强大，发展势头强劲。四川盆地的面积约26万余平方千米，占四川省面积的46%。四川盆地西依青藏高原和横断山脉，北接秦岭，东接湘鄂西山地，南连云贵高原，盆地北缘米仓山，南缘大娄山，东缘巫山，西缘邛崃山，西北边缘龙门山，东北边缘大巴山，西南边缘大凉山，东南边缘相望于武陵山，以上的山脉环绕形成了四川盆地，盆地内云雾多、雨日多、湿度大、日照少。

据统计，四川盆地年平均相对湿度和各月平均相对湿度均为70%~80%，年平均云量为8.0，湿度和云量均冠全国。由于地形、风力、湿度等多种气象因素，四川盆地雾日很多，如成都、重庆每年有100多天雾日，尤以冬季最多。四川盆地年平均日照时数只有1300小时，仅为全年可照时数的20%~30%，成为全国太阳辐射能的低值中心。

该区的气候条件特点主要为多雾多雨的“高湿”环境。

5. 海洋环境

海洋环境是指采油作业位于大海或者大洋之中，分浅海与深海作业区。海一般邻靠陆地，水深在2000m或3000m以内，盐度、水温受大陆影响，有显著季节变化，透明度小，没有独立的潮汐系统，潮汐一般从大洋传来，涨落显著。世界上海的面积约占海洋总面积的11%。洋或海的一部分伸入陆地，其深度和宽度逐渐减小的水域叫海湾，如渤海湾、波斯湾等。海洋中相邻海区之间，宽度较窄的水道叫海峡，如台湾海峡、直布罗陀海峡等。

海洋油田大部分在平台上作业，要遇到比陆地更加困难的作业条件，因此，对油田物联网的设备要求更高。高盐分对设备的防腐要求更高，所以，海上油田物联网的设备要从元器件上下功夫。

总之，我国油气田主要分布于以上五种基本环境之中，这五种基本环境对油田物联网设备及建设，在大的自然环境方面作出了地域划分和基本的环境要求，这是我们在建设油田物联网时首先要考虑的基础方面之一，只有充分考虑了环境对设备的影响和要求，建设起来的油田物联网才能经受住环境对它的影响，才能保质保量。

7.3　不同环境下采集装备的要求

7.3.1　一般环境

1. 参数选择

一般环境仪器性能基本可以能达到要求，但是具体选择时还需要注意，确保选择的仪器适合该环境，不要选择超出环境条件太多的仪器，那样会造成物联网建设的质量不可靠，可以在同类产品中选择品质较好的（表7.1）。

表7.1　一般环境下采集设备及其参数的要求

序号	仪器设备名称	参考设备参数
1	井组控制单元太阳能供电系统	太阳能板：10V，12W； 电池容量：大容量锂电池 电源转换效率：>80%； 工作温度：-20～35℃ 工作湿度：50%～70%

续表

序号	仪器设备名称	参考设备参数
2	井组、井口控制单元交流供电系统	输入：180~500V、50W、50Hz 输出：5V、12V、24V 工作温度：-20~35℃ 工作湿度：50%~70%
3	一体化功图（负荷+加速度或角位移）传感器，内置高性能锂电池、高精度加速度传感器和电源模块	采集范围：0~150kN 通信：无线 2.4G 通信 供电：太阳能+电池供电 冲次范围：1~8 次 工作温度：-20~35℃ 工作湿度：50%~70%
4	防爆型角位移	采集范围：-50°~+50° 采样间隔：<20ms 工作温度：-20~35℃ 工作湿度：50%~70%
5	防爆型载荷仪	采集范围：0~150kN 采样间隔：<20ms 工作温度：-20~35℃ 工作湿度：50%~70%
6	井口防爆压力传感器，带本地压力数字显示	采集范围：0~4MPa 采样间隔：<20ms 工作温度：-20~35℃ 工作湿度：50%~70%
7	井口防爆温度传感器，带本地温度数字显示	采集范围：0~60℃ 采样间隔：<20ms 工作温度：-20~35℃ 工作湿度：50%~70%
8	电动机电流电压信号采集，可以实时显示电动机的电压、电流、频率、功率因素和耗电量等参数，准确电动机需要补偿的无功功率，对单井的耗电量进行管理，对电动机可实现过负荷保护、过流保护、欠压保护；控制电动机启停	保护器工作电压：380 电源频率：50Hz 功耗：<3W 缺相/堵转/过压/欠电保护动作时间<10s， 过载保护动作时间： 过载 20% 时：<20min 过载 50%：≤3min 工作温度：-20~35℃ 工作湿度：50%~70%

注：本表参数仅供参考（为叙述方便，所列参数，供大家学习，由于受版面限制，其他不再提供参数）。

2. 基本特征

由于这部分地域处在我国中、东部地区，温度适中，湿度一般，目前国内的设备产品一般都可以达到要求，完全可以满足数据采集的需要，可以适应一般条件下的采集环境。除极端环境以外，目前国家标准均适应。

7.3.2 高热高寒环境

1. 参数选择

高热高寒环境下对采集仪器性能要求很高，首先，在高热环境中对采集仪器的选择，必须要求所选采集仪器能在温度持续较高的环境仍然可以正常工作，保证在高温环境下，传输线绝缘性能良好，电子元件工作正常，仪器性能稳定，数据传输准确、快速，不会因为工作环境温度的升高导致仪器不能正常工作和损坏。同时在高寒环境下导线不开裂，电子元件无损伤且工作正常，仪器性能稳定，数据传输准确、快速。

2. 基本特征

高热高寒环境下对数据采集仪器选择时，必须考虑仪器能同时在高热和高寒环境中正常工作，这样的仪器才能不断地实时将数据采集和传输。在高热高寒条件下，一般要求设备要适应高温在+60℃和低温在-60℃范围内的要求。在目前条件下，一般标准下的仪器已不能满足，这类设备必须要进行特制，特制的采集设备在该条件下能正常工作，即采集仪器的各种元器件都适应这样的环境和条件，保证数据采集的实时、准确。

7.3.3 高寒环境

1. 参数选择

在极端高寒环境下，影响仪器性能的主要是较低的温度，所以选择仪器时必须要求采集仪器满足在高寒环境下导线不开裂，电子元件不损坏，工作正常，仪器性能稳定，数据传输准确、快速。

2. 基本特征

高寒环境下对数据采集仪器选择时，必须考虑仪器能在高寒环境中正常工作，这样的仪器才能不断地实时将数据采集和传输。在高寒条件下，一般要求设备要适应温度在-50~30℃范围内的要求。在目前条件下，一般标准下的仪器已不能满足，这类设备必须要进行特制，特制的采集设备在该条件下能正常工作，即采集仪器的各种元器件都适应高寒的环境和条件，保证数据采集的实时、准确。

7.3.4 高湿环境

1. 参数选择

高湿环境下，影响仪器性能的主要是较高的相对湿度。较高的湿度很容易腐蚀线路和电子元件，同时还容易造成短路，毁坏仪器。所以选择仪器时必须要求采集仪器在高湿环境下仪器内部干燥，不会导致导线及电子元件的腐蚀和短路，保证工作正常，仪器性能稳定，数据传输准确、快速。同时，高湿环境内雷雨较多，还需要做好基本的避雷措施。

2. 基本特征

高湿环境下选择采集仪器时，必须考虑仪器能在高湿环境中正常工作，这样的仪器才能不断地实时将数据采集和传输。在高湿条件下，一般采集设备要适应相对湿度为70%~80%范围内的要求。在目前条件下，我国的国家一般标准已不能满足，这类采集设备必须要进行特制，特制的采集设备在该条件下能正常工作，即采集仪器的各种元器件都适应高湿的环境和条件，保证数据采集的实时、准确。

7.3.5 海洋环境

1. 参数选择

目前，海洋环境分浅海环境与深海环境。海洋油田环境，温度变化较快，湿度大，夏季雷雨天气频繁，偶尔有台风袭扰，远离海岸，近的几百米，远的数十千米，甚至数万千米。

这些因素决定了距离海岸不同距离的井平台上安装的传感器也有差异，但除了具有常规的功能外，还必须能够防止雷击，防止海水的侵蚀，而且能够远距离地进行信息传输，为了减少仪器的损坏，必须要求仪器的质量更好，才能减少海上昂贵的维护费用。

海上平台一般采用电潜泵提升原油，主要传感器为压力、温度等设备。

2. 基本特征

海洋地区对于海洋物联网的设备仪表要求度高，在湿度、热度和寒度上有更高的要求。另外，还在盐度上也要有要求，海洋中的盐分对设备的高腐蚀性作用会影响设备的采集性能。同时还要远离海岸，对传输近海可以用光缆、无线网桥，远洋需用卫星进行信息的传输。

对于海上平台建设，需要找军工产品，哪怕设备费用昂贵，只要质量保证，成本就会很快收回。

需要说明的是，我们还不能给大家一些参考值，由于目前还没有国家统一的标准，根据我们多年的研究，有一些参考值，但我们没有实施过，又由于其海上的复杂性，需要大家在实施前做好调研和需求分析。

7.4　小　　结

本章讨论了油田物联网的建设与生态问题。

（1）油田物联网建设是指将油田物联网设备系统安装在油田设备系统之上的一个过程，构成一个油田物联网的工程。其实是油田物联网建设是在数字油田理论指导下，在应用物联网技术原理的前提下，将各种传感器、仪表等数据采集器安装在油田生产过程中各类设备上，采集相应的数据。所以，严格意义上讲，是一个数据流转的过程，实质就是传感器采集数据，通过统一的标准通信协议，在各种网络条件下将数据传输、汇聚到设备的控制中心，经过数据处理、分析，实现对油田生产过程的各类设备的反馈控制，以达到数字化管理的目的。

（2）油田物联网环境是指油田物联网设备安装在油田设备上所遇到的油田

现场环境，油田物联网生态是指油田物联网系统所处各种因素与制约油田物联网技术发挥作用的基本条件。油田环境分为高热、高寒、高湿等各种恶劣环境。油田物联网的生存环境和条件其实非常困难。

(3) 要建设一个具有质量保证的油田物联网工程，需求分析是第一要务。在油田物联网建设过程中，需求分析是建设过程中最前端的一项重要工作，在现实中就是做方案，做不同的方案，包括初步方案、详细方案、最终建设方案等等。

做一个综合方案，包括的内容很多，其中需求分析、设备配置、技术参数、工程优化、经济分析、质量保证等是不能少的。而对于工程建设中最重要的是要做好需求分析，这是十分重要的一项工作。

第8章 油田物联网工程设计与质量控制

油田物联网建设是数字油田建设一个非常重要的工程，作为工程，其在建设过程必须前端抓设计、中端抓管理、后端抓监理，总称为设计监管，只有这样，才能保证工程具有良好的质量。

8.1 油田物联网工程设计思想

8.1.1 油田物联网工程设计的意义

1. 油田物联网设计的概念

油田物联网设计是指在油田物联网建设前期，必须依据标准化请专业设计单位或数字油田专业研究机构对油田物联网设备安装和施工环节做专业设计。

2. 油田物联网设计的意义

我们主张，油田物联网要引入工业工程设计范围。工程设计是指对工程项目建设提供有技术依据的设计文件和图纸的整个活动过程。工程设计是建设项目生命期中的重要环节；是建设项目进行整体规划、体现具体实施意图的重要过程；是科学技术转化为生产力的纽带；是处理技术与经济关系的关键性环节；是确定与控制工程造价的重点阶段。工程设计是否经济合理，对工程设备选型、参数选择、优化配置以及工程建设项目造价的确定与控制具有十分重要的意义。

工程设计是人们运用科技知识和方法，有目标地创造工程产品构思和计划的过程，几乎涉及人类活动的全部领域。工程设计的费用往往只占最终产品成本的一小部分（根据工程造价与规模大小，一般为3%~5%或8%~15%）。然而它对产品的先进性和竞争能力却起着决定性的作用，并往往决定70%~80%的制造成本和营销服务成本。所以说工程设计是现代社会工业文明的最重要的支柱，是工业创新的核心环节，也是现代社会生产力的龙头。工程建设也一样，也需要很好的设计，以降低施工成本，少走弯路，保证工程质量。

工程设计是根据建设工程和法律法规的要求，对建设工程所需的技术、经济、资源、环境等条件进行综合分析、论证，编制建设工程设计文件，提供相关服务的活动，包括总图、工艺设备，建筑、结构、动力、储运、自动控制、技术经济等的说明与设计。所以，设计是一种原则，设计是把计划、规划、设想通过文字、图表的形式表达给实施者，用做可执行的蓝图。

3. 油田物联网设计的目的

我们知道，设计工作是一个创作活动。作为创作活动，就是一个创新的过程。作为创作活动，第一步，要充分理解用户的期望、需求和动机，设计者要利用自己的专业知识和技术，帮助用户完成用户的最大期盼和要求。第二步，设计者要利用行业和相关标准来规范用户不切实际的愿望和要求。设计者依据标准规范设计工程过程与施工，从而设计本身就构成了一种原则和依据。第三步，设计必须由第三方完成，即由设计院或专业部门来完成。不能是甲方或者乙方设计，更不能是乙方设计，乙方完成建设。所以，油田物联网建设之前必须进入专业设计，以设计杜绝随意，以蓝图规范实施。这就是我们为什么要坚持倡导油田物联网工程设计的根本原因，也是油田物联网设计的目的。

油田物联网建设工程设计，对于油田物联网建设十分重要。

8.1.2 油田物联网设计思想

1. 油田物联网设计思想

油田物联网建设是数字油田的一个重要组成部分，数字油田的核心是要利用数据，中心思想是“让数字说话，用数字指挥”。因此，油田物联网设计的中心思想和实质是要保证“让数字说话，用数字指挥”数据有最好的保障。

油田物联网建设是在野外条件下安装数字化、智能化的数据采集设备与视频监控设备等的一项工程，是由硬件设备、软件产品和工程施工序列组成的一个系统工程。因此，设计必须依据系统科学思想，在系统工程方法论指导下，完成整体的工程设计，特别要注意系统过程中的环节与细节，使其在施工过程中做到有据可依。

2. 油田物联网设计原则

油田物联网的基本设计原则是：系统性、完整性、科学性，满足应用的实用性。系统性是指工程系列的有序化，整个油田物联网工程是由很多个系统组成的，在各个系统的条件下，组成的一个有机结合的完美大系统，在建设中按照序列会建设得更好。完整性是指油田物联网建设完成后的整体效应。这就需要依据系统科学思想，将整个油田物联网看成是一个整体，包括每一个细节，只有经过专业设计才可以实现得了的细小的环节都要考虑到，最终组合成为一个完整的体系。科学性是指在工程建设中的合理化，是在整个链路上的合理性，就是设备、参数与被测设备的合理配置。如果建设中将每一个模块都割裂开来，那就达不到整体效应。例如，在建设通信子系统中只管设备的先进性与价格的低廉，不考虑数据量、传输量，也就是带宽与速度，这样建设起来后就会影响整体效果。实用性是建设单位迫切渴望得到的结果。

设计一定是理论、原理和工程建设相结合的一个实践过程，要特别杜绝“闭门造车”和“经验主义”。因为油田物联网是将设备安装在野外油田设备上和现场中，虽然设备、原理和施工方法没有区别，甚至是可复制的，但是，每一个井场的条件和结构是大不一样的，设计者必须到现场做详细的考察，根据不同的条件与结构，做出相应的调整，做到“因地制宜”。这才是一个好的设计。

3. 油田物联网设计理念

我们的设计理念是：主张“一井一图”设计。我们要坚持“一井一图”的设计思想，就是坚持每一口井都要有一个设计图纸。为什么要提倡“一井一图”呢？原因是每一口井的情况都不一样，在设计时我们都要对每一口井了解得很清楚，才能设计得到位，施工起来就比较好，建设起来质量有保证。例如，启停设计，某一口井使用的是自动控制闸还是手动闸，这是完全不一样的一个机制，看起来都在实施远程自动控制启、停，而安装和操控过程完全不一样。因此，我们在设计中要针对其原有设备机制设计出不同的安装方式和设备选型。

如果是大规模的实施建设，可对油气水井计、站库进行分类，按照类型设计，保证同一类型的实施是一致的。

8.1.3 油田物联网设计内容

根据研究和经验，油田物联网设计内容很多，但是，最基本的内容包括通信、数据采集、中控室等，可分为以下五个基本模块。

1. 通信模块设计

通信系统是油田物联网的重要基础工程，也是基本工程之一。在这里一定注意概念，是指通信系统，不是通信技术。油田物联网通信系统涵盖数据传输的整个链路，其建设目的主要是解决数据的传输问题，它是由通信设施与辅助设施构成的一个网，对于油田物联网建设十分重要。因此，这是设计的首要内容。通信系统设计的主要设计内容包括以下五个方面。

（1）通信方式设计。油田物联网建设中通信方式的选择是一个重要的选择，因为有些建设单位已完成了光纤覆盖，这样在设计中通过现场考察，就要充分利用这一优势。有的采油厂地处山区，光纤只能到基地或者区队，从井场到区队或者到基地就要选择其他方式，如网桥、数传电台等。因地制宜和因条件选择是设计过程必须遵循的基本原则。

（2）通信条件设计。这是通信设计中另一个重要内容，千万不能坐在设计室里按照设备参数、容量来设计。例如，在某平原区设计为网桥通信，虽然地域条件很好，按照网桥的理论最大通信距离可达 10km，当一个井场到控制中心刚好 10km，或者小于 10km 时，我们也不可以设计为不需要中继，直接点对点一下到位。因为 10km 是一个理论值，在现实中基本达不到。另外，如果在一马平川的 10km 距离中可能有学校、企业单位大楼或者高达 10～15m 的道路防沙树等成排成排地生长，会隔离阻挡，这些如果刚好在 10km 的点对点之中，没有中继是实现不了传输的，或者严重影响效果。

（3）设备选型设计。设备选型很重要，这是很多油田企业在油田物联网建设中十分重视的一项工作。有些油田企业在建设前不遗余力地就做一件事：考察他人建设结果，认真记录设备型号与参数，调查厂家与性价比，最后敲定一种产品，认为建设就有保证了。这其实是一个误区。现在很多设备的性能和技术都很成熟了，基本都能满足建设中的要求，我们在建设中一定要注意设备在整个系统中的地位和作用，防止大马拉小车，也不要小马拉大车，这些都会造成不必要的损失和浪费。因此，在设计过程中一定要对整个系统运行能力了如指掌，在什么位置需要什么设备，就选择什么设备，这是最好的办法。

（4）通信网络设计。注意通信网建设的细节设计，主要包括网络链路和节点的设计，如网桥电杆位置、高度，实施一杆一坐标定点，每杆高度与负载量（安装多少设备）和中继方式与三角塔等的设计，包括三角塔高度、材料和稳定办法及防雷措施等。特别是 3G、4G 通信设计要计算流量和带宽，要看一个铁塔对周边的覆盖范围等。

（5）网络输入与输出接口设计。通信网络不是一个孤立体，网络是一个“活”的、有“生命体征”的物，有入一定就有出，因为很多数据是要借助网络实现数据的传输。因此，在设计中要特别注意哪个口接入，进来的数据量有多大，哪个接口数据输出，有多大的数据量输出，都要清清楚楚地标注，设计到位。

2. 抽油机监测监控模块设计

这是设计中的另一个重要系统。抽油机监测监控设计其实在很多时候都称为数字化抽油机，在油田物联网中称为井口安装系统。但在这里称之为抽油机监测监控，主要是为了强调数字化抽油机的功能。

抽油机安装监测监控设备主要是为了对抽油机工况和油水井井况做测量。设计的目的不是图新求鲜，而是为了更好地测量，因此，抽油机安装监测监控设备在设计中要根据现场设备的需要，针对需求目的，针对井的特殊性而准确地选择模式与设备。例如，选择有线或有线+无线，还是无线模式，是很重要的。这要通过对抽油机的认识和掌握，看其需要哪一种最好，不一定全无线、太阳能供电就是最好的，最先进的。因为，我们安装的目的是为了采集高质量的数据，这个一定要根据现场需要和条件，做到切实可行的设计。

当然，设计一般是按照甲方审批过的方案来做，如果方案已经设定了无线技术，那也更改不了。但是，总体上这一个模块设计内容包括以下几个方面：

①数据采集模式设计；②井场条件设计；③设备选型设计；④系统环节设计；⑤功能应用设计。

在这里不需要一一地叙述，因为这些建设内容与技术在多处都有叙述。

3. 视频监控模块设计

在有些人看来，视频监控好像是一个形象工程，其实这是一个误解；也有的人认为视频监控就是为了防止职工“偷懒”，这也是不正确的。视频监控工程主要是为配合抽油机远程启停和防止人畜撞入井场，引起作业事故。另外是为防盗和紧急事故远程监控和事后回放查明原因。所以，要正确地应用好这一工程，对数字化管理建设十分重要。

视频监控工程设计的重心在于正确地选择视频点，要能全方位地控制需要监控的场面，角度、高度设计很重要。其次是设备选型，设备选型要满足需求，比如需要夜间监控和数据存储时间等。

(1) 监控需求设计。监控需求是现场的需要与条件，一定要根据现场的需要，按照现场的条件，能够满足全方位的监控设计，因此，在设计中必须要到现场一一实地考察。对监控点满足需求时，就用 GPS 定位，将坐标标注在图纸上，一般未经设计方的同意不可以在施工中任意改动。

(2) 设备选型设计。设备选型是满足整体的需要：有些场所需要红外，有些不需要红外；有些需要配置夜间照明，有些不需要；有些需要本地数据存储，有些不需要，只要在数据库中存储。这些需要都要同需求方仔细地核对，然后选择性价比比较好的设备。这里要十分注意的是，不是价格压得最低的设备，就是最好的设备。现在有些厂家是根据原件和原件性能而定价，不是根据功能而定价，也就是说所使用的原件质量差异而定价。尽管功能、外观、使用都没有什么两样，但因为原材料的质量、指标不一样，价格是大不一样的。

(3) 视频监控网络设计。视频监控可以是一个独立的点，也可以是一个闭环的网络系统。在油田物联网建设中，视频监控是一个网，其不但同自身链路上的设备、控制、数据管理与应用构成一个网，还和需要配套的其他链路、网络及设备有关系。因此，在设计过程中，要作为一个整体全面地平衡与协同，特别要注意细节与环节。这样的设计不但满足需求，而且使用效果会更加良好。

4. 控制中心模块设计

控制中心是油田物联网的数据中心、指挥中心和调动中心，按照几级设计控制中心是一个很重要的问题。

（1）控制中心模式设计。是以联合站为中心，是以区队为中心，还是以采油厂为中心，这是一个需要调研与分析的问题。这和数据量以及控制需求有关。数据量太大之后，实施高度集中，会对网络以及控制中心的设备配置要求都很高，如果投资不到位，将会带来很大的压力。目前多用以联合站为中心建设，这样可以化整为零，毕竟相同的区域，井、场、站、库工况等差异性不大，同类型相对在建设中比较好处理。以采油厂为中心或者以油田公司为中心建议相对复杂性比较大，投资也大，特别是如视频监控等数据量特别大，一般放联合站中心比较合适。

（2）控制中心构建设计。以联合站或者区队为中心建设控制中心，其控制范围比较集中，主要针对以联合站或区队为中心所需范围的管理与控制，所以，其控制室一般仅需要购置和安装一个显示屏。相对大一点区域要购置一台相对较好的服务器，一台 PC 机和控制台及桌椅等，这样就可以满足在中心室的工作需要和控制需要。投资相对小，建设也比较容易。设计时要求合理布局，便于操作与控制。当然，如果要在油田公司设计总控制室，这种大型的控制室集展示、监控、指挥、调动为一体，就要进行专门的专业设计。

（3）协同设计。控制中心是一个中心控制室，要面对网络、抽油机监测监控，以及视频监控和各种车辆、人员的控制，是一个多路协同的一个系统。在设计中，控制室不仅仅是完成显示和监视，更重要的是要完成一系列的操作与控制，各个支系统之间的协同一致、协作平衡、协同管理更加重要。所以，设计时要全面、整体地考虑，做到协同一致。

5. 数据与数据应用设计

油田物联网建设是数字油田的一个重要组成部分，数字油田的核心是要科学利用好数据，实现“让数字说话，用数字指挥”的目标。油田物联网的实质就是为更好地采集数据，更好地应用数据，这是油田物联网设计的最终目的。

（1）数据源头设计。在设计过程中要特别注意数据的源头采集与传输及存储，每一个设备源点一定是数据的源点。在设计中把数据的源点采集放在第一位。

(2) 数据链路设计。数据一定是一个链路，有输入，有输出，有存储，有应用，有数据的处理与再生数据。如何保证数据的不丢失，不损坏，这是设计过程中最重要的一项工作，必须将数据的“链路”都要设计得清清楚楚。以数据为核心的设计，一开始就要把数据建设作为一项重要的工作来抓。

(3) 平台设计。油田物联网建设的平台建设是保持数据有效应用和科学控制。油田网络的平台需要友好、完美和完善。设计时给予注意，数据管理平台是一个独立体还是要接入油田公司，或者在采油厂的哪一个大的平台中，这个必须在设计中明确，不能产生出很多的信息孤岛。

建设就是为了应用，应用是建设的目标，如果建设起来不用，或者无法用，那这个建设工程一定是一个失败的工程。在油田物联网建设中，设计要把好关，这就看建设整体结果是否可以满足建设单位的可用性。所以，油田物联网设计在设计过程中应该为建设单位严格把好这一关。

总之，油田物联网建设工程设计的内容很多，我们初步划分为以上五大模块，但还可以根据不同的油田和不同的需求，选择更好的设计方式。

8.2 油田物联网设计方法与步骤

油田物联网建设不同于其他工程设计，主要在于它的整合技术与技术创新。首先，截至目前，油田物联网建设还没有国家统一的标准（这里说的是整个油田物联网建设工程标准），甚至可以说没有标准可依。其次，在设备选型上也没有严格的标准可遵循，就是说，很多设备除了本行业的一些认证外，在油田物联网行业中没有质量认证，特别是抽油机监测监控设备除了传感器的行业质量认证外，RTU 等基本没有认证标准和认证书。因此，设计如何来把关首先是一个大问题，更重要的是没有相同模式可仿，这样就对设计提出了非常高的要求。

8.2.1 油田物联网工程设计

1. 深入现场，仔细勘查

深入现场，仔细勘查，这是对设计者一个必须的要求。没有现场勘查，并获得的第一手资料在手，就会“闭门造车”。没有深入现场，按照设备和一般经验设计，将会带来非常大的问题。根据我们的经验，现场勘查的时间最少要占到总设计的 1/2，最少不得低于 1/3 的时间。

2. 熟悉行业与专业人员设计

熟悉行业是指对油田企业，特别是油田地面工程建设或者油气生产过程熟悉，同时还要对数字油田建设比较熟悉，至少要有足够的认识和理解，这样才能对油田物联网的认识和理解得比较好，才能做好油田物联网建设的认识和理解，这样才可以做出更好的设计。

专业人员是指数字油田专业人员。对于专业人员如何理解，是指油田企业油气勘探开发、生产专业人员，还是油田企业地面工程建设专业人员，还是数字油田建设专业人员？这里需要强调一下，油田物联网建设设计，的确需要数字油田建设专业人员。因为数字油田是一个综合油田所有业务的一个多专业、多领域、多学科结合的跨专业学科，这个专业除了熟悉计算机技术、网络技术、通信技术和电子技术与传感技术外，还需要熟悉油田业务，包括勘探、开发、生产、集输与管理等方面的技术、方法与过程。因此，我们所指的专业人员，就是对油田业务比较熟悉的数字化技术人员。

油田物联网设计专业人员是指对油田业务比较熟悉的数字化技术人员，这是一个相当高的要求与标准。对于当前来说，这样的人员还是比较少，几乎没有。但是，我们尽可能地寻找数字油田的专门的研究机构来设计，将会比较专业地设计出好的设计来。

3. 专业化设计，蓝图定型

国内目前还没有这样的专业设计机构，或者说没有这样一个有资质的专业设计机构，因为国家还没有发放油田物联网资质牌照。但是，我们还是尽可能地向专业化靠近，通过一定的创新实践来完成专业化的设计。

1) “一井一图”设计

这是我们的基本的设计理念。“一井一图”设计可以有效地解决不同现状情况下的不同安装方式。

我们认为油气井是有个性的，因此，油田物联网建设计是按照油气井的个性来设计的，所以，每一章设计基本上是一个油田物联网工程安装的使用说明书。

“一井一图”设计图纸包括单井井况的参数、井的个性特征、井在井区的位置、井的功能需求。在详细设计中包括单井的抽油机样式、传感器安装位置和设备参数，以及该井在建设模式中所选用的模式。另外还包括设计说明，包括应该注意的问题和安装说明等，非常详细，只要略微有一点油田物联网技术常识的人员，参考后都会实施建设。

这里需要强调一点，为什么要实施“一井一图”设计理念？原因很简单，是为了设计得更加详细，安装得比较规范，建设好油田物联网。但是，还有一个深层次的原因，就是为后期单井功图计产做准备。很多人在建设中并不知道这一层含义，感觉没有不要，其实十分重要。我们在设计时候将每一口井的个性了解得非常深刻，在建设的实施过程中就会按照井况建设，当现场施工完成之后，开始运行中，对油井计产，就会知道这口油井的个性差异。因此，在采集参数时就会采集很准，然后调参就会做得很好，这样功图计产的精度会比较高。

2）图+说明设计

图+设计是设计惯有的手法，没有什么特殊的。但是，在油田物联网中的图+设计说明有很深刻的意义。在设计过程中加强对于结构性的设计的图形设计，能够清晰地给出其结构和三视图，每一个步骤与环节都可以清楚地看清上下左右的结构，如果用图不能够清晰地表明之间的关系，要配有清楚的说明，一般的方式是左结构图，右说明。就是在一张设计图中左半部都是结构图，右半部都要配有详细的说明，让施工者看得明白，使用得方便。

3）晒图定型设计

晒图定型是指设计完成后经过甲乙方和设计方讨论修改确认后，三方单位技术负责都要在图纸上签名确认，相当于定型，然后晒成蓝图执行。如果在执行过程中需要变动，必须由施工方申请，甲方单位认可签字，设计方设计变更后可行。从而蓝图将成为一个原则，必须坚持和严格执行。

8.2.2 油田物联网设计基础与准备

油田物联网是一项庞大的、复杂的系统工程，因此，在油田物联网正式投入设计之前，必须进行详细的专业设计基础资料准备。

那么，对于一个好的油田物联网专业设计师，要准备什么样的基础材料呢？

1. 区域环境资料准备

要准备区域性的地理信息系统，最好的三维地理信息系统，能够让设计师有一个油田大区域的基本概念，就是能够通过浏览知道这个油田物联网建设的工区在大区域上是属于山区、平原，还是沙漠、海洋。这对油田物联网设计师十分重要，知道这个油田物联网的建设区域位置，就会比较合理而科学地选择各种设备与参数，选对各种参数。例如，首先知道了是山区，那么，就可以选择通信方式，其次知道了是高热、高寒或者是高湿地区，那么，就可以知道设备参数如何选择，这是十分重要和必要的准备。

2. 井区踏勘资料准备

作为一个设计师，必须坚决杜绝“闭门造车”，因为，仅有一般工程设计技术或者油田物联网技术是不够的，或者说仅知道油田基本设施与生产过程，懂得油田，那也是远远不够的。如果总认为只要建设方提供给自己建设方案就可以设计了，这是错误的，并且是不可行的。因为每一个油田都是不一样的，是千差万别的，即使同一个油田中同一个井区内都是不一样的，对于油气井，即使是相邻的井都是不一样的。如果不到现场踏勘，不了解真实的实际现场，按照基本标准设计后，是无法施工的。

实地踏勘是一个亲自了解现场的最需要的唯一办法，踏勘是设计再创作的深入生活。踏勘需要获得的资料有：①井区面积与区域地面落差；②井区内建筑物或者山体、树木等；③油田生产单位与生产单元分布及结构；④集输站、联合站、计量站、注水站等地面工程布局与特点；⑤采油厂与油田物联网建设区域的距离、分布等。

在踏勘中除了照相、绘出草图、记录等之外，还有很多地方需要动手丈量，对每一个电杆的位置都要用 GPS 定位，对通信之间的建筑物等要实地勘测等，都要一一准确记录，绘出草图。井场内可以参考原来设计单位的井场建设设计图纸，可以收集相关设计单位的设计图纸。但是，还是要做相应的丈量，至少目测后有个基本的估计。例如，一般井组 RTU 不在井场里，经常为了和视频监控设备共用电杆，在井场围墙外的某一个地方；假如需要走线，这样在原来井场建设的设计图纸上是找不到距离参数的，这时必须要丈量一下其距离，等等。

3. 油井资料准备

油井是具有个性的，这是因为每口油井都有很大的个性差异的，包括井名、井号、井口坐标、井底坐标等，除此之外，还有井深、采油层位、采油速度、抽油机型号都不一样。因此，在油田，一般提出精细化管理，就是要对每一口油井做到精细化的了解，个性化的管理。而我们作为设计师，在设计之前必须要到井区对每口油气井、每个站库做好详细地了解和记载，这样才能针对每一个不同的井或者单元做个性化的设计，做出恰到好处的设计，建设起来能够即顺畅又保证质量。

8.2.3 现场勘查

在现场，作为油田物联网设计师，要调研什么？这个很重要，我们给出一些简单的常识供大家参考学习。

1. 设计勘查的概念与意义

勘查不是考察，因为，勘查重点不是到现场看看，而是要踏勘、查验。因此，油田物联网重在于勘察油田物联网建设中设备实施现场的基本条件，做到大对大环境的全面掌握，就是油田物联网生态系统的勘查，小到对油田物联网井口 RTU 的位置的放着点的勘查，要做到仔细、精细、详细，就是要对现场的各种设备安装的位置、尺寸，以及安装的难度和有利条件了如指掌。关注以上所有设备的安装条件是为施工提供比较专业的设计，尤其是油井监测监控设备在井口的安装位置要准确、科学。例如，这个位置是防爆要求很高的地方，那么就要提出严格的技术要求等。

勘查不能走过场，一定要踏踏实实地做事情，不要漏掉每一个细小环节。

如果不认真踏勘，设计返工不但耽误正常化施工，延长工期，还要反复地修改，也是一个浪费。

2. 设计勘查的内容

设计勘查要工作的内容主要包括详细地考察和收集资料，具体指：

(1) 项目实施对象（井场数、井数）及基本情况（井基本信息、井生产状况、启停方式等）。

(2) 井场、油井位置图，以及井口管线结构及尺寸图。

(3) 油井光杆径粗、悬绳器情况（照片）。

(4) 油井抽油机型号、基本尺寸。

(5) 井场不同情况下电压情况。

(6) 井场大概监控范围（形状、面积）及草图等。

这是列举的一部分内容，包括的很多，因为设计不同于方案。方案是一个原则性的文档，设计是在方案基础上提供给施工者执行的蓝图，具有权威性、可执行性，不能随意更改。所以，在设计之前对现场的研究是十分重要的。表 8.1 为一份简单的现场踏勘与调研的明细表。

表 8.1 单井信息调查样表

序号	油井名称	详细记录与说明
1	井口坐标	X：______ Y：______ Z：______
2	井场名称	
3	井场现状与采油站距离/m	
4	井场与采油站通视情况	□是□否。障碍物影响范围______
5	井类型	□直井□斜井□水平井□注水井□水源井□气井□稀油井□稠油井
6	井工作状态	
7	现有哪些机械表和设备	
8	光杆直径/mm	
9	抽油机型号	
10	供电情况	
11	原油运输方式	□车辆运输□管线运输□其他______
12	安装传感器的采油管长度	
13	电动机与启停方式	

续表

序号	油井名称	详细记录与说明
14	供电及电压情况	
15	井口设备与井台子结构	
16	计量方式	
17	是否安装数据采集设备	□是□否□其他＿＿＿＿＿
18	井区内建筑物与树的高度	

注：表中详细记录与说明为空，主要由设计师在现场填写

除需要勘查表8.1中的内容外，还要附加对井场、站、库的随手草图与照片等明细，这样会更好。例如：①井场大小、形状，门口及车辆运行，井所在位置草图；②井口管线结构及尺寸图及照片；③悬绳器情况、电机情况、抽油机情况（照片）；④视频安装位置及井场监控范围（形状、面积）及草图；⑤集输站、选油站、联合站等现状。

3. 设计勘查的作用

油田物联网建设工程设计是基于油田物联网技术与采油工程的基础上实施的数据工程，通过以上这些最基本资料的搜集和准备，并对这些资料做完整的统计、分析，就可以建立一个单井物联网工程建设模型。并对油田物联网设备选型参数选取优化配置，给予正确的施工方法指导，这就成为一个非常实用的设计与施工标准。

更重要的是为油田物联网设计做好基础资料准备。没有这些基础资料，要做好一个优秀的设计是不可能的。

8.3 油田物联网设计与质量保证

在油田物联网设计中，质量保障是多方面的，其中，包括良好的整体解决方案、专业设计机构和专业设计人员，以及标准与制度等来作好保障。

8.3.1 油田物联网工程设计规范

1. 良好的整体解决方案

在油田物联网设计中，有一个很好的整体解决方案是前提。因为这是设计

的最重要的依据。那么，一个完整的、良好的整体解决方案如何编写，在这里也做点探讨。

1）油田物联网建设方案在工程建设设计中的地位和作用

一般来说，油田物联网建设从建设过程看，应该包含组织方（甲方）、施工方（乙方）；从工程技术上来说应包括数据采集系统、数据传输系统、数据交换与存储、数据控制与应用系统以及数据评价与深度研究（挖掘）等方面，是一个完整的数据工程过程与建设方案。因此，要给设计提供一个很好的解决方案。

首先，方案编制者必须对油气生产过程非常熟悉，油气生产过程本身包含地面工程、采油工程和油藏地质工程等。油田物联网工程是将信息技术渗透在油气生产过程中的一个新型技术，就是要在生产过程的环节上安装各种智能化设备，通过智能化传感器等设备感知监测对象等相应的数据，然后通过对数据的系统性研究、分析，从而掌握油气生产过程的动态变化。如果我们对油气生产过程都不能熟悉、了解、掌握，就不可能对应地设计油田物联网的设备和系统。

其次，方案编制者要对油田物联网技术全面掌握。目前，油田物联网建设队伍很杂、很乱，没有一个完整的、专业化的队伍（这里指大型的专业化的油田物联网建设队伍），大都采取系统集成的方式。这种集成会带来很大的问题，就是很多集成商只知其一，不知其二，使系统间的衔接和无缝连接问题很多。很多企业除了自己的本行业技术之外，还需要采用其他设备企业、系统企业的帮助，最后汇合在一个工程中，实际出现了很多的不同的建设工程公司。如果在编制方案的过程中不能将环节、细节和各个系统之间的连接与衔接说清楚，在建设过程就会出现很多的问题。也就是说，在建设方案编制中经埋下了问题后，在建设中一定会出现大问题。

其实，在当前，大多油田公司都是依据支持建设的主要部门提供方案作为投资、建设的依据，而这个方案又是投标建设的施工单位拼凑的，本身问题一大堆，所以，建设出来的工程都带有病态。

再次，方案编制必须要做到系统化、科学化。系统化是指各个系统之间的一致性、合理性，要各个子系统之间构成一个完整的油田物联网大系统，每个环节之间衔接得非常好。合理性是设备选择、参数选择、功能选择的科学性与优化，大马拉小车、小马拉大车，都是不合理的。所谓大马拉小车、小马拉大车，是指建设工程规模与使用不匹配，人员素质与工程技术含量不对等，等等。一般企业都追求当前最新技术、最新产品，其实这些都不是最重要的，最重要的是合适的脚穿合适的鞋。如果选择功能很强大、技术最先进，使用又很少的产品，就是不科学的。

由上可见，编制好油田物联网总体方案也不是十分容易的，所以，油田物联网总体方案的编制是油田物联网建设的最前端基础性工作，方案要从理论性、原则性、技术性、可操作性等多方面考虑，系统地进行研究后编制完成。不但可作为领导决策上的依据，也可提供给油田物联网进入工程设计的依据。

2）油田物联网工程总体方案构成

一个好的工程方案，不但能够深刻地反映出建设系统的基本要求和基本需求愿望，还要能站在本领域的最高点、最前沿，看到最先进产品和技术，同时又要脚踏实地地站在建设单位的角度，为其实际量身定制。所以，好的工程方案，既能高屋建瓴，又能脚踏实地，这就要求编制完成的油田物联网方案，能够通过建设确实能为油田企业提高生产效率，能够提高油气采收率发挥作用。

一个完整的总体方案，要在油田总的建设方针指导下，坚持数字油田的理论指导，坚持油田物联网技术的标准，形成一个完整的建设方案，其基本架构如图 8. 1 所示。

目前，油田物联网还没有国家标准，但是，数据采集设备传感器和数据传输的通信协议都有，一定要坚持标准，统一思想，统一规范。在油气生产、采油工程等也有行业规范，如《采油工程方案设计编写规范》即 SY/T6081—94 标准都可以作为行业参考标准，参照执行。

3）油田物联网工程方案编制要求与步骤

对一个工程总体方案编制，除了要求系统性、科学性，内容全面、优化，具有可操作性外，当然“少投入、多产出”的经济性要求也很重要。但从专业化方案要求应做到如下几点。

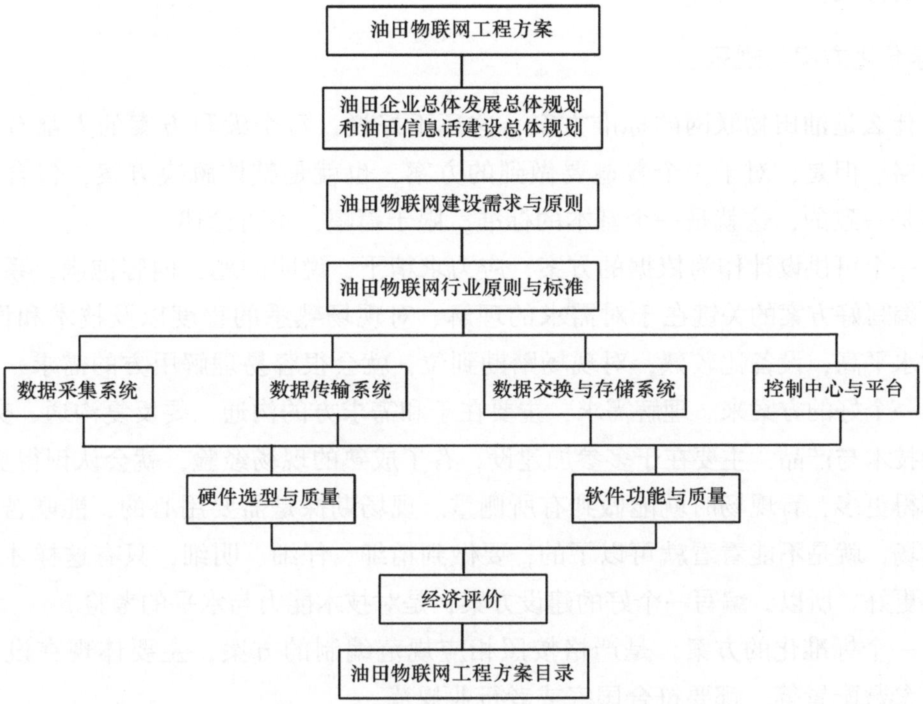

图 8.1　油田物联网总体工程方案构架图

第一步，在编制之前应充分了解，深入理解建设者的需求与愿望，需求决定建设。要全面深刻地理解需求，才能知道如何满足需求。

第二步，要全面掌握油田物联网的技术及其技术特点，每一个子系统都应具有完整性，每一个子系统与系统组成又具有完整性。

第三步，充分掌握更多的技术性的基础材料，不但要了解油田物联网当前的前沿最新技术，还要了解技术产品的先进性和当前的最新产品，更重要的是要做到科学合理的技术参数配置。

第四步，拟定编写总体方案大纲，确定重点，理出难点，深入现场调研。实地踏勘，这是非常重要的一步，无论有多高的理论水平，多高的技术能力，在编写方案时，一定要到现场，看现场是什么样，现场设备与环境符合哪种设备，符合哪种通信模式等，从而才能编制出可行的方案。特别是要针对建设重点和难点，做好细致的勘查，才能保证做好工程建设，写出更加可行的方案。

第五步，编写方案报告，请专家对方案进行评审与终审。最后能提交出标准化的方案。

2. 标准化方案与规范

什么是油田物联网的标准方案，这还不好说，每个编写方案的人都有自己的风格。但是，对于一个普遍要做到的方案，也就是整体解决方案，包含的内容应是一致的，这就是一个基本的标准，限于篇幅，不再论述。

一个可供设计作为依据的方案，应力求精干，说明问题，内容饱满，系统性强。编写好方案的关键在于对需求的理解、对现场熟悉的程度以及技术和设备。技术水平高，设备比较熟，对现场踏勘到位，就会很容易理解甲方的需求，从而写出一个好的方案来。理解需求，主要在于和需求方的沟通，要反复沟通、交流。熟悉技术与产品，主要在于多参加建设，有了成熟的现场经验，就会认识得更好，了解得更多，看现场时就能做到有所侧重。现场勘探是需要用心的，能吃苦，不走过场，就是不能看看就可以了的，要做到精细、仔细、明细，只有这样才能了解得更好。所以，编写一个好的建设方案，是对技术能力与水平的考验。

一个标准化的方案，是严格按照相应规范编制的方案，主要体现在设备造型、参数配置等，都要符合国家或者行业规范。

8.3.2 油田物联网规范设计

设计是把规划、计划、方案等建设思想综合在一起的一个创作过程，并用图、表、文字的形式表达给实施者用以可执行的原则。因此，对于设计者素质要求比较高，设计单位要求比较严，对设计成果要求好，这样在设计过程中可达到高标准、严要求，把好设计质量控制这一关。

1. 设计流程

油田物联网设计严格按照设计流程，做好设计。设计流程是设计过程中的基本准则，应该严格地执行，如图 8.2 所示。

严格执行设计流程，按照设计流程做好每一步，是做好设计的关键。

2. 设计标准

油田物联网设计除了遵循工程工业化设计原则和标准外，目前还没有国家统一的标准，如油田物联网设计符号（标示）等。根据我们的设计经验，在这

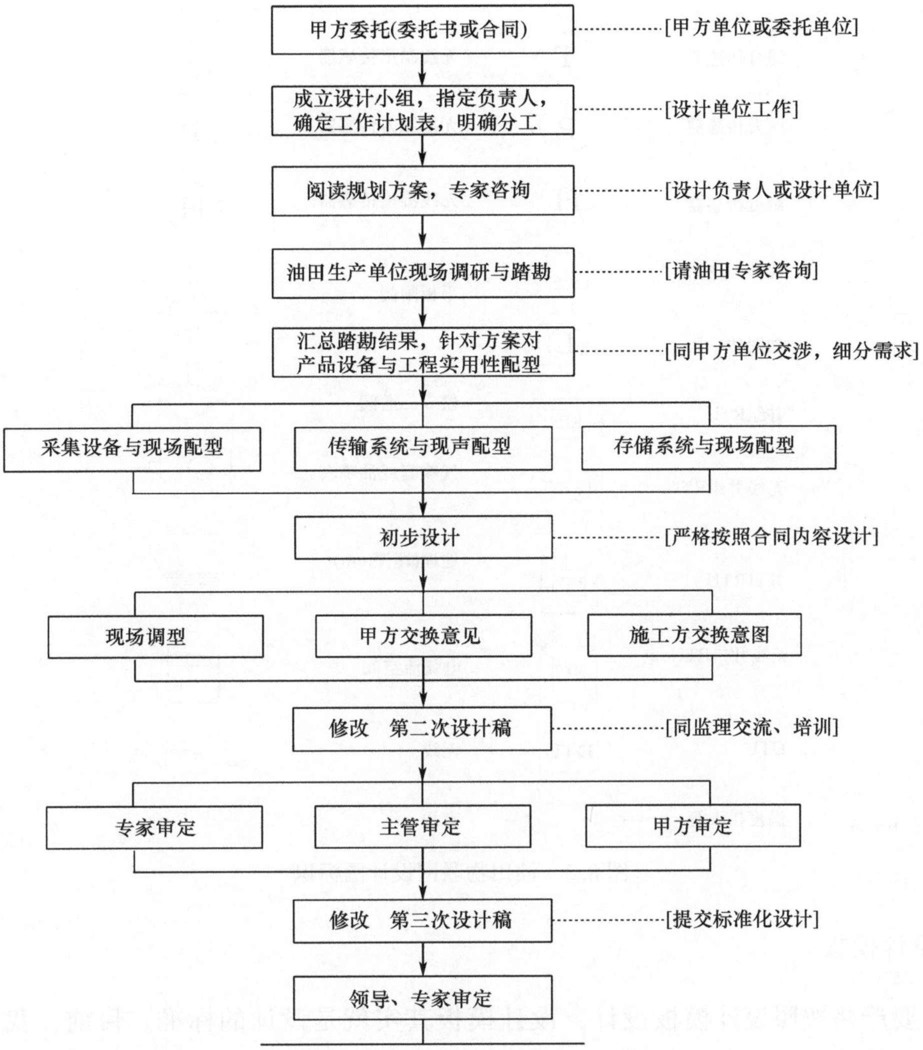

图 8.2　油田物联网设计工作流程

里我们正式对外公布油田物联网设计需要执行的部分标示（图 8.3）。

图 8.3 的油田物联网设计标识符号，是我国目前唯一的符号，由长安大学数字油田研究所设计、制定，具有知识产权的首次对外公布。由于目前没有统一的油田物联网设计标准可执行，为了规范设计，我们在设计实践中制定了一些符合油田物联网的现场意义的符号，如无线一体化功图传感器、无线井口 RTU 和无线井组 RTU 等，这在过去都是没有的。有了符号，设计就变得简单而规范。

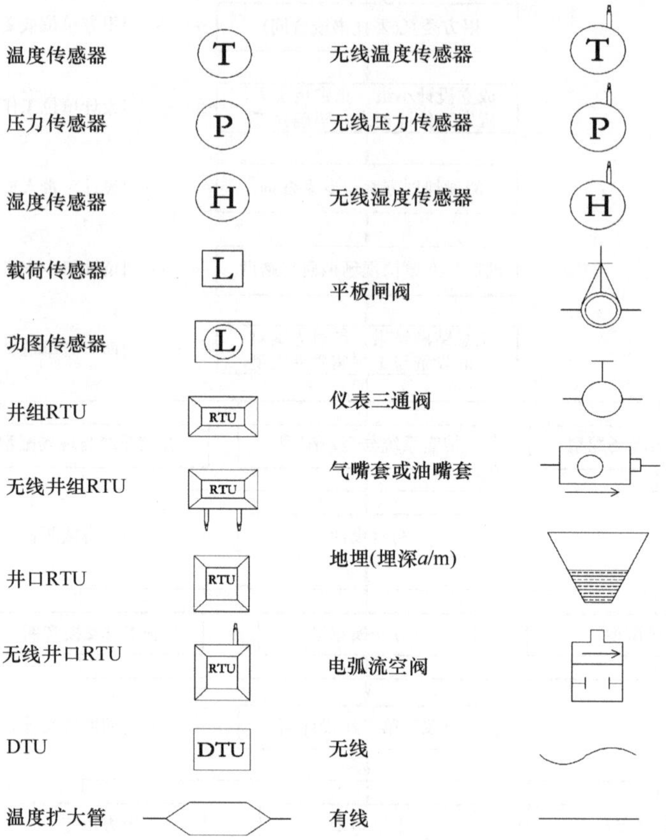

图 8.3　油田物联网设计图标识

3. 设计模板

要严格按照设计模板设计，设计模板其实就是设计的标准。目前，我国对于油田物联网还没有国家标准，设计业没有严格要求具有相应的设计资质。有些油田把油田物联网设计放在地面工程建设设计一并设计，但是没有数字油田建设的设计师、工程师，虽然是设计院严格执行油田工程建设的设计标准，但是，并没有真正做到数字油田或者油田物联网工程的要求，设计的方案基本无法执行。

为了保证设计的规范、科学、可用，我们初步编制了如下的设计规范。

(1) 设计内容：包括井况、井的个性资料、数据传输的链路位置（坐标)、功能要求和详细设计。

(2) 设计要给定油井抽油机样式和主要设备配置与参数。

(3) 设计模式：包括实施模式、供电模式、数传模式、数据存储模式等，其中，主要是数据采集模式和传输的模式。

(4) 做好设计说明：设计说明就是基本的设计思想，让用户理解建设理念。

(5) 安装维护：关键设备的安装方法十分重要，安装设计是对安全、环保和健康（即 HSE）的落实。

设计模板是定型的，如图 8.4 所示。

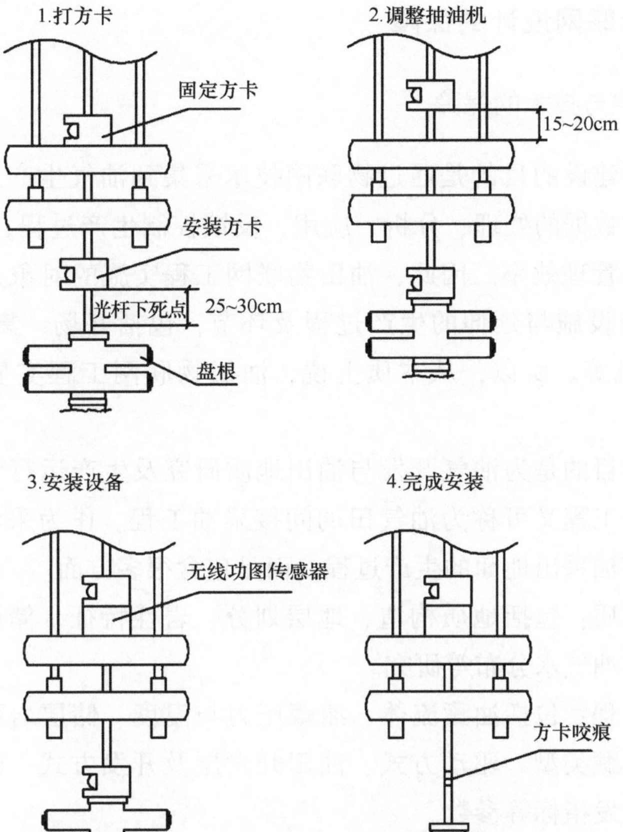

图 8.4　一体化功图传感器安装分解图设计

图 8.4 因为受到版面的限制，只是截取了传感器安装的分解步骤，还有图头、编号、责任栏等，非常规范。设计完成后，设计单位、设计者都要署名，

然后由设计单位主管审核、审批签字，用户单位项目主管认可签字，晒成蓝图定型、执行。这样就比较规范，完成工程化的工业化设计与建设。

需要注意的事项：

(1) 设计字号、规格统一执行国家工程设计的要求，要美观、规范。

(2) 建立单位和施工单负责人也要签名认可。如果在施工过程中需要更改，必须由施工方提出申请，用户单位主管批准后送设计单位变更，不得随意变更。

(3) 对于部分设备安装要给出具体安装示意图、分解图，并配说明。

8.3.3 油田物联网设计的保障

1. 油田专业知识与技术的保障

油田物联网建设的目的是通过物联网技术采集到油气生产过程中各个环节的数据，通过对数据的处理、分析、应用，反馈控制生产过程，优化生产环境，提高工作效率与管理效率。因此，油田物联网工程实施的对象是油井及其以油井为中心的辅助设施与延伸的生产过程及环节，包括井场、集输站、联合站、注水站和抽油机等。所以，从本质上说，油田物联网工程实质上是油田数据工程。

数据工程的目的是为油气开发与油田地质研究及生产运行管理提供动态数据。因此，数据工程又可称为油气田的间接采油工程。作为采油工程，不是简单地利用设备将油采出地面的生产过程，而是包含很多方面。

(1) 油田地质：包括地质构造、地层划分、岩性特征、储层特征、油藏特征、油藏类型、油气水分布等研究。

(2) 油藏工程：包括油藏流体、油藏压力与温度、储层岩石渗流特征、试油试采结果、油藏类型、驱动方式、油田开发层及开发方式、油井产能分布及其变化、油田开发指标等参数。

(3) 油层保护：采油工程的关键是要系统地保护油层，包括钻井、完井保护、射孔压裂修井保护、注水过程保护和增产措施中的保护等。

(4) 地面工程：包括井场设施、集输设施、计量站、转接站、联合站等设施建设。

(5) 油井设施：包括抽油机、发动机、抽油泵等。

这是一个从地上到地下的立体化的整体，看起来是追求油气的产量，实质上其对象是油藏。油藏深埋地下，唯一的办法就是依靠综合数据。

油田物联网建设者可能不需要像一个采油工程师知道那么多要素，但油田物联网设计者应该而且必须要知道这么多生产过程与环节，设计者不但要是物联网技术的专业工程师、设计师，还应是油田采油工程的工程师或者技术员。因为，设计师对油田知道的越多，理解的越透，对油田物联网设计就会越好，越完整。

2. 设计资格与设计师的保障

对于当前来说，综合性、跨学科的油田物联网工程技术人员还是比较少的，而综合性、跨学科的油田物联网设计师就更少了。但是，我们尽可能地寻找数字油田的专门机构，特别是数字油田的研究机构来设计，将会比较专业地设计出好的设计来。

目前最缺的就是数字油田工程的专业工程师，因此要加强培养。为了搞好油田物联网的建设与管理及其设计，我们编制了一个油田物联网设计设计单位、设计师或工程师应具备的条件（表 8.2）。

表 8.2　专业单位、设计师基本要求表

要求	专业设计机构	专业设计师
设计资格	具有设计资质或专业公司的资质，或是数字油田研究与设计专业机构	需要有扎实的数字油田理论和丰富的数字油田实践经验，有三年以上数字化建设现场施工或设计工作经验
专业素质	质量保证，规范、专业化、标准化	坚持实事求是、严谨、科学的态度
知识要求	数字油田理论知识，专业设计知识	数字油田理论和知识，油田生产、开发技术和数字化技术知识与经验
能力要求	数字油田研究或建设单位，具有一个优良的团队	能独立设计或者参加过数字油田建设，具有很好的现场经验
设计能力	有长期工程设计工作经验	独立完成设计或组织完成设计的能力
成果	符合本油田物联网建设的设计蓝图	符合本油田物联网建设的设计蓝图

表 8.2 将设计单位和个人放在一个表格里，用了同一个要求标准，看起来不是很合理。但是，单位也是一个个体。任何一个具备油田物联网设计资格的单

位和人，都要做到具有基本的资格、风格、知识水平和能力等。

3. 油田物联网设计的质量控制

设计质量控制是保证设计的成果符合油田物联网建设需要的目的，在设计过程中要求对设计的整个技术运作过程，需要认真地、仔细地、分析处理和判断，设计质量控制就是要采取一定的方法使设计在规定的标准范围内，保证设计成果优秀、可行、可靠。

设计质量控制的基本内容包括：

(1) 严格地进行现场调研与勘查，没有调查就没有发言权，也就没有设计资格。

(2) 选择合理的设计模式，在设计过程中一定要有科学合理的设计流程，选择先进的设计工具和质量技术。

(3) 严格遵循油田物联网建设的最一般的规律，科学地安排设计过程中的设计阶段和任务，按照建设需求合理安排时间、任务，明确设计师的职责。

(4) 加大设计过程中的设计分析。设计分析是设计过程中的创作过程与创作活动，没有设计分析的设计，一定是没有创新的设计。

(5) 设计师需要严谨求实的态度。要坚持设计评审与设计持续改进，在设计风格、设计作风、态度等方面，作为一个好的设计单位、好的设计师，严谨求实是质量控制的基础，通过评审、修改促进设计成果可靠，是好的设计单位、好的设计师设计质量的保证。

其实，设计质量的控制与设计质量的保证，就是油田物联网工程建设质量的控制与保证。因为设计是建设的源头，从源头抓起，质量就有保障。

8.4 小　结

本章针对油田物联网建设的规范化要求，对油田物联网设计做了初步的讨论。

(1) 油田物联网工程设计是工业工程设计的一部分，我们主张油田物联网要进入工业工程设计体系之列。

(2) 油田物联网设计大致分为五个基本模块：①通信模块设计；②抽油机

监测监控模块设计；③视频监控模块设计；④控制中心模块设计；⑤数据与数据应用设计。

（3）油田物联网设计之前最重要的工作是现场踏勘。要取全、取准基础材料：①区域环境资料准备；②井区踏勘资料准备；③油井资料准备。

油田物联网设计工作在我国还处于探索与研究阶段。目前，只有很少的数字油田专业机构可以从事。这是因为其技术难度比较大，涉及油田生产业务、生产技术、生产设备等各个方面的知识和技术。因此，对于设计者、设计单位、设计成果要求都比较高，所以，在设计过程中一定要高标准、严要求，抓好设计质量控制，才能获得最优秀的油田物联网设计成果。

第9章 油田物联网建设标准化

欲进行数字油田建设，标准先行。但是，数字油田建设截至目前也没有标准。为此，我们在论述油田物联网建设问题时，还是把标准问题作为一个重要问题来讨论。

9.1 油田物联网建设标准的概念

在油田物联网建设中，人们最为关心的是，将其建设成个什么样的油田物联网。于是，便迫切希望能有一个油田物联网标准。

9.1.1 标准的概念

标准是评判和衡量一个事物是否规范的准则。据文献记载，标准原意为目的，也就是标靶。后来，由于标靶本身的特性，衍生出一个“如何与其他事物区别的规则”的意思。因此，标准就是在做同一个事物时应该执行的统一尺度。

对于油田物联网来说，油田物联网建设是一个什么样的事物，是否需要一个标准来衡量和评判，也是值得我们思考的。

(1) 油田物联网建设就是相对重复的一个事物，虽然各个油田企业地域和管理方式有差异，但是油田生产环节与过程大同小异，油田物联网的概念是一致的。也就是说采用同一种建设模式建设时，其行为与活动，包括技术、产品都是一样的，这就是一个重复的过程。按照标准定义的内涵：“标准制定的对象是重复性事物和概念。这里讲的‘重复性’指的是同一事物或概念反复多次出现的性质。”由此可见，油田物联网建设就是一个重复性的概念，是需要标准来执行的。

(2) 油田物联网建设需要做到统一管理。在油田物联网建设中，集团公司、油田公司、采油厂等各级企业都希望做到统一规划、统一标准、统一投资、统一建设、统一管理。其中的“统一”思想符合“标准的本质属性，是一种“统一规定”。这种统一规定是作为有关各方“共同遵守的准则和依据”。由此可见，油田物联网建设作为“统一”要求的本质属性，就必须需要依据标准建设与管理。

(3) 油田物联网建设在没有国家统一标准颁布的情况下，需要制定一个行业或者企业标准，以规范油田物联网的建设。一个标准的制定与发布，需要相关机构批准和特定形式的发布。因此，目前我们还是期待着相关机构重视油田物联网的标准制定与颁布。

9.1.2　油田物联网标准化

油田物联网标准化是指在油田物联网建设、管理与维护中的规范与统一。按照标准化的定义及其内涵，我们理解标准化的含义如下。

(1) 标准化是一个活动的过程，就是通过制定、发布标准，以“达到统一，获得最佳秩序和社会效益”的目的。油田物联网建设的确需要秩序和效益，没有标准，表现出的乱象已经严重地影响着油田物联网的建设与质量。

(2) 对于标准化的“获得最佳秩序和社会效益”，要进行深刻的理解与解读，这要站在整个国家和社会利益上来说，而不是从一个部门、一个地区、一个单位、一个企业来考虑。例如，油田环境保护标准化和安全标准化主要是从国计民生的长远利益来考虑。所以，为了整个国家和社会的长远经济利益或社会效益，应该充分理解和正确对待“最佳”的要求。在油田物联网建设中有关数据采集、数据传输等都有相应的国家，甚至国际标准可以执行，这些都是有利于油田企业生产过程中的规范和秩序。

(3) 其实，标准化就是规范化，在油田物联网建设中尽可能统一化。但是，油气田看起来都在生产油气，都是抽油机，都有计量间，都有集输站。但是，各个油气田在选用设备、建成年代、管理方式、应用程度是大不一样的。因此，在统一标准的前提下，还必须因地制宜，根据油田情况执行标准，如设备造型、参数配置等。

而对于油田物联网建设标准化，我们应该有这样几个基本的态度：

(1) 有国际、国家或行业标准的，就要坚决执行标准。例如，油田物联网中的传感器标准、通信标准都有很严格和先进的国际标准，因此，就应该完全按照这些标准对产品和设备达到统一。

（2）在没有相应的国家和国际标准的，就需要制定一些基本的、可行的行业或者企业标准，如可以达到、可操作的基础性的参数标准等，能让各个油田企业参照执行，以使油田物联网建设基本做到标准化。

（3）目前，我国油田企业要重点加强规章制度与管理机制的建设，以规范油气田物联网的建设、管理和应用。也就是必须要有一个基本的建设模式，能够让人们知道，油田物联网建成后，一个完整的油田物联网应该是个什么样，给一个可以达到效果的基本范式。但是具体的规模和具体的采集数据要求，还是要由企业需求来定。

目前，油气田物联网建设存在两个严重误区，一是对油田物联网认识上的误差，在很多人认为这是一个“形象工程”，给领导搞政绩的“窗口行为”。这是不正确的看法，油田物联网对油气田企业改变生产运行管理方式，提高工作效率，减员增效的确是一个很好的技术，不能把它误解了。二是科学、合理的应用不够，很多企业听说好，很先进，于是找一个示范区建设做试点。但由于规模小，人们认识不到位，人员基本能力和素质跟不上，经常放在那里供人参观，从而成了一个“窗口”，这自然就变成了“形象工程”加“样子货”了。

油田物联网，建是为了用，用是关键，用是目的，用是促进建设。因此，在当前，建立油田物联网标准在规范上需要下功夫。

第一，建设规范。要用规范约束建设的过程和建设的行为，要让建设者甲、乙双方知道用什么样的标准完成规范的建设，也就是所建的每一个环节都是规范的、合理的。

第二，应用规范。也就是建成后要约束企业员工必须要用，在某种程度上是强制性的，要规范谁来用，如何用，用物联网技术解决油田企业生产过程中的真正问题，改变传统的生产运行管理方式，提高工作效率。

第三，管理规范。由于建设了，应用了，当然需要管理和维护，规范维护也十分重要，任何一项工程，使用也好，不用也好，放在那都有损耗，有时放着不用反而坏得更快，维护必须跟上，而且要规范维护，这样又出现一个安装维护的规范。

9.2　油田物联网标准化体系建设

9.2.1　油田物联网标准化体系建设的概念

1. 标准化体系概念

油田物联网标准化体系是指关于油田物联网建设、管理与维护的全部标准及规范，应该是国家标准体系下的油气田物联网各类标准集成。在我国，国家标准主要应包括石油工业标准，工业控制标准，传感器标准，精密仪器、仪表标准和国家信息化与工业化融合标准等。油田物联网标准化体系就是在国家标准体系内按照标准规范建立和形成的一整套油气田物联网的标准，并构成油田物联网的标准体系。这一标准应包含油气田物联网数据采集标准、数据标准、数据处理标准、专业应用标准、安装调试标准、通信传输与网络标准和维护标准等。

2. 油田物联网标准化体系模型

油田物联网标准化体系模型由两部分组成，一部分是在国家标准和专业领域标准下的油气田应建的分类标准，包括数据采集、数据处理、网络、安装维护等。另一部分是油气田物联网标准体系建设内容与方法，由此形成的完整的标准体系，模型见表 9.1。

表 9.1　油田物联网标准体系表

<table>
<tr><td colspan="2">石油工业标准</td><td colspan="2">工业控制标准</td><td colspan="2">仪器仪表（传感器）标准</td><td colspan="2">信息化与工业化融合</td></tr>
<tr><td>数据采集标准</td><td>数据标准</td><td colspan="2">数据传输标准</td><td>数据处理标准</td><td>专业应用标准</td><td colspan="2">安装与维护标准</td></tr>
<tr><td colspan="8">油气田物联网标准</td></tr>
<tr><td colspan="8">油气田物联网技术标准建设</td></tr>
<tr><td>通用规范</td><td>接口技术</td><td>通信与应用</td><td>服务技术</td><td>协调信息处理</td><td>网络管理</td><td>信息安全</td><td>测试</td></tr>
<tr><td>术语
需求分析
参考架构
基本模型</td><td>物理接口
数据接口</td><td>物理层
组网
需求分析</td><td>信息描述
信息存储
标示
目录服务
中间件</td><td>支撑服务
接口
参考模型
需求分析</td><td>网络管理</td><td>安全技术
安全管理
安全</td><td>一致性
互操作
系统测试
传感器校正期规范</td></tr>
</table>

在油田物联网大规模开始建设之中，我国目前还缺乏统一、清晰的对油田物联网概念、技术的描述。为了防止因在利益相争中，一些厂家出于自身利益的考虑对油田物联网作出不规范的解读，从而会搞乱油田物联网的技术标准，我们试建立这样一个基本的标准化体系模式（表 9.1）。这本着整合油气田物联网标准资源，协调物联网的整体标准化工作，以便更好地服从国家标准化体制，支持油田企业走向标准化、规范化的建设，从而满足油田企业对于物联网技术的需求和应用。

9.2.2 油气田物联网标准体系建设思想

标准的制定与发布是由国家相关的部门实施的，我们没有资格建设与发布。但是，在没有国家标准的条件下，我们可以提出建设性的建议。

首先，油田物联网标准应该引起业界的高度重视，如果没有统一的标准，就会出现因利益关系而导致混乱，最终结果是国家标准或者是行业标准被利益集团而主宰。在油气物联网标准化建设中，应由国家相关部门统一部署，规范建设。

其次，油气田物联网标准化体系建设应从顶层设计，明确方向，统一管理，分步实施。由国家有关部门组织，吸纳油田企业、物联网企业和标准化工作部门共同参与，实现优化建设。

再次，油气田物联网标准化体制建设要有利于油气田物联网的长远发展，要从国家发展战略的高度上出发，结合油田企业数字油田建设、油田企业信息化建设和油田企业长期发展战略，形成指导油田企业为改变油田企业生产运行方式，提高勘探开发主营业务能力的指导。

总之，油气田物联网建设需要一套标准体系，规范建设与发展，进一步推进我国物联网技术与相关技术走向产业化，带动油田企业和相关企业始终处于一个国际领先地位。

9.2.3 油田物联网建设规范体系

在油田物联网建设这个巨大的系统工程中，应该包含需求分析、方案论证、招标投标、设计、建设，直至建设完成到管理等。因此，在每一个环节都应规范，从而构成油田物联网建设的规范体系。这里仅叙述一些比较重要的规范。

1. 油田物联网建设招投标规范

其流程如图 9.1 所示。

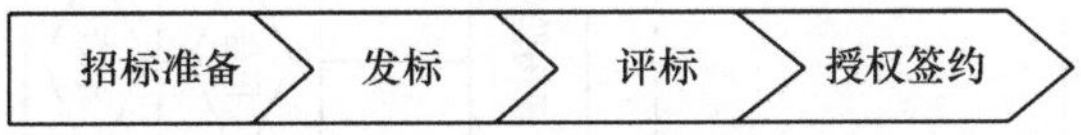

图 9.1　油田物联网工程招标流程

这是油田物联网项目招投标流程，也是通用工程执行的标准流程。除此之外，还有项目验收的流程，如图 9.2 所示。

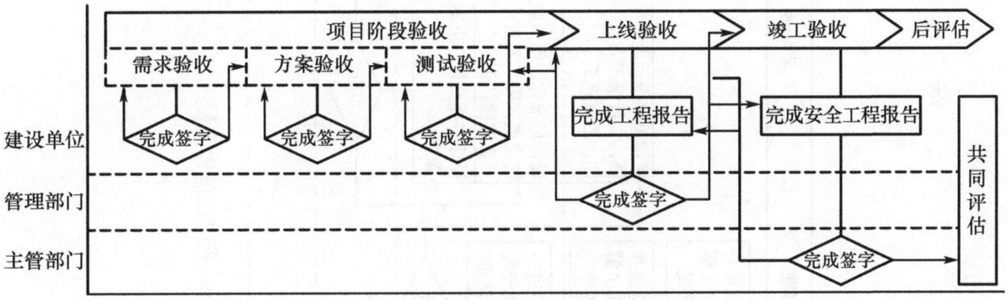

图 9.2　油田物联网工程验收流程

这些工作是必要的，也是常规的。在现实中，油田物联网最缺乏的是现场施工标准，这在全国都没有。我们应该加强建设一个现场施工的标准，作为规范来实行。

2. 现场施工规范

这是指用来指导和规范油田物联网建设过程中的施工行为和设备安装行为。由于施工过程带有复杂性和特殊性，在制定这一规范时，还是以施工先后流程和重大技术环节进行约束。

根据多年来的建设经验和油田物联网建设过程与环节，我们建立的油田物联网建设管理流程如图 9.3 所示。

图 9.4 是一个初步的设想，还需要进一步的调查与研究，加以完善，希望能通过标准化流程规范建设，也能促进油田物联网建设的标准化。

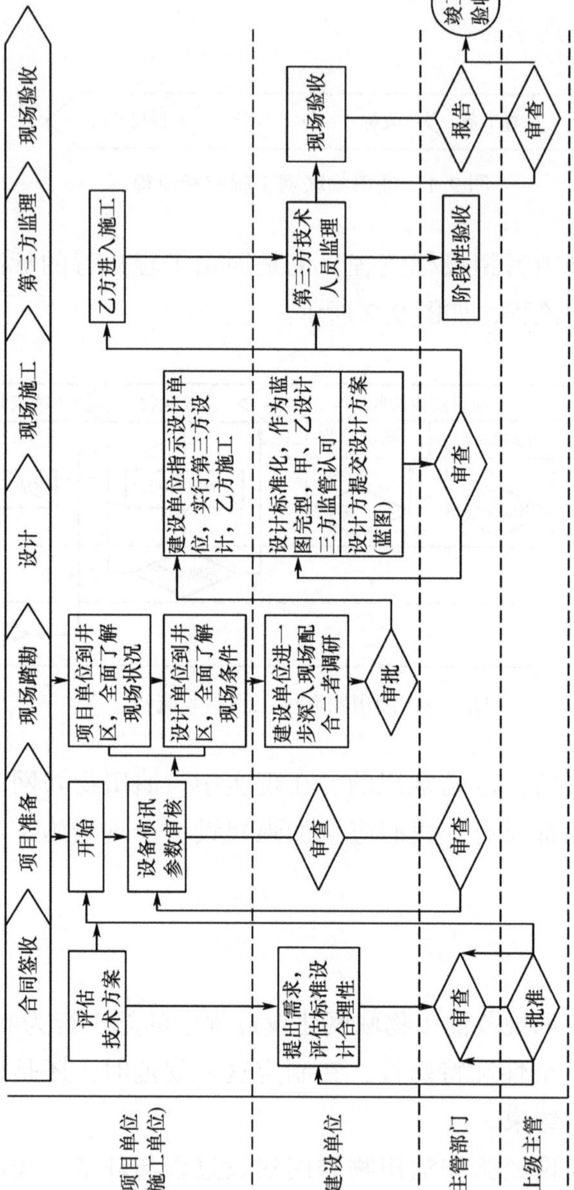

图9.3 油田物联网建设过程流程图

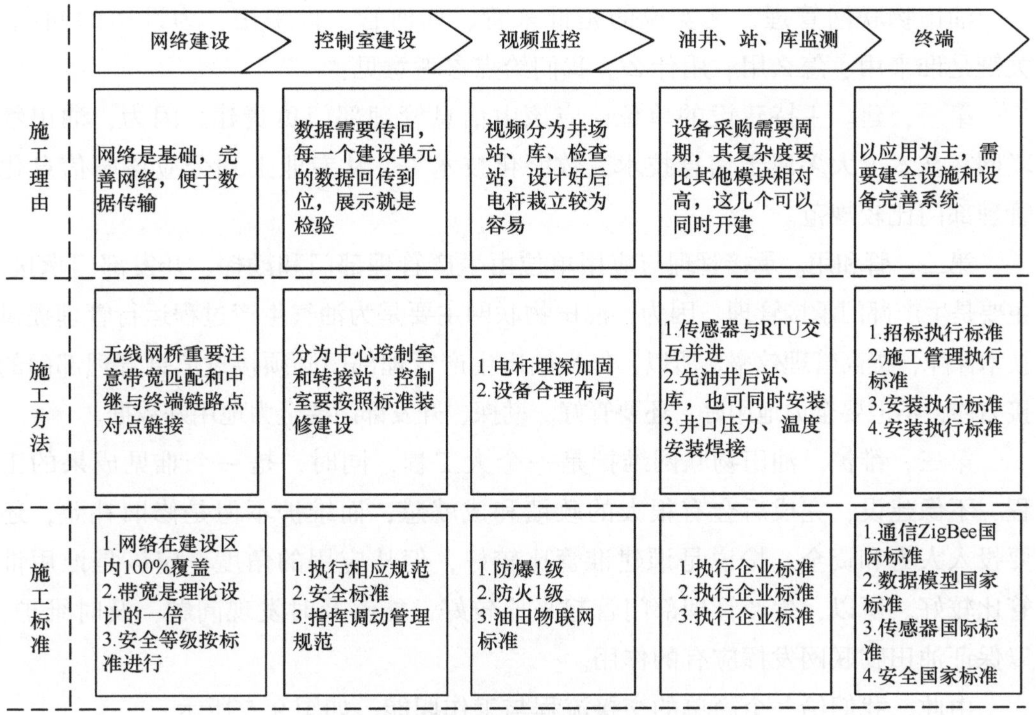

图 9.4 油田物联网施工规范流程

建立流程的主要目的有两条：

第一是规范油田物联网施工过程，先做什么，后做什么，会比较科学，这种流程是通用的过程，特别是倡导了第三方设计的思想，用蓝图约束。主张不可随意更改，随意增减，因为随意更改会导致整个系统不合理、冗余或者缺陷。

第二是由于现场的复杂性，很难建立量化指标的标准。但是通过流程，还是可以逐渐地建立标准，目前只是定性地提出了一些思想性的标准。通过这一个过程，相信在未来还是会有一个定量的标准参数的。

3. 油田物联网管理规范

管理其实是个大问题，这不仅仅出现在油田物联网上，在整个油田企业数字油田建设与应用中管理都是个大问题。油田物联网管理是指油田物联网建、管、用、维护一体化。因为，对油田物联网建设，大家的积极性还是比较高的，在建过程也有相应的部门按照油田企业的一般工程正常管理。但是现在最重要的问题是建起来却不管、不用，不愿投资维护。

油田物联网管理，其实说的是谁来管、如何管、谁来用、为谁用的问题，关键是谁来用、怎么用、用什么。我们给点参考意见：

第一，建。主持建设的单位，应该由信息管理部门负责建。因为，油田物联网在技术上大多属于信息技术、数字化技术等，从专业上划分应该归信息化管理部门比较规范。

第二，管和用。承接管理与应用单位由生产管理部门和勘探、开发部门承接，主要是生产部门承接管理。因为，油田物联网主要是为油气生产过程运行管理提供技术保障，提高管理效率。所以，作为油田生产管理部门必须接过信息管理部门的接力棒，不但要全力地用好，还要管好。勘探、开发部门要全力地用好数据。

第三，维护。油田物联网维护是一个大工程，同时，是一个难见成果的工程，不像建设，完成后会有很大的政绩和成就感，而维护不但是修旧补差，还要投入人力和资金。按说是谁建谁管比较好，但从应用的角度，应该是谁用谁管比较好。所以，生产管理部门管起来比较好，能够及时发现问题，及时维护，以保证油田物联网发挥应有的作用。

由此，我们给一个简单的交接流程与工作职能，如图 9.5 所示。

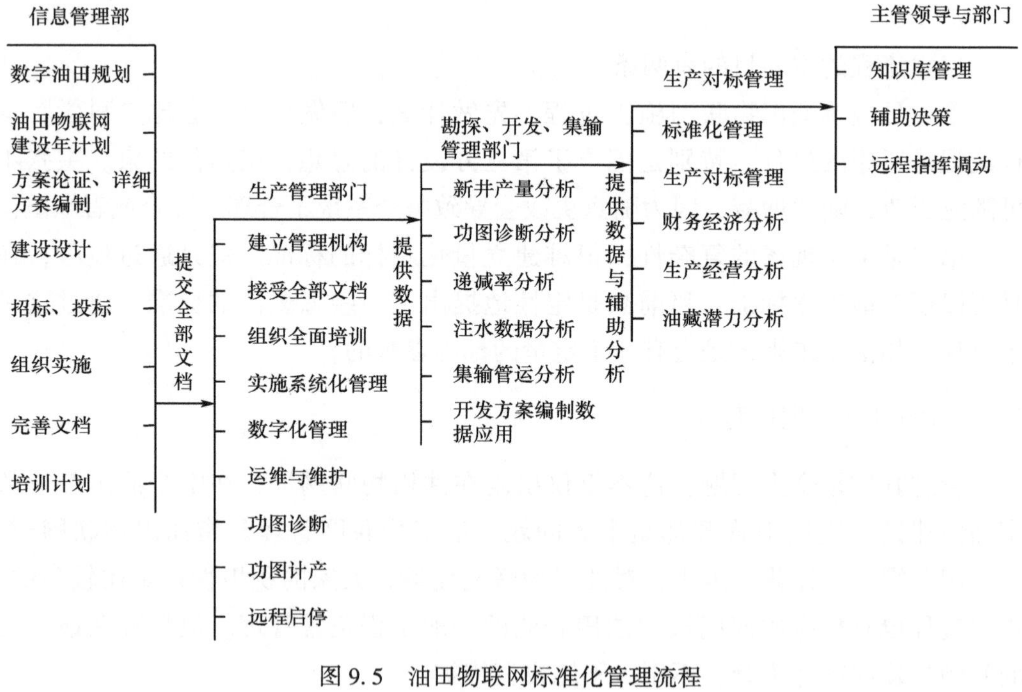

图 9.5　油田物联网标准化管理流程

图 9.5 所表达的内容是油田物联网从建设到维护的业务部门关系与主要职能关系流程图。有的油田将设备归为设备部门，实施独立采购管理，这样也可以，但是，要体现建设了就要建好、建好了就要用好的原则，实现多部门协调管理比较好。

9.3　油田物联网建设的标准

油田物联网建设分为五大模块，即数据采集模块、数据传输模块、数据存储与管理模块、数据应用与安全模块和软件模块。每一个模块都有相应的技术标准，这些标准应该由相关标准化部门建设。但是，在没有建立之前，我们为了减少混乱，现给出一些标准供参考。

9.3.1　油田物联网建设模式标准

油田物联网建设具有八个基本模式，如果按照每一个模式建设标准，相对比较复杂，也很难得到执行，我们提出以控制为中心的建设标准或者可执行的规范，如图 9.6 所示。

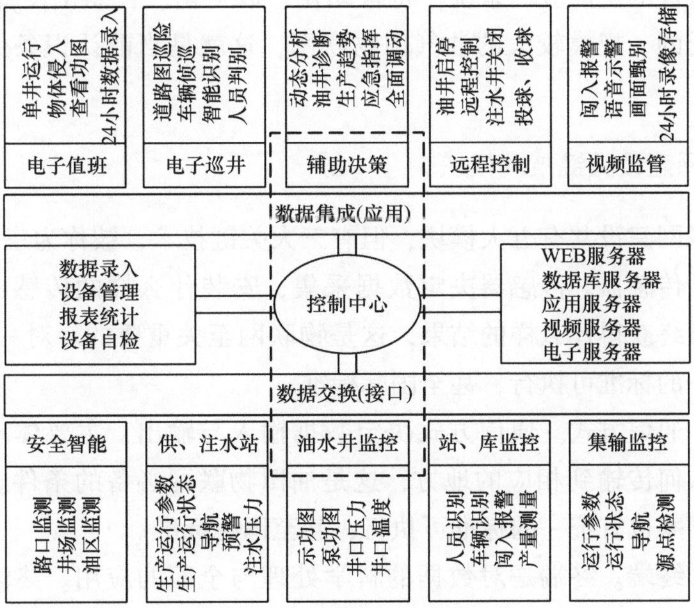

图 9.6　油田物联网标准全模式

图9.6是以控制为中心的油田物联网全模式，在数据交换（接口）下的部分属于物联网数据采集主体，这部分给出了数据采集的全模式，即给出一个油田物联网在建设时至少应该做到标准采集参数，体现的是传感器技术在油田生产过程中的应用。在数据集成（应用）下的部分属于油田物联网数据应用主体，这部分给出了数据输入与输出的全模式，即给出了油田物联网数据建设应包含的设备项和数据项，体现了数据在控制中心管理与应用输出的方式。控制中心左侧为数据录入与管理的功能，控制中心右侧是需要配置的基本服务器。在数据集成（应用）以上部分，给出了数据应用的基本功能与方向，即油田物联网应用至少应包含的基本内容和功能，体现了油田物联网建设数据应用的广泛性。

对于这样一个模式规范，各个油田企业在建设时不一定全选，要考虑到自己的生产实际和需求来选建设项目和内容，以免造成不必要的浪费。但是作为标准，应该严格遵照执行。

9.3.2 油田物联网模块标准模型

随着人们对物联网认识程度的提高，在油田凡具有传感器采集数据，凡具有无线通信条件的生产应用系统，将自动化、数字化、智能化设备整合、集成，形成一个广泛的、规模较大的油气田物联网，这就是当前认识条件下的油气田物联网建设。

1. 油田物联网建设关键技术模块

油田物联网建设共有五大模块，但有三大关键技术，被称为三大模块。

模块一：传感器。传感器决定数据采集，安装什么样的传感器，采集什么样的数据，最终获得什么样的结果，这是物联网至关重要的。对一般的传感器，国家都有统一的标准可执行，甚至国际标准。

模块二：通信方式。通信方式决定数据输入与输出，主要体现在传感器所采集的数据如何传输到相应的地方，这是油田物联网必备的条件。对于一般的通信接口，国家也有统一的标准可执行，甚至国际标准。

模块三：终端。终端是对数据的科学处理与全面的应用。终端主要体现在数据平台的应用，这是油田生产物联网最为重要的模块，必须建设一个良好的终端系统和软件平台。这一点国际没有标准，或者说只有部分标准，很多需要建立新的标准。

将这三个模块与标准建立一个模型，如图 9.7 所示。

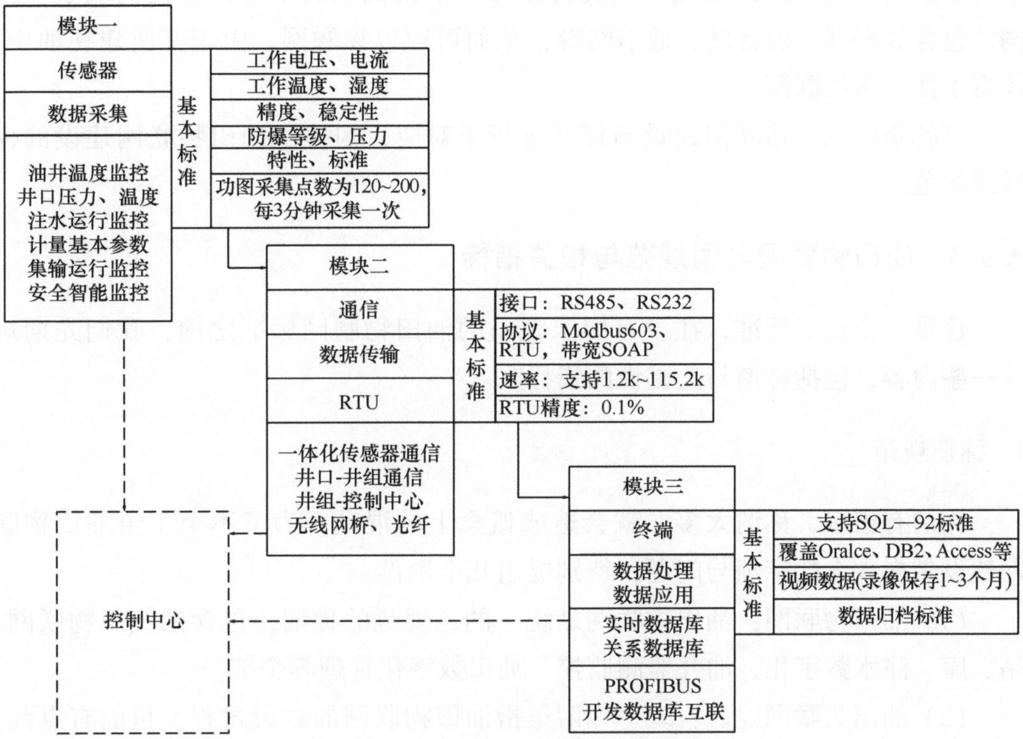

图 9.7　油田物联网模块与标准模型

图 9.7 反映的是油田物联网建设中的三个重要关键技术，构成了三个关键模块，这三个模块在数字油田中反映的是数据流向与过程，也说明了油田物联网具有的三个基本点。

2. 油田物联网三个技术基本点

第一个基本点，传感器数据采集。因为有了传感器，才引入了物联网的范畴，传感器具有至关重要的地位，没有传感器，就无法采集数据。在这个基本点上，已经有标准可依，这就是传感器的国家标准（也有国际标准）。

第二个基本点，传感器数据采用无线传输，还有有线的方式传输，除了传到井口 RTU、井组 RTU 外，还有 RTU 的数据传到更远的控制中心，数据传输的通信方式就引入了通信协议等。

第三个基本点，网络。由于传感器分布在井区的各个地方，最终都要将每个传感器所采集的数据通过一定的传输方式汇聚到控制中心，这就构成了一个网。包含数据网、设备网、通信网等，从而可冠以物联网。由于其所建在油田，才有了油气田物联网。

这就是将油田物联网建设与标准进行了对应，构建了油田物联网建设的标准或规范。

9.3.3 油田物联网名词规范与相关指标

这是一个重要标准，在没有国家统一的油田物联网标准之前，我们先期规范一些内容，包括称谓与关键性的指标。

1. 称谓规范

称谓有很多，称谓太多，就会造成概念上的混乱，为了不至于给油田物联网建设带来太大的麻烦与问题，特别提出几个示例。

（1）油田物联网：油田物联网是统一的、规范的称谓，包含油气田物联网、站、库、注水数字化，油井监测监控，油田数字化管理等全部。

（2）油田物联网建设：统一称谓是指油田物联网的建设过程。目前有点乱，如数字井场建设、油田数字化管理建设、油田地面数字化工程建设，甚至被人们误认为数字油田建设，这些都是不正确的称谓，今后一律统称为油田物联网建设。

（3）油田物联网不等于智能化油田，油田物联网是数字油田重要的组成部分，油田物联网具有很大的智能控制功能，智能化是油田物联网的重要内容与组成部分，因此不是智能油田。

对于油田物联网的各种称谓还有很多，远程启停、远程柔启、停等，这里仅举几个典型的例子供大家参考。

2. 油田物联网相关指标

标准不能太烦琐、太多，太多了反而相互牵制不好落实，无法应用。在目前，在油田物联网建设中，必须要规范并统一几个重要指标，例如：

高寒：是指-40℃以下环境区域。主要针对高寒地带传感器所能承受的最冷天气，并能稳定地工作。

高热：是指+60℃以上环境区域。主要针对高热地带传感器所能承受的最热天气，并能稳定地工作。

高湿：是指相对湿度70%～80%及以上。主要针对潮湿地带传感器所能承受的最湿气候，及稳定地工作。

精度：是指0.1%精度传感器。主要针对传感器的精度，对数据采集的高精度要求。

校正期年：2年或5000次，主要针对传感器的稳定性，指传感器在一定的时间范围内稳定地工作到一定时间段后，就会出现漂移、不稳，使精度不够。因此，必须要校正的期限。

功图计产：5%以内为高精度，5%～10%为中精度，10%以上为低精度。

对数据传输中的通信标准也很重要，同样也要建立国家标准没有的油田物联网需要的标准。在当前油田物联网通信中的标准接口都是执行国家标准：RS485和RS232，在协议方面，执行MODBUS和SOAP等，对于油田物联网应该规定速率和带宽。

速率对于数据传输很重要，在不同的条件下有不同的要求，给定一个最小的速率和最大速率，这样由各企业来选择，然后进行配量。带宽对于后台显示效果很重要，同时也是一个综合考虑的问题。一般油田物联网中都带有视频监控系统，现在的图像要求越来越高，同时还要求本地录像、异地录像。再加上远程启、停、电子巡井等，网络很繁忙。往往按照理论带宽计算配置，最终效果都不是很好。对于通信速率和带宽要给一个最大通信量带宽标准和最小带宽标准。

对于终端，目前只能对数据库做规定，支持SQL—92标准，覆盖Orcale、DB2、Access等都是必要的。这块目前没有国家统一标准，应该加强建设，应规定数据消费标准和报废标准。因有些数据是具有时段效应的，如视频监控数据，既大且多。数据在多长时间报废（散掉），以免占据大量的存储空间和资源，要做出具体的规范。还有就是重要的数据归档标准，如油井产量数据、功图数据如何归档，进入其他相应库的标准。

所以，作为物联网建立标准，关注度应放在国家标准没有的部分和适应于油田企业特殊区域建设上的部分建立。于是，我们针对这一油田物联网的基本模式，制定一些相应的成果规范（表9.2）。

表9.2 油田物联网作用与使用规范

	油气井监测	供、注水井监测	站、库监测	集输监测	远程控制	视频监控
主要作用	测试示功图 测试泵功图 产量标定、计产 测井口压力、温度 动态分析、诊断	生产运行参数测量 生产运行状态监控 注水流量管理 导航、预警	计量测量管理 人员识别 车辆识别 闯入报警	集输运行参数 监控运行状态 端点动态管理 导航、预警	油井远程启停 投球控制 电子巡井 电子值班	井区、井场监控 井区、井场报警 路口、检查站监控 录像识别
使用部门	生产部门 开发部门 勘探部门 销售部门	生产部门 开发部门 管理部门	生产部门 集输销售	生产部门 销售部门 集输管理	生产部门 开发部门 企业主管	生产部门 开发部门 集输管理部门
使用规范	功图误差率<5% 计产误差率5%~10% 设岗让各专业科室有专人每天看报表、动态分析指导生产与作业，无岗缺人在年终考核扣分或一票否决	生产运行参数误差率<5% 设岗专人每天看报表，坚持观察生产运行状态、导航、预警。无岗无人考核扣分或一票否决	人员识别误差率<5% 车辆识别误差率<10% 闯入报警误差率<5% 设专人监管，无岗无人考核扣分或一票否决	运行参数误差率<5% 漏点检测误差率<5% 设专人监管运行状态，看报表，指挥作业，无岗无人考核扣分或一票否决	启、停准确率100% 柔性启停（烧电机）率为0 其他事故率为0 设专人专岗每天监管电子值勤，电子巡井，无岗无人考核扣分或一票否决	图像清晰，镜头无尖堵封盖，误差率<5% 本地录像+异地录像，30天存储，自动清除30天前录像，设专人全天监管、维护

表9.2是我们根据多年实践经验提出的一个参考标准。这一规范主要在于让油田企业建设油田物联网中参照执行，达到建设的目的。因为，建设就是为了使用，不用就是一种浪费和不负责任。但各家对于成果表中宣传和表达的不一致，使得大家对油田物联网产生怀疑。不知道谁是正确的，谁说的是准确的。如果有一种规范，可以约束厂家的夸大宣传，也有了验收的标准。

在这里除提出了一些指标参数，还强调了在什么岗位设立专人专岗，每天都在查看什么，监管什么。这样让物联网技术发挥作用，确实能够帮助提高生产效率和工作水平。

同时对功图误差率、各种参数误差率都提出了明确的指标，有些指标设定不一定准确，但是必须要有，没有就对建设单位和施工单位没有标准。只有这样，才能对多方加强约束，提高建设与使用的水平。

9.4 小　结

本章主要叙述了油田物联网建设的标准化问题。油田物联网从建设到管理、维护是一个系统。建设需要标准，管理更需要标准。

（1）标准化是指在经济、技术、科学及管理等社会实践中，对重复性事物和概念通过制定、发布和实施标准，达到统一，以获得最佳秩序和社会效益的目的。其实，标准化就是为了达到某项活动在重复的活动中实现统一。

（2）油田物联网标准化是指关于油田物联网建设、管理与维护等的规范与统一。油田物联网标准化体系就是在国家标准体系内按照标准规范建立和形成的一整套油气田物联网的标准，并构成油田物联网的标准体系。这一标准应包含油气田物联网数据采集标准、数据标准、数据处理标准、专业应用标准、安装调试、通信传输与网络标准和维护标准等。

（3）油田物联网需要有一个基本的标准模式。这就是指油田物联网在物联网理念下集成了所有的信息技术、数字技术、传感器技术和通信技术等，整合了自动化、数字化、信息化、智能化的设备与技术，完成数据的采集、数据的传输、数据的管理和数据的应用，从而构成了一个油田物联网建设的范式。

第 10 章　油田物联网管理平台

油田物联网平台是油田物联网建设的重要组成部分，因为，油田物联网是由很多系统组成的，如果没有一个总的平台集成，将会出现很多信息孤岛。

10.1　油田物联网平台概念

10.1.1　平台的由来与一般性概念

平台，这个词在我国现代汉语大词典中是查不到的，而且在更加古老的词典中也不会有。但是，只要我们在网上任何一个搜索网站搜索，将会有数万条或者更多的平台词条出现，这就证明平台是近年来创造出来的一个新词，而且使用非常频繁。

如果我们非要在汉语词典中寻找其出处，那么，就会找到与其相近的表述，说表面没有高低凹凸，不倾斜称为平，平而高的建筑物，便于在上面远望，称台，而平与台组合后称平台。这个词在我们日常生活中频繁出现，如高地有个平台，可以晾晒谷物；还有，如前面有一个平台可以搭建戏园子等。在市场经济和信息全球化的当下，人们常说“搭建一个平台”，发展经济，合作共赢等，更是常见。

随着信息技术的快速发展，各种系统建设层出不穷，在信息技术发展的初期，当系统还不是很多的时候，将几个系统放在一起叫集成。这时的系统与系统之间相互独立或者相互之间联系不是很紧密，可以独立运行。当系统越来越多，结构越来越复杂的时候，就要对这些系统进行必要的管理，其中计算机就是一个典型的系统集成器或者平台。计算机不仅有硬件，还有软件，要很好地管理计算机，就需要这样一个多系统协同工作的平台，就是用操作系统来完成管理。

在计算机中的操作系统，主要是对计算机硬件资源的管理和保证软件程序的有序运行。操作系统是计算机系统中的关键部分，其主要负责管理与配置内存，决定系统资源供需的优先次序，控制输入与输出设备，操作网络与管理文件系统等基本任务。

一个操作系统至少包括四个部分。

(1) 驱动程序。这是最低层，是直接控制和监视各类硬件的部分，它的职责是隐藏硬件的具体细节，并向其他部分提供一个抽象的、通用的接口。

(2) 内核。内核通常运行在最高特权级，负责提供基础性、结构性的功能。

(3) 接口库。接口库是一系列的特殊程序库，其职责在于把系统所提供的基本服务包装成应用程序所能使用的编程接口（API），是最靠近应用程序的部分。

(4) 外围。外围是指操作系统中除以上三类以外的所有其他部分，通常是用于提供特定高级服务的部件。

由此可见，一个典型的平台就是一个能够集成各类系统，包括硬件系统和软件系统，形成一个能统筹管理，协同一致的环境与条件，并提供满足人们协调运作和充分展示的机制。从而也赋予了平台深刻的内涵与广泛的外延。

10.1.2 数据管理平台的概念

在现实的生活中，除了计算机是一个小小的信息集成平台外，在数字化时代，数据也可以集成，形成数据管理平台。我们知道，数据是用物理符号记录的可鉴别、可转化的信息。一般物理符号包括数字、文字、图形、声音及其他特殊符号，数据的多种表现形式都可经过数字化存入计算机。

1. 数据管理的概念

数据管理有狭义管理与广义管理。广义管理在前面有专门的章节论述，这里说的是狭义的数据管理，即数据的组织、存储、维护、检索、传送等操作，称数据管理。数据管理先后经历过人工记录、档案管理和数据库管理的过程。人工管理、档案管理都有很大的缺陷，数据库管理克服了档案管理的不足而产生了相对好的一个数据管理技术，就是存储在计算机（服务器）内的、有组织的、统一管理的相关数据的集合，这一集合就是一个平台。

数据库里面的系统组织数据，以多级模式反映数据库数据的结构，由管理系统实现转换式映射，使数据可为多个用户所共享，且具有较小的冗余度，数据间的联系紧密又有较高的数据独立性。数据库管理是需要数据库管理系统来完成的。

2. 数据库管理的概念

数据库管理系统（database management system，DBMS）是位于用户与操作系统之间的一层数据管理软件。它包括数据库的建立、查询、更新及各种数据控制功能，为用户或应用程序提供访问数据库的方法。数据库管理系统按数据模型分为：层次型、网状型、关系型、对象型和对象—关系型等。其主要功能如下。

（1）定义数据库。数据库管理系统提供模式，即描述数据库概念模式的数据定义语言及其编译程序，并通过其定义数据的三级结构、二级映射，以及定义数据的完整性约束及保真性等约束。

（2）数据库的操作功能。数据库管理系统提供数据操作语言和数据操作语言的编译程序或解释程序，实现对数据的操作。基本的数据操作有检索、查询、更新，包括插入、删除、修改等。

（3）数据库的保护功能。包括数据库的恢复、数据库的并发控制，以及数据库的完整性控制和数据库的安全性控制等。

（4）数据库的维护功能。包括数据库的数据载入、转换、转储，以及数据库的改组和性能监测等。

（5）数据字典。数据字典是指存放三级结构定义的数据库，是指对数据库操作时需要通过数据字典来完成。

目前油田企业大多使用 Oracle 数据库，由于其提供了可融合中间件及形成新一代的企业应用架构和网格计算，SOA（面向对象）和企业信息架构等更是有广泛的适用性。

由于数据库是与企业的各项应用有关的全部数据的集合，不但包括硬件、软件，还包括数据管理系统等的组成，因此，我们也可以视其为一个平台。

3. 管理信息系统平台的概念

早在 20 世纪 60 年代或 70 年代，在欧美曾兴起过管理信息系统（management

information systems，MIS），这是一个具有高度复杂性、多元性和综合性的技术。其以人为主导，全面使用现代计算机技术、网络通信技术、数据库技术及管理科学、运筹学与控制论、统计学、模型和各种最优化技术，进行数据的采集、数据传输、数据处理、数据存储和数据应用的综合集成，形成了以信息为核心的人机系统。其概念结构为如图 10.1 所示。

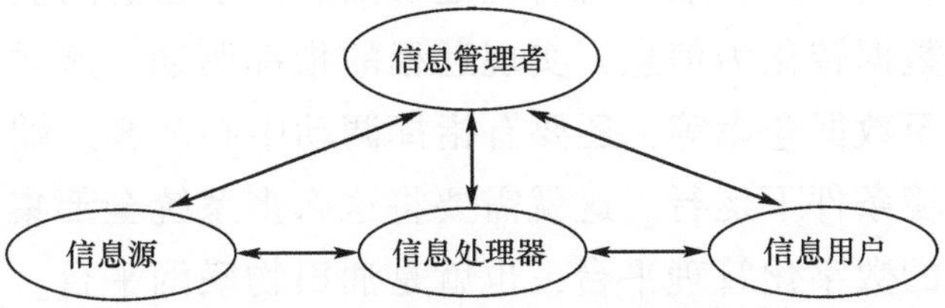

图 10.1　管理信息系统概念结构

从概念中看，MIS 由信息源、信息处理、信息用户和信息管理者四部分组成，从而构成一个真正意义上的人机交互平台。信息源是 MIS 的数据源，主要来自生产过程采集的数据，在油田物联网中就是由各种传感器采集的数据。信息处理其实就是对数据的处理过程，包括数据的传输、数据的加工、存储与为各类工程技术人员提供数据等，也就是为信息用户进行数据、信息共享，或者对数据处理后为决策者提供管理决策的信息服务等。信息管理者则是负责管理信息系统的分析、设计、实现、运行维护和协调工作等的机制与人。

由此可见，MIS 也是一个信息管理的平台。

10.1.3　油田物联网平台概念

1. 油田物联网平台概念

我们有了计算机系统平台、数据管理平台、MIS 平台等，但是，这还远远不能满足信息化发展的需要。信息化、数字化的发展产生了大量的数据和应用系统，数据中心机房一再扩大建筑面积、增加服务器，同时各个系统还要在以太网上运行，这对数据管理和系统运行带来了很大的压力和技术问题。这样就需要一个更大的平台来处理与管理数据和信息。

油田物联网平台是指能够集中处理油田物联网数据的信息管理系统，包括数据采集、数据组织、数据存储、数据提取和应用等。目前在我国，油田物联网正在研究、建设的成熟与完善，油田物联网平台也会更加的完善。

2. 油田物联网综合平台

我们以油田井场监测监控为例，在井场安装各种传感器，对抽油机、油井、输油管的监测监控，以及井场视频监控等，这些技术都是为油田安全生产和油气生产统一调动，实现远程数字化管理建设的。由于在监测监控中要采集大量的数据，还要将数据转化为信息，实现远程的指挥调动，这样不但需要有传输系统，数据库甚至数据仓库等，还要有指挥调动中心及客户端各种管理系统等来实现在一个环境条件下运行。这就需要将这么多系统全部集成在一起，形成一个真正意义上的数字化管理平台，也就是油田物联网平台。一个最为简单的综合平台模型如图 10.2 所示。

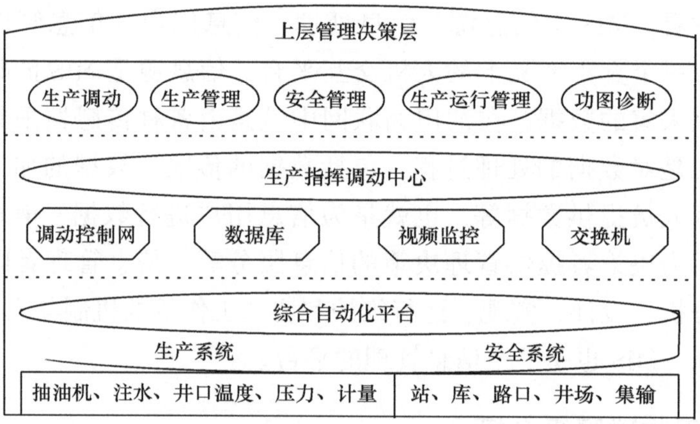

图 10.2　油田生产管理监测监控综合平台结构

图 10.2 是描述油田早期的单井监测监控系统的基本结构，其实这是一个独立的系统。随着网络技术的发展，油田企业将管理中心大都落在集输站、联合站或者生产大队、区队等生活服务区。就是以这些单元为一个控制中心，辐射与覆盖这个单元所辖的管理范围内的全部数字化系统，包括硬件设备和软件系统。这就为油田监测监控系统形成一个统一的集成提供了条件，一般在一个联合站就可以集成周边多个区块的系统，构成一个指挥调动中心，从而为形成一个以采油厂或油田公司为中心的综合平台提供了条件。

在这个平台中包含很多的系统，如油井监测监控系统，数据库、网络、生产调动指挥系统及其数据管理和信息应用系统。这是目前还在发展中的油田物联网初级平台。在这个平台的建设上还有很多的问题，需要人们加大研究力度，加以改进和提高。

所以，系统多了，就需要对其进行统一管理，平台就是一个最好的技术与方法。

3. 平台的意义

不难看出，“平台”一词就是一个新词，从而给人们这样一个道理，词汇的创造源于生活，生活来源于社会进步，社会进步给一般寓意的词汇赋予了新的语义。平台就是这样从无到有，从一般生活意义到社会意义的词汇，演变成了高科技的技术。

由此我们可以给平台一个定义：数据（信息）管理平台是指能够集成相对多，且具有关联的数据或者信息管理系统的管理机制，简称为平台。而将油田物联网建设中的全部硬件系统、软件系统通过一定的关联机制集成的统一的、标准化的系统称油田物联网平台。

10.2　油田物联网管理平台建设

10.2.1　油田物联网平台建设的意义

油田物联网平台建设的本质内涵是什么？这在当前很多文献以及现实中都没有得到很好地解决与答复。

油田物联网平台是油田物联网建设中的一个重要组成部分，也是一个非常关键的部分。如果我们按照油田物联网平台的定义，油田物联网平台其实就是一个管理操作系统或者管理信息系统，其实质就是一个数字化的管理与实现。因此，油田物联网平台所表现的基本思想是：

(1) 油田物联网的形式是数字化管理，也就是数字化管理是油田物联网建设的本质内涵。油田物联网建设是一个过程，这个过程是将各种传感器安装在油田设备上，实现对数据的采集，数据又是油田物联网的内核。但是，油田物联网正是通过数据的采集处理与转化后，利用数字而管理油田生产的过程。

（2）数字化管理的内核是“让数字说话，听数字指挥”，这是对数字化管理的一个高度概括，这说明在油田物联网的数字化管理过程始终是量化管理，是“让数字说话，听数字指挥”的过程。

（3）油田物联网的数字化管理要“让数字说话，听数字指挥”，需要一个机制来完成。“让数字说话，听数字指挥”就要搭建一个平台，这个平台就是油田物联网的管理系统。

油田物联网管理平台集成了生产管理自动化系统，自动化系统的信息化与自动化系统信息化的管理过程。自动化、信息化、管理数字化三者之间相互联系、互为关系、相互促进。其内部运行关系是自动化要运行于工业控制网络之中，这本身可以自成体系。但是，工业控制的自动化数据需要远程传输，这就构成了通信与信息网络，这个网络需要互联互通，集成度高。而沟通工控网与信息网的桥梁是路由或网关。同时数字化又通过网关实现信息网和工控网在可控条件下的单向或双向流通。这些所有的过程都要在一个平台中有机地实现。因此，油田物联网的平台是油田物联网的中心与灵魂。

所以，在油田物联网建设中，油田物联网管理平台需要下很大功夫。在一般的建设中往往只重视前端的传感器和网络甚至视频监控，对油田物联网的管理平台所花费的精力并不大，投资也小，这种建设未来将会出现问题。

其实，平台就是一个巨大的系统，一定要按照系统工程思想来完成建设。

10.2.2 油田物联网管理平台建设的策略

政策和策略是非常重要的战略决策的手段与方法。在某种程度上说，政策和策略是决定能否建设一个成功的管理平台的关键。当然，建设油田物联网管理平台最重要的前提条件是要有油田物联网建设工程，这个工程是“一把手”工程，也就是能够得到“一把手”的高度重视与支持，同时要有一个坚强的领导核心或组织机构。也就是无论是谁来主持完成油田物联网的建设，都要将这个工程当做头等重要的工程来抓，要建成一流的、高质量、高水平的高科技工程。除此之外，要坚持如下几个重要策略。

首先，要具有做好顶层设计的策略。顶层设计，是一个工程学术语，其基本含义是统筹考虑项目层次和各要素及其关系，追根溯源，统揽全局，在最高层次上寻求问题的根源。

从技术角度上讲，顶层设计是自顶向下的一种设计方法，就是自高端向低端展开，其核心理念与目标都来自顶层。因此，顶层决定底层，高端决定底端，在设计过程中一定要遵循整体关联性。顶层设计强调设计对象内容的要素之间一定要围绕核心理念和顶层目标而形成关联与匹配，达到有机的结合与恰当的衔接。顶层设计的根本在于具有良好的可操作性，设计要求简明扼要，思路清晰，链接科学，不能拖泥带水，要具有连贯的操作与可实施性。

其次，是系统设计。系统设计是根据各自系统之间的逻辑关系而建立的物理模型。这是一个根据新系统逻辑功能的要求和系统的逻辑模型，首先考虑企业主营业务流程和数据流程，将系统分析说明书转换成计算机能够识别的解决方案，详细地确定信息系统的结构和具体实施方案的过程。设计应尽可能地提高系统的运行效率，以及可靠性、经济性、灵活性、安全性和简单性等。

系统设计的概念，一定不要理解为我们平时所说的管理系统、计算机等这样的应用系统，而是系统科学思想指导下的系统工程方法。就是在油田物联网管理平台的设计中，要依照系统工程思想，保证油田物联网管理平台建设的科学与完整，做到“建设有系统，应用无系统”的无缝链接与有机结合。

在系统科学思想指导下的油田物联网平台设计，可分为总体设计和详细设计两个阶段，二者有先有后，同时也是交叉进行的过程。

总体设计的主要工作任务是对系统的合理划分，合理布局和确认。主要体现的是系统科学方法中的整体性思想，合理划分系统是根据应用的需要，确定建设多少个应用系统，包含多少个基础平台和系统支撑平台。合理布局是在系统工程方法论的指导下，进行模块化设计，确定模块结构和数量，并画出模块结构图，根据油田物联网管理平台的需要确定网格架构及完成设计。

详细设计的主要任务是技术范畴的设计，包括平台数据的输入、输出和数据、信息的运行通路及过程，数据信息处理与转化的接口技术，以及数据库与数据存储设计、代码设计、界面设计、安全运行设计等。

再次，坚持标准化的策略。建设数字油田，标准要先行，这是我们一贯倡导的一个理念和思想。油田物联网管理平台建设也一样，要坚持这一个原则和策略。

标准化是信息化建设过程中的一项长期的基础性工作。在任何一项工程建设中，都要做到对关于这个工程项目中所遇到的和牵扯到的国内外标准进行梳理、归纳、整理。在有效利用现有标准资源的基础上，本着建设标准化的工程方针，有计划、有步骤地建立一个联系紧密、相互协调、层次分明、构成合理、相互支持的适应需要的标准化体系。同时，在有条件和有能力的情况下，要弥补和建立新的标准。

油田物联网管理平台在目前条件只能执行信息化建设平台的一般性的标准。在没有严格意义的油田物联网管理平台的自身及独立的标准或规范条件下应执行信息资源规划（IRP）中的信息资源管理基础标准。企业在信息资源开发利用中的最基本的标准，主要体现在具体的数据模型之中，数据模型是解决数据信息混乱的基础，要真正实现企业内外信息的流动、信息的共享和信息的应用，需要面对的最基本、最重要的问题是要有良好的数据环境。

良好的数据环境正是需要通过建立良好的管理平台来实现。目前，在没有国家和企业统一的标准情况下，只有执行现有企业通行的信息资源管理基本标准，这个标准对数据定义和编码进行了统一，即数据元素标准和信息分类标准。目前只有执行这两类基础标准，才能在MIS的设计中保证MIS能够互联互通。

10.2.3 油田物联网管理平台建设方法

管理平台建设对于油田物联网建设特别重要，在很多企业大都将关注点放在物联网的现场工程的建设上，对后端的平台建设不是太关注。这主要因为大多油田建设没有达到规模化建设，如果要达到规模化建设，管理平台建设就显得尤为重要。目前只有长庆油田的平台较为大而全。

管理平台建设采用什么样的架构是十分重要的，目前，在没有新型的结构化数据模型和非结构化数据模型的管理平台标准的条件下，大都采用基于SOA架构建设。

1. 基于SOA架构平台分析

面向服务的体系结构（service-oriented architecture，SOA）是面向对象的构造分布式系统的架构，它将应用程序的不同功能单元（称为服务）通过这些服务之间定义良好的接口和契约联系起来，是一个组件模型。SOA执行的简单对象访问协议（SOAP，WSDL）是当前大家通用的协议标准，SOA在业务流程中执行语言（BPEL），SOA凭借其对松耦合特性的支撑，使用户可模块化方式来添加新服务器或更新服务器等。由于 SOA 具有这样一些特性与特点，被大家在信息资源平台建设中广泛地采用。

所谓松耦合特性，是指一般在 SOA 理念中，业务被划分为（组件化）一系列粗粒度的业务服务和业务流程，业务服务相对独立，自包含，可复用，由一个或多个分布的系统来实现，而业务流程由服务组装而来。因此，采用 SOA 国际标准的核心组件融合技术，可以解决的问题有：

(1) 基于可按需装配的原则，统一组件开发规范，提供统一风格的系列组件。

(2) 依据业务需求，实现动态组件装配机制，对于业务变更，可灵活、快速地实现组件重新装配。

(3) 支持开放的系统集成构架，除规范新系统的建设外，还需要实现现有系统的接入以及与外部系统的互动。

由于 SOA 具有这些特点，从而其形成的平台基本架构如图 10.3 所示。

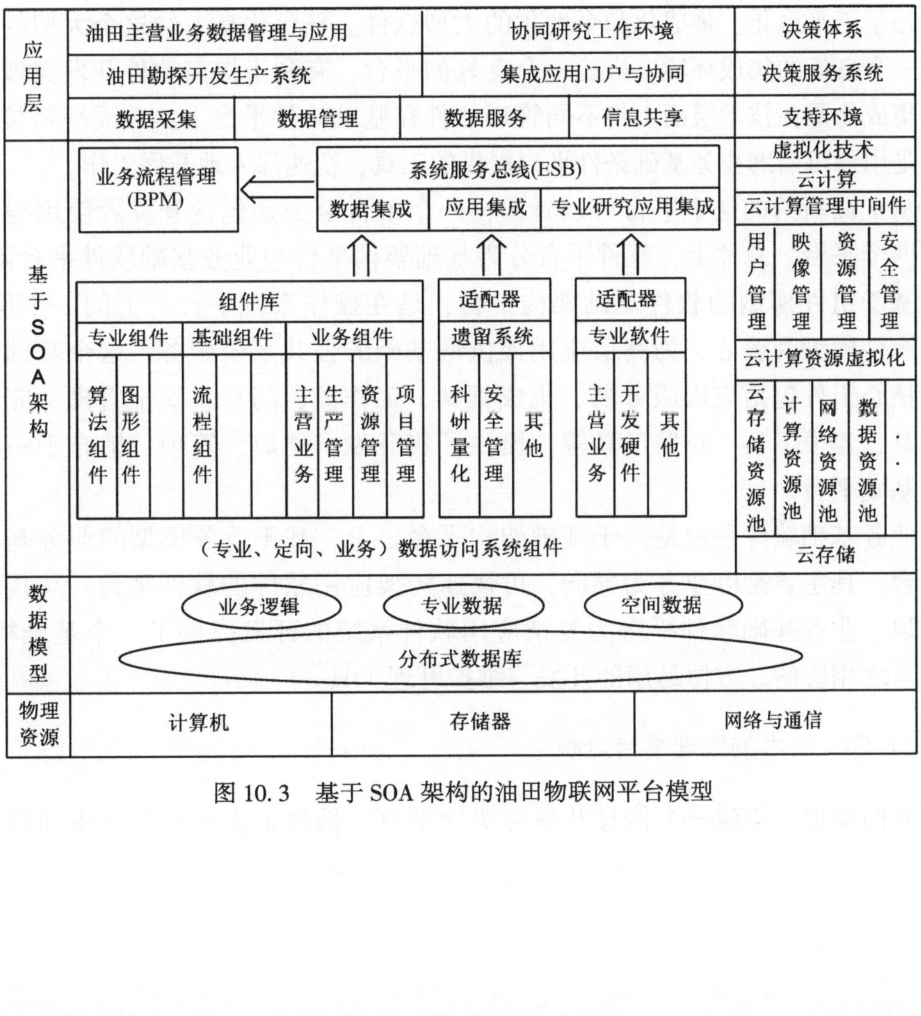

图 10.3　基于 SOA 架构的油田物联网平台模型

基于SOA架构的平台，其实是采用SOA作为中间件的技术，充分利用面向对象的商业建模技术，实现系统之间的松耦合，将系统之间有效整合，实现系统之间的协同。而基于SOA架构的软件系统，被称为SOA系统架构平台，但是，SOA系统架构平台也需要相关的软件产品辅助。构建SOA的具体步骤为：

(1) 规划和分析。首先要对现有系统进行评估，分析有多少系统要改造，规划将来的新系统，确定标准。这是因为将现有应用程序进行划分，划分为可重用的服务，然后需要将它们“编排”到灵活的业务流程中，这就是将业务和应用逻辑融合后进行的规划与分析。

(2) 选择工具和技术，设计建设的平台。

(3) 按SOA（由应用层、业务层和服务层组成）建模服务基本步骤进行开发和实施。首先要把各个系统中具有共性功能模块合为不同的服务模块，通过标准的协议和接口，再按不同的应用来调用服务模块，以组成应用系统。

管理平台其实就是一个对数据、信息与业务集成的管理软件，只是这个管理软件是基于平台化、集成化和个性化的大型软件。平台化是要给这个大型的管理软件一个良好的集成环境，搭建一个良好的平台，有利于提高软件开发实施的效率。集成化是在技术层面上将不同管理软件在基础软件平台上实现无缝链接。个性化是用户可借助业务基础条件平台提供的工具，快速深入地开展工作。

从上面所给的这个平台可以看出，一个平台至少要包含开发者使用与用户使用两个平台。总体上，软件平台分为基础架构平台与业务基础软件平台两种。一般基于组件模型的软件基础架构平台，是在操作系统平台之上的一个层次，它以组件模型为核心，为高层应用提供最基础的公共系统服务。这个基础软件平台核心组件包括应用服务器、集成框架、工作流、门户、安全管理、应用管理工具、建模工具、开发工具等，提供了集开发、集成、管理、扩充于一体的统一基础平台。

业务基础软件平台是位于基础架构平台之上，基于业务模型的业务基础软件平台，其主要是以业务为导向，可快速构架应用软件的软件平台。从技术角度上说，业务基础软件平台为复杂应用软件系统的开发提供了一个基础框架，以及与之相应的、方便易用的开发与维护管理工具。

2. 基于GIS技术的管理平台分析

我们知道，构建一个信息共享与协作平台，是将企业的所有应用和数据集成到一个管理平台上，整合各种信息资源，提供统一的用户界面，并做到需求信息传递及时，服务流程清晰，沟通渠道畅通。因此，必须做到这样几点：

(1) 在企业内不同的业务部门之间实现信息积累和共享，并能够实现各个部门业务协同工作。

(2) 通过企业信息门户获取企业内部和外部各种资料，向企业各管理部门提供所需内外部信息，为各种类型的用户（包括企业内部员工、合作伙伴、供应商和客户）提供个性化的信息搜索、访问和分析功能，为用户提供个性化的信息与应用服务。

(3) 将企业现有的数据和应用无缝地集成在一起，无需重新开发，并应保持原有的资源。

(4) 具有可扩展性。

(5) 通过提供的安全机制（包括认证、角色分配、用户的特权、用户操作监督等），保证数据的机密性及完整性，保障企业业务的正常运转。

(6) 支持远程协议，满足不同地域范围的实时办公需求，支持油田生产运行管理的远程指挥调动，支持油田物联网的远程控制。

这是一个信息管理平台必须应该具有的，也是必须要做到的几点。这样可以充分利用资源，降低成本，提高业务工作能力和品质，提升企业的竞争能力。而这样一个信息管理平台必须应该具备这样一些功能：

(1) 数据审核的功能。在平台上实现数据的优化更新，系统优化更新可使系统管理员从数据的日常更新中解脱出来。

(2) 能定制适合的工作模式。平台能根据不同的业务需求，以及不同的工作流程、工作特性、工作习惯，选择相应的一种或多种模板，以定制最适合自己的工作模式，以满足不同级别、不同范围的功能定制，并实现用户一经登录，便进入自己的工作环境。

(3) 展示与发布的功能。平台可以将内部信息和外部信息整合与展现，通过拖、拉、拽等操作将内部信息转化成对外发布与展示的信息。

(4) 访问的功能。通过统一的信息渠道，将内部和外部各种相对分散、独立的信息组成一个统一的整体，从统一的渠道访问其所需的信息，从而实现优化生产运行过程和提高生产力的目的。

(5) 数据处理功能。支持各种结构和非结构化的数据，能识别多种关系型和在线分析处理（OLAP）数据库的数据，并可搜索和处理各种格式文档的内容。

（6）集成软件的功能。集成不同地域各种应用软件和不同操作系统的数据，通过单一进入点，便可进行信息的浏览、交换、概括最新的数据，实时地对信息库自动更新。

（7）手机浏览功能。在赋过权限的条件下，可以在远程对相关权限范围内平台上的信息进行浏览和查阅。

（8）安全功能。通信与网络采用安全可靠的机制，使用户在任何时间地点都可以访问企业的信息和应用，提供不间断的服务，保证业务的正常开展与运行。

（9）三维可视化的展示与管理功能。

这是一个管理平台最基本应该具备的条件与功能。

根据企业信息化平台的基本作用与功能，根据油田物联网管理的需求，要建设油田物联网平台，也必须满足这些需求。因此，近年来，人们在根据油田生产运行的点多、线长与面广的特点，特别是油田区域内的地面设施多而复杂的情况，开始对设备信息的定位与移动管理的关注，便引入地理信息管理系统与三维可视化技术，建立基于三维 GIS 的油田物联网的综合管理平台。在这个综合管理平台中，至少应该包含五层（图 10.4）。

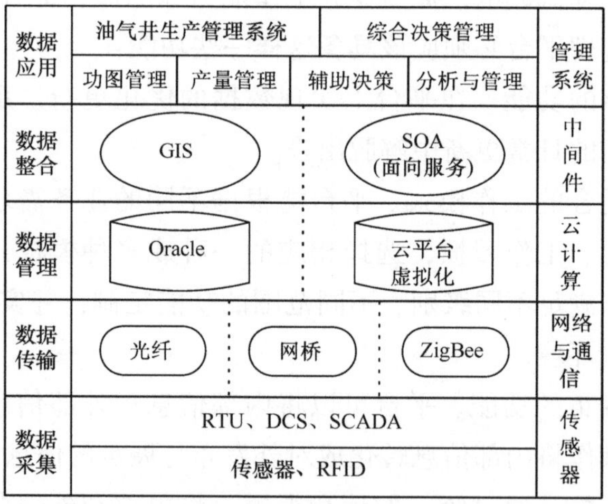

图 10.4　基于 GIS 技术的平台模型

基于 GIS 技术的油田物联网平台的优点如下。

（1）强大的 GIS 技术软件功能：可以做到油田生产管理与地理信息系统结合

的分析应用，这在一般的管理信息系统与平台中做不到。对于油田地域广、井区生产过程环节多、作业队伍多等现状，借助 GIS 技术可以将油田区域内的全部信息进行有效地管理和展示。

（2）基于 GIS 技术的三维可视化技术：在整体油田数字化建设中，可以实现全面的规划，主要是借助三维可视化技术，完成未来油田的地上地下一体化的构建，这在目前所有的管理信息系统中还做不到。

（3）GIS 具有很强大的功能：包括数据采集与编辑、属性数据编辑与分析、空间数据库管理、空间数据分析、拓扑空间查询、地学分析、叠置分析、空集合分析、缓冲区计算、地形分析和数字高程模型建立等。这些功能在油田物联网建设中，特别对信息、数据的管理都是非常需要的。因此，能够以 GIS 技术作为油田物联网平台建设的支撑技术，进行必要的二次开发，比基于 SOA 的优越得多。

（4）利用适时地理信息系统，可以接触移动通信技术和定位技术等，对油田灾害、环境的实时管理，具有很大优势。

基于三维 GIS 的技术的油田物联网平台是我们近几年来开发的重点，主要是基于地上地下一体化的思想，将地上、井孔、储层连成一个立体化的油田，做到“透明油田”，这是我们多年的追求，我们也正在不断地向前努力。

利用地上地下一体化的平台，除了可以完成地面三维可视化，集成油田地面的所有工程和路网、线网和管网之外，还可以集成油水井生产管理系统、油水井管理系统以及井位论证等生产与开发管理系统，成为一个真正强大而且面向三维可视化的管理平台。真正实现“让数字说话，用数字指挥”，唯有这一平台。

10.3 油田物联网管理典型平台分析

在我国，长庆油田的数字化管理建设开辟了数字油田建设的一个新方向，代表着油田数字化的一个新水平，也是油田物联网技术的开拓者，从而使长庆油田的数字化管理为数字油田建设增添了新的色彩。《数字油田在中国——理论、实践与发展》一书中给了很高的评价，定位为对数字油田的一个贡献。

长庆油田的数字化管理建设，其实就是当前的油田物联网建设，长庆油田也为油田物联网建设开启了一扇大门，也是为油田物联网的建设与发展做出了贡献。在油田物联网平台案例剖析中，我们就以长庆油田的“三端五系统三个辅助”为例。

10.3.1 “三端五系统三辅助”思想分析

长庆油田提出的“三端五系统三辅助”，是管理平台，还是建设工程思想，在很多人看来比较模糊。

长庆油田的“三端五系统三辅助”架构图如图 10.5 所示。

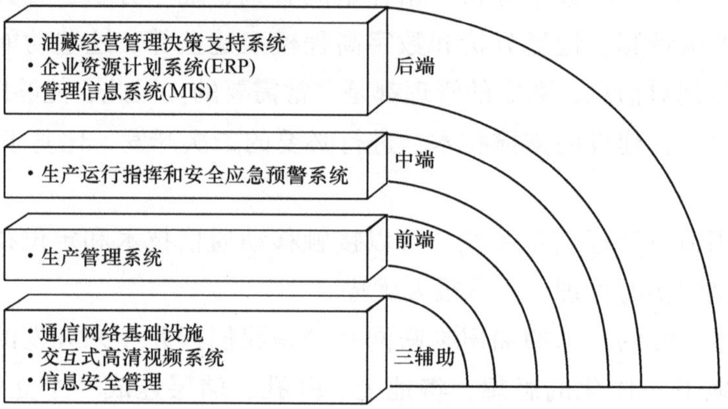

图 10.5　长庆油田“三端五系统三辅助”管理架构图（据冉新权、朱天寿，2011）

按照长庆油田对“三端五系统三辅助”的描述，不难看出，这是一个数字化管理建设的顶层设计。因为数字化管理建设也是一个巨大的系统工程，对于这样一个巨大的系统，牵扯的面广、学科多，技术含量高，若能在建设中把握得比较好，对其在建设过程中设计进行细化是非常必要的。

前端是指生产一线的数据采集单元或者数据采集建设项目，主要包括以基本生产单元过程控制为核心，以站（增压站、集合站、转油站、联合站、净化处理厂）为中心辐射到井，构成的基本生产单元。

显然，这是以站控为中心的数据采集过程，其中有数万口油气井安装传感器示功图数据采集，有增压撬、注水撬的数据采集，有输油、自动投球的装置以及站、库、井场的视频监控等数据采集。

中端是指对前端所采集数据的数据处理与数据的管理。它是以基本技术单元运行管理为核心，以联合站（净化厂/处理厂）为中心，辐射到站（转油站、集气站）和外输管线而构成的基本单元。

显然，这是一个数字化管理的过程，只不过是将这些运行管理进行了必要的划分，然后形成生产指挥调度、安全环保监控、应急抢险等生产过程管理。

后端是指研究与决策单元。按照长庆油田的描述，这是以油气藏研究为中心，辐射延伸到经营管理和决策支持，涵盖油气藏勘探、开发的效益评估、开发方案部署、经营和决策的过程管理等。

五大系统包含前端、中端、后端、经营管理及标准化体系，是生产过程管理与油田物联网数据的应用系统。主要包括生产管理系统（前端），生产运行指挥和安全应急预警系统（中端），油气藏经营管理决策支持系统（后端），以人事、财务、物资管理为核心的企业资源计划系统（ERP）；以及以标准化管理体系和企业内控为核心的管理信息系统（MIS）。而通信网络、交互式高清视频和信息安全管理系统为三个辅助进行了建设。

我们学习、研究长庆油田的数字化管理建设，按照油田物联网技术的模式衡量。基本做到了这样几点：

（1）在数字化管理建设中做到了顶层设计，长庆油田是按照数字油田的基本思想和理念完成设计和建设的。一个最基本的思想是让油气生产过程数字化，以改变油气生产运行过程的数字化管理，这是数字油田的基本理念与原理。因此，数字化管理是数字油田的组成部分。而长庆油田赋予了新的理念，这就是"让数字说话，用数字指挥"，这是一个智慧与创新。

（2）数字化管理建设是完全按照数字油田的基本原理进行的，虽然长庆油田并没有明确地表述。但是，整个操作过程都是依据数据采集、数据传输、数据处理、数据管理与数据应用的数字油田的基本原理进行的。因为，长庆油田的数字化管理的理念，就是要"让数字说话，用数字指挥"，没有数据，数字就不可能说话，也不可能指挥。这为数字油田的发展做出了很好的诠释。

（3）数字油田管理从技术层面上讲不能算作是一个平台，是油田物联网技术的一个建设过程，传感器、RFID、SCADA、DCS 都是数据采集和部分把数据转化后即成，成为独立的系统，如 SCADA。在管理应用方面开发出了相应的管理系统进行生产管理应用，只有后端相对来说具有管理平台的作用。按照长庆油田的建设与管理思想，油田数字化管理建设中数据、业务、信息和管理平台的关系如图 10.6 所示。

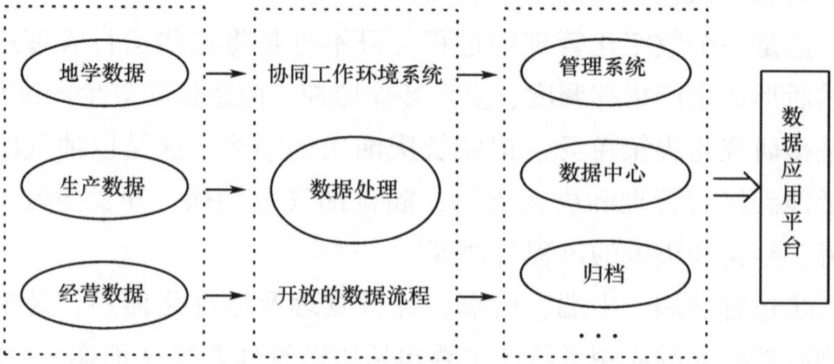

图 10.6 协同工作流程图（据冉新权、朱天寿，2011，有改动）

按照协同工作流程，在后端，其实就是一个真正意义上的管理平台。在这个平台上主要包含油气藏经营管理决策支持系统、企业资源计划系统（ERP）和管理信息系统（MIS）的应用。

在油藏研究中心协同工作平台中，又分为四个子平台，主要有协同工作基础平台、研究工作平台、决策支持平台和移动平台。其架构如图 10.7 所示。

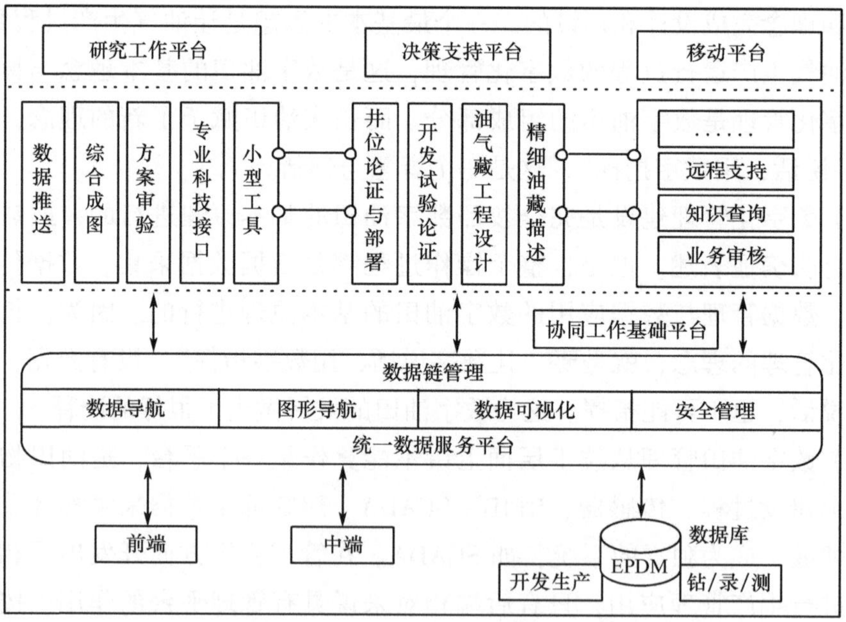

图 10.7 长庆油田后端数字化油藏研究平台（据冉新权、朱天寿，2011，有改动）

按照设计，数字化油气藏经营管理决策与支持系统以油气藏研究为主线，以业务为主导，围绕数据链，建立“以精细油气藏描述为核心，多学科系统研究，一体化综合决策”的油气藏研究工作平台，实现不同领域、多学科协同研究，不同层级科研机构异地协同工作，最终实现科研数据共享，为油气藏综合研究、油气藏勘探开发生产辅助决策提供支持。

根据这一段文字的描述和平台架构图的分析，在这个管理平台上试图完成如下几件事。

(1) 将油气田生产数据通过前端生产过程采集的油井生产数据和站、库、集输所产生的数据进入平台，这些数据作为油气藏研究数据重要来源之一。也就是说在油气藏研究中，有三个数据来源：一是前端油气田数字化管理中采集的生产数据；二是中端以技术单元运行管理应用为核心采集的数据；三是来自于中国石油天然气集团公司 A 系列的 EPDM 数据库数据，主要是开发数据和钻、录、测、固、试油试采、分析化验等数据。而数字化管理是油气藏研究中最重要的数据来源之一。

(2) 这个平台是“以精确油气藏描述为核心，多学科协同研究，一体化综合决策的研究工作平台”。就是说要将前端、中端和 EPDM 数据库中的数据进行综合应用，如何完成和达到前端、中端、EPDM 数据库中的数据有效、及时地提供给综合研究工作平台，协同工作基础平台非常重要。在这个平台中主要有四个功能，即数据导航、图形导航、数据可视化和安全管理。其中，数据导航和图形导航是关键。

(3) 这个平台建设的目的是“实现科研数据共享，为油气藏综合研究、油气勘探开发、生产辅助决策提供支持”，这也是这个平台的最终目的。而在决策平台中包含四项基本决策项：井位部署及论证、开发试验论证、油气藏工程设计和精细油藏描述。在这几项功能或者基本决策工作中，每个决策项都与油气田生产数据有着紧密的联系。而要完成生产数据快捷有效地导入，综合研究工作平台为此提供了支持。其中的数据推送是关键，只有采用应对技术，才可以送到相应的专业软件中应用。要完成这些数据的导入或者推送，专业软件接口又是一个关键，只有将前两者的问题解决了，才能实现综合成图、方案编制，为决策提供依据。

至于移动平台反映的几个功能，对于一个平台来说是最基本的功能，可以说是很有必要的工作任务。但都不是有太大难度的技术工作，因为只要解决了协同工作基础平台和综合研究工作平台到决策平台的问题，其余的技术问题都迎刃而解。

这是根据学习、研究后对此作出的一个简单而浅显的分析，目的是方便大家学习与借鉴。

10.3.2 油田数字化管理平台中间件分析

一个平台要很好地实现所有设计的功能，需要一个强大的技术体系做支持，根据分析，长庆油田的平台引入SOA中间件技术作为技术支撑，中间件是完成平台之间的连接与功能任务的桥梁。其主要任务是：

（1）数据整合。在这个平台中，最重要的工作任务是要完成前端、中端和EPDM数据库中的数据整合，这也是SOA的基本功能之一。它是采用将各专业数据库中数据采用统一映射的方式，统一映射为数据链可应用的数据单元来完成的。

（2）数据链管理。数据链管理的基本做法，是对数据的组织和数据共享机制的配置与管理。数据整合后将专业数据库统一映射为数据链可应用的数据单元，然后进行配置与管理。

（3）数据图形导航。基于SOA框架与数据链，建立数据视图，为各类数据应用提供接口。对专业图形、电子地图导航，主要采用与数据建立关联，通过界面提供数据应用的展示。

（4）安全管理。主要指系统用户管理与权限管理。

根据这些简单地分析后，发现这个平台中还是沿用了最传统的管理信息系统（MIS）的思想，其基本架构如图10.8所示：

一般来说，在传统的管理信息系统中，物理层主要包括网络和计算机等硬件，在数据管理中除了网络、通信技术外，前端的数据采集的硬件设备和装置，包括传感器、RFID和RTU等。系统层主要是操作系统和数据库管理系统，在数字化管理中也同样不能少。中间层一般包括两个方面，即系统基础中间件和开发工具。在油田数字化管理平台中，采用协同工作基础平台和综合管理平台进行了替代，其实功能和作用是完全一致的。应用层主要为工作流，在应用层的业务组件中间件中，包括管理应用软件及过程控制、办公自动化等，其功能与

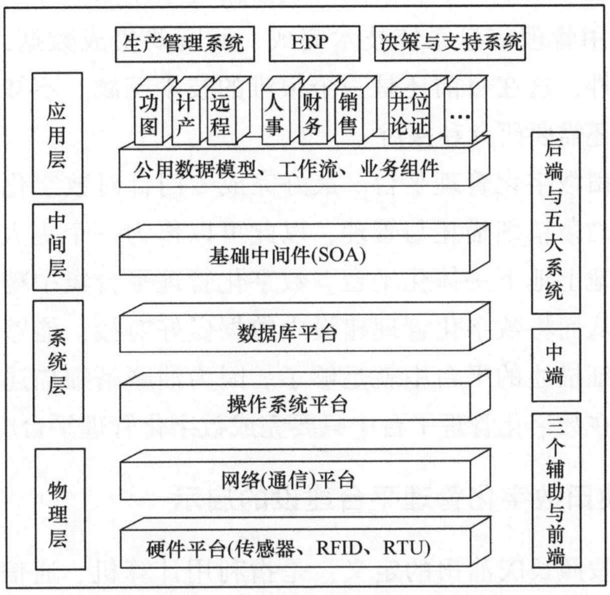

图 10.8 平台管理信息系统架构解读

作用同样是相同的。当然相对来说，长庆油田的这个平台在功能作用上，集中体现了油气藏研究的作用，以及在数据组织上，“点、线、面、体”的全方位组织：点数据是以油气井为单位的钻、测、录、固、分析试验和产量的单井数据；线数据是以相邻井成果数据形成一条线的有地震测线、油气藏剖面图等数据；面数据是以在一个平面上的沉积相砂体分布图、油井含水分布图等的区块内的区域数据；体数据是以应用专业模型软件形成的油气藏属性特征的数据。平台的目的是希望建一个集勘探、开发、生产一体化的业务流、数据流、信息流相统一的平台。

其实，这个平台还存在着一定缺陷。按照目前所了解的平台信息分析，在理论上可以实现，在实际操作上有难度。主要表现在：

(1) 整体设计思想比较模糊。因为，主题建设是油田数字化管理，要解决的问题是改变油田的油气生产运行管理方式。可是，在平台上又是以油藏精细描述为主线，类似于写文章，名不正，则言不顺，就是主题与表述不对位。当然，也许是我们学习和理解得不够深入。

(2) 一个平台可以实现对数据的组织与整合，也就是人们经常提到的集成。

形成集成了，也就形成平台了。但是集成数据可以用数据库技术完成，集成管理应用系统可以用管理信息系统技术完成，而既要集成数据，又要集成系统，还要集成专业软件，这在目前还是一个很难的技术问题。不知道是否在真正意义上实现了，这还需要研究和探讨。

（3）作为油田数字化管理平台，最好完成专门针对数字化管理的数据和应用的平台，以及油藏精细描述与管理，以此可以作为一个更大的平台，建立三维可视化技术的地上地下一体化平台。数字化管理平台集中精力为油田数字化管理提供支持，从而将数字化管理建设中数据做好对接，能够快捷和方便地导入油藏管理与精细描述的平台中就足够了。因为油藏精细描述是需要很多专业软件来完成的，在数字化管理平台中只要完成数字化管理平台应做的事即可。

10.3.3 长庆油田数字化管理平台建设的启示

数字化管理按照长庆油田的定义，是指利用计算机、通信、网络、人工智能等技术，量化管理对象与管理行为，实现计划、组织、协调、服务、创新等职能的管理活动和管理方法的总称。通俗地讲就是让数字说话，听数字指挥，实现网络智能化管理（冉新权、朱天寿，2011）。

同时，“所谓油气田数字化管理是指遵循油气田管理特点、充分考虑人、机之间的关系，紧密围绕生产过程，把油气田勘探、评价、开发、生产各个环节有机结合起来，实现信息化技术与传统油气田生产工业相融合”（冉新权、朱天寿，2011）。

我们基本同意长庆油田对数字化管理与油气田数字化管理的看法。但是，在引用了长庆油田的基本定义之后，我们还要说几点基本观点或者几点启示。

（1）数字化管理建设的目标要实现数据正常化建设，数据正常化建设是指从现场采集、传输、处理到存储、应用和反馈形成一个完整的链路，而平台就是数据中心，数据中心是数据采集与数据应用的“心脏”。因此，我们的建议，就是一定要建设一个非常优秀的、健壮的数字化管理平台，也就是要有一个非常健康的“心脏”。所以，建议不宜在数字化管理的平台上嫁接更多的东西，以加大“心脏”的负担。只要完成数字化管理建设所采集的数据，以做到完整、有效、良好的管理和应用即可。

（2）数字化管理重在“让数字说话，用数字指挥”发挥到极致。在数字化管理平台上集中体现在“让数字说话”；集中体现在将现场采集的数据经过一定的技术方法处理后，把不能量化的数据量化。例如，利用功图计产就是解决单井适时产量的记录和单井连续产量的记录，这就是一个适时量化的过程。而平台就是要将这一量化过程，成为“让数字说话”，即完美表征的平台。

“用数字指挥”的作用在平台上更能发挥作用，远程控制、远程启停、生产预警与指挥调动、电子巡井等，都是发挥平台作用的最好方式。只有完善的平台功能，才能完成最佳的指挥作用。

(3) 平台需要专业化。平台专业化是指属于什么样的建设工程就建设相应的工程的专业化平台，不要“平台是个框，什么系统都要往进装”。这样并不能包罗万象地解决很多的专业问题，相反构成庞大的系统，造成负担过重，操控困难，反应缓慢，使用效果差。根据多年来的经验，实践证明一定要慎用“一体化”。对于提倡的一体化的平台，一定要有非常先进的技术，非常优秀的方法，在平台上能够做到系统优化、数据优化、管理优化、操控优化才可以，否则，不建议动不动就提出一体化平台，就建一体化平台。截至目前，建设的一体化平台大都以失败告终，至少是因为难用而不被人们所认同。

10.4 油田物联网平台

通过对平台概念以及先进案例的分析，我们要根据油田物联网的特征与特性，提出一个标准化的油田物联网平台。但是基于我们也正在研究与探讨之中，我们只是给出一个基本的思想，供大家一起在研究和建设中推进。

10.4.1 油田物联网管理平台建设思想

建立油田物联网管理平台，首先，要确定建设的目标，也就是通过什么样的思想和技术来建立一个什么样的平台，达到什么样的目的。其次，能够形成什么样的特点，也就是物联网管理平台，能够形成自己独立的特点。

满足油田物联网应用要求是推动建立油田物联网管理平台的根本动力，也是检验平台建设成效与功能使用好坏的试金石。工程应用要求是提高企业运作功能、工作效率和经济效益的需要，工程应用的实际需求是提高油田物联网适应工程应变能力及调整平台能力的基本需要。这两个方面的需求形成了油田物联网管理平台建设的两个重要的驱动力。

油田物联网管理平台在基本思想和总体架构的模式上应该是一样的，无论是集团总公司的平台，还是一个站库的管理平台，总的思想与模式应该没有太大的区别。但是，不同的油田企业由于管理思想、管理理念、建设规模的不同，以及采用的建设技术与方法的差异，其油田物联网管理平台应该有其独自的特点。一般在坚持以满足需求与目标为出发点和导向的条件下，形成合理的、具有与本企业管理特色和建设特色相一致的系统布局与特点。

油田物联网平台建设的核心思想，应该是如何更好地完成“让数字说话，用数字指挥”的机制，这是完成和建设成最好的油田物联网平台的目标与中心思想。

10.4.2 油田物联网平台建设内容

油田物联网是一个大的系统工程，又是一个集成了很多个系统的平台，就是说，在油田物联网这个平台上集成了数据的采集系统、数据的通信与传输系统、数据管理与数据的应用系统等。尤其是数据应用系统不仅仅是生产指挥调动、生产数据报表、生产预警等，而且是从前端到后端，包含众多的系统。因此，我们将油田物联网平台定义为：能够集成油田物联网全部系统，并实现在油田生产过程中协同工作的操作系统与信息管理系统。

作为一个管理系统或者操作系统，应该和一般意义的管理系统或操作系统都一样，也应该包含几个方面的基本内容。如果按照管理系统来说，油田物联网平台应该包括：

（1）物理层。包括网络技术和通信技术以及计算机、传感器等技术。

（2）系统层。包括操作系统、数据库管理系统。

（3）中间层。包括系统基础中间件和开发与维护工具等技术。

（4）应用层。包括工作流、业务流组件，企业管理应用软件，生产过程控制应用软件，信息发布与查询软件，办公自动化与 ERP 等软件。

在这个以应用为主的油田物联网平台上，应用软件是其建设的核心，应用程序一般都集中放置在一层上，以便系统的使用与维护及更新。当业务逻辑发生变化时，只需要更新服务器上相应的应用组件，这样用户就可以使用新的业务处理逻辑，从而避免用户端应用程序版本控制和更新的烦琐与困难，这些组件可以通过集群服务器镜像到多台机器上同时运行，从而均衡分担多用户的负载。

10.4.3　油田物联网的平台模型

我们可以给出一个一般意义的油田物联网平台的基本架构或者模型（图 10.9）。

图 10.9　油田物联网综合平台总架构

油田物联网平台的建设，按照当前已经建设单位的经验，主要实现对油气生产过程和油藏实时监测、分析、优化、调整，达到简化工艺流程，优化劳动组织架构，创新生产组织方式，提升安全风险管理水平，提高生产效率和油气田企业效益，降低员工劳动强度，改善一线员工生产生活条件的目标。油田物联网平台的管理与操作性责任重大。

这个模型与前人设计和建设的模型没有太大的不同。我们的基本思想只有一点：油田物联网就做油田物联网该做的事，就是油田物联网平台管好油田物联网的数据与信息，完成油田物联网的数字化管理功能，实现“让数字说话，用数字指挥”的最佳操作。

10.5　小　　结

本章重点论述了油田物联网平台技术与油田物联网数据应用的实现方法。

（1）油田物联网的数字化管理要“让数字说话，用数字指挥”，需要一个机制来完成。“让数字说话，用数字指挥”就要搭建一个平台，这个平台就是油田物联网的管理平台。

（2）油田物联网的内核是数字采集、应用，而油田数字化管理是油田物联网建设的重要组成部分。油田物联网建设是一个过程，这个过程是将各种传感器安装在油田设备上，实现对数据的采集数据和应用。但是，油田物联网正是通过数据的采集处理与转化后，利用数字管理油田生产过程。

（3）油田物联网的数字化管理内核是“让数字说话，用数字指挥”，油田物联网平台正是组织数据“让数字说话，用数字指挥”。

第11章 油田物联网功图诊断与计产

功图诊断与功图计产是油田物联网数据最重要的应用，也是成果之一。

11.1 示功图的基本原理

11.1.1 示功图的概念

示功图最早来源于对内燃机功耗的测量。就是在活塞式内燃机的一个循环中，当气缸内气体压力随活塞位移（气缸内容积）变化时，就形成一个闭合的曲线，这个闭合曲线所包含的面积可表示机器所做的功或消耗的功，被称为功图，由于功图形成后可以在设备示窗上显示，又称为示功图。

抽油机示功图在实际研究中主要分为悬点示功图（也称为地面示功图）和泵示功图（也称为井下示功图）。

1. 悬点示功图

悬点示功图是对抽油机抽油杆悬点处载荷变化与位移变化规律及相互关系的直观描述，是现场采集的第一手资料，是通过安装在游梁式抽油机上的位移传感器和光杆悬绳器安装上的载荷传感器，将所测得的数据在以位移为横坐标，以载荷为纵坐标的坐标系上形成一个闭合曲线，如图11.1（a）所示。在这个图形中，包含有杆抽油机系统运行的丰富的信息，是油田企业诊断抽油机工作状况和油井井况以及相关计算的重要基础性资料和依据。

2. 泵示功图

泵示功图是对抽油机井中最下端载荷与位移变化规律及相关关系的直观描

述，需要强调的是，泵示功图不能直接通过采集的数据完成，而是通过模型计算获得的。

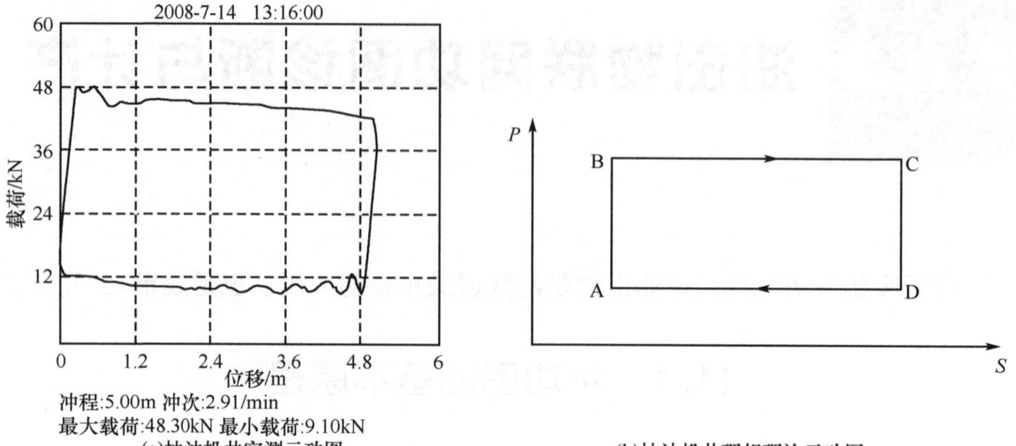

(a)抽油机井实测示功图　　(b)抽油机井理想理论示功图

图 11.1　抽油机井示功图

由于井下工况十分复杂，变化多样，泵示功图表现出特别的特征。典型的泵示功图是指在某一因素影响下十分明显，其形状代表该因素影响下的基本特征。因此，在计算泵功图时忽略了其他因素的影响下，而反映的是主要因素影响下的示功图，具有一定误差。

3. 悬点示功图与泵示功图的区别

悬点示功图与泵示功图由于机制有所不同，因此，还存在着一定的差异。

（1）泵示功图消去了抽油杆的弹性变形，体现在图 11.1（b）中 AB 段相对于纵坐标轴整体倾斜度明显变小。

（2）柱塞冲程明显小于悬点冲程。

（3）柱塞振动载荷振幅相对于悬点变小，载荷平稳。

（4）悬点运动滞后于柱塞运动。

这是悬点示功图与泵示功图的几点主要区别。虽然看起来不是很明显，但是，就是这样几点小小的区别，使得两者所反映的结果作用大不一样，我们只有发现了这样小小的区别，才能保证我们对其准确率的把握。

11.1.2 示功图的原理

在抽油机上下往复抽油的过程中，最顶端称为上死点，最底端称为下死点，定义从一个下死点时刻向上至上死点，再由上死点向下回到下死点的过程为一个冲程。在一个冲程过程中，以抽油机相对下死点的位移 S 为横轴，以抽油机向上的拉力 P 为纵轴，即以横坐标表示位移、纵坐标表示载荷的直角坐标系上，就可以绘制出一张关于 P、S 的闭合曲线，称其为抽油机示功图，如图 11.1（b）所示。它描述了在一个抽汲周期内，抽油杆某个截面处载荷与位移的大小、变化规律及其对应关系，示功图曲线所围成的面积表示抽油泵在一个冲程内做功的多少，如图 11.1（a）所示。

在图 11.1（b）中有一个 ABCD 所包围的闭合曲线，其中 A 点是悬点运动的下死点，C 点是悬点运动的上死点。从 A 到 B 再到 C 点的过程是悬点上行程，从 C 到 D 再到 A 点的过程是悬点的下行程。由 A 到 B 点的过程中，油管卸载而缩短，抽油杆加载而拉长，所以 AB 段悬点载荷增加，但是悬点位移变化较小；由 B 到 C 点过程，油管与抽油杆的静态变形完毕，柱塞开始对于泵筒向上移动，这一阶段载荷变化不大，但是载荷振动特性明显。由 C 到 D 的过程中，抽油杆卸载而缩短，油管加载拉长，悬点载荷变化明显，但是悬点位移变化较小。由 D 点到 A 点的过程中，油管与抽油杆的静态变形完毕，柱塞开始相对于泵筒向下移动，这一阶段载荷总体变化不大，但载荷振动特性明显，这就是为什么会形成一个闭合的类似一个平行四边形的原因。而且在理想条件下，也正是一个平行四边形，其封闭的线所围成的面积表示抽油杆在一次往复运动中所做的功。

11.1.3 示功图的作用和意义

1. 抽油机井示功图诊断的概念

抽油井功图诊断是指利用示功图的形状来判断抽油机的工况和油井的井况。

根据原理，理想条件下泵的工作过程和载荷转移情况是：泵的活塞在泵筒内作往复运动，活塞在最低位置时，两个阀之间有一余隙，此余隙内充满了液体。当活塞下行程快接近下死点时，固定阀处于关闭状态，游动阀处于打开状态，此时，活塞上下液体连通，光杆上只承受抽油杆杆柱在油中的质量，油管承受了全部液柱质量。当活塞到达下死点开始上行程的瞬间，游动阀立即关闭，使活塞上下不连通；活塞要推动它上面的液柱向上移动，这时液柱的质量就加在了活塞上。并通过抽油杆加在了光杆上（光杆此时还承受抽油杆管柱在油中的质量）。油管此时只承受它与活塞之间环形截面上液柱的质量。在下死点前后，抽油杆杆柱上多了一个活塞截面以上液柱的质量，油管上少了一个活塞截面以上液柱的质量。这时，就要发生弹性变形，油管就要缩短，抽油杆就要伸长（细长的油管和抽油杆杆柱，本身是一个弹性体，在负荷变化时，就产生相应的变形，其变形的多少和负荷变化的多少成正比）。这时，光杆虽然在上移，但活塞相对于泵筒来说，实际未动，这样就画出了如图 11.2 中 AB 斜直线，它表示光杆负载增加的过程，称为增载线。当弹性变形完毕，光杆带动活塞开始上行时 B 点固定阀打开，液体进入泵筒并充满活塞所让出的泵筒空间，此时，光杆处所承受的负载仍和 B 点时一样没有变化，所以画出一条直线 BC。当活塞到达上死点，在转入下行程的瞬间，固定阀关闭，游动阀打开，活塞上下连通。活塞上原来所承受的液柱质量又加在油管上。抽油杆卸掉了这一载荷，油管上加上了这一载荷，于是，二者又会发生弹性变形，这时，油管伸长，抽油杆杆柱缩短，光杆下行，活塞相对于泵筒没有移动，于是画出了图 11.2 中的 CD 斜线。它表示了光杆上负荷减少的过程，称为卸载线。当弹性变形完毕，活塞开始下行，液体就通过游动阀向活塞以上转移，在液体向活塞以上转移的过程中，光杆上所承受的负载不变，所以画出一条和 BC 平行的直线 AD。当光杆行到下死点，在下行程完毕上行程又将开始的瞬间，游动阀关闭，负荷又发生转移，开始了一个新的往复，这样就画成了一个封闭的曲线，这就形成了示功图曲线，如图 11.2 所示。

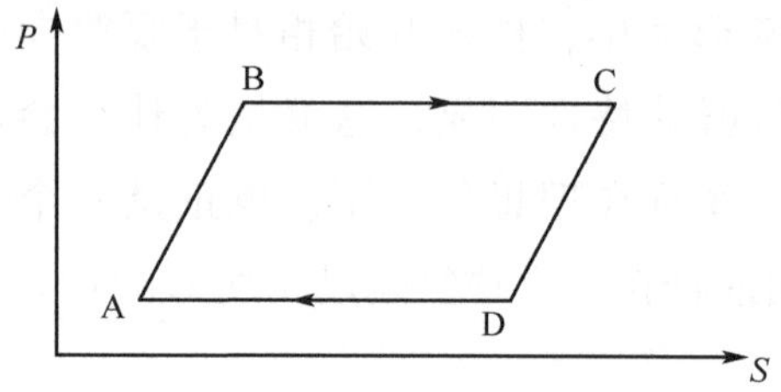

图 11.2 抽油机井理论示功图

示功图表示了光杆受力情况和位置的关系，理想条件下，示功图具有平行四边形模样：横坐标表示按比例记录光杆移动的距离；纵坐标表示按比例记录光杆上的负荷；曲线圈闭面积的大小表示了泵做功多少。

抽油井工况检测分析技术是通过建立有杆泵抽油数学模型，以地面测试示功图为基础，得到井下示功图和其他某些参数来实现故障诊断。利用实测示功图可求得悬点实际载荷，以用于机、杆、泵的工作状况分析（诊断）。

2. 示功图的作用

经过几代人的探索与努力，示功图在油田物联网中的作用越来越大，因为人们在苦心经营地建设油田物联网，就是希望能够获得很好的示功图，然后根据对示功图的分析，实现油井和抽油机的监测监控。目前，主要作用有如下几个方面。

（1）利用示功图诊断抽油机工况和油井井况，这是很早就具有的一个基本功能，也就是说最早和最普遍的用法。

（2）利用功图计产。计产是指计量单井的产量，简称计产或计量。这是近年来刚刚推行的一种新的功能，目的是能够较好地掌握每一口单井的动态变化过程，同时实现对单井的计量。

（3）利用功图实现对抽油机的动平衡动态调整。这也是近年来油田数字化管理建设以来出现的新的功能。这项技术与油田抽油机的质量和技术有很大的关系，还在探索之中。本章不做重点介绍，但是，随着技术的创新和抽油机的改进，这项技术一定能够实现或者完善得更好。

11.2 功图法诊断技术

11.2.1 功图法诊断技术原理

抽油机示功图表示了光杆受力情况和位置的关系，理想条件下示功图具有平行四边形模样：横坐标表示按比例记录光杆移动的距离；纵坐标表示按比例记录光杆上的负荷。曲线圈闭面积的大小表示了泵做功的多少。

抽油井功图法工况诊断技术就是通过建立有杆泵抽油机数学模型，以地面测试的示功图为基础，得到井下示功图和其他一些参数来实现抽油井的故障诊断。利用实测示功图可求得悬点实际载荷，用于机、杆、泵的工作状况分析（诊断）。

在抽油井抽油过程中，抽油井驴头悬点要承受多种载荷，除了抽油杆自重、液柱质量等静载荷外，还有惯性载荷、振动载荷等动载荷，以及各种摩擦载荷。在抽油井驴头悬点上下往复运动过程中，上述各类载荷均做周期性变化。反映抽油机悬点载荷随其位移变化规律的图形称为光杆（地面）示功图（$W\times S$=功）。

在由下冲程转为上冲程时，悬点载荷由 W_r'变为 $W_r'+W_L'$，增加了载荷 W_L'，会使细长的抽油杆柱伸长。而在由上冲程转为下冲程时，悬点静载荷由 $W_r'+W_L'$变为 W_r'，减少了载荷 W_L'，会使抽油杆柱缩短。在静载荷差作用下，抽油杆柱伸长或缩短的变形量可根据虎克定律确定，即

$$\lambda_r = W_L' L_p / (E A_r) = E_r W_L' L_p \tag{11.1}$$

$$E_r = 1/(E A_r) \tag{11.2}$$

式中，λ_r 为抽油杆柱静载变形（m）；E 为抽油杆弹性模量，钢材为 2.12×10^8kPa；E_r 为抽油杆弹性常数（kN^{-1}）。

如果油管底部不锚定，在由下冲程转为上冲程时，随着游动阀关闭，固定阀打开，在抽油杆柱增载 W_L'的同时，油管柱会减载 W_L'，使油管柱缩短。同样，在由上冲程转为下冲程时，油管柱会增载 W_L'，使油管柱伸长。油管柱在静载作用下的变形量为

$$\lambda_t = W_L' L_p / (E A_t) = E_t W_L' L_p \tag{11.3}$$

$$E_t = 1/(E A_t) \tag{11.4}$$

式中，λ_t 为油管柱静载变形（m）；A_t 为油管金属横截面积（m^2）；E_t 为油管弹性常数（kN^{-1}）。

总的静载变形量 λ 为抽油杆柱和油管柱两部分静载变形之和，即

$$\lambda = \lambda_r + \lambda_t = (E_r + E_t) W_L' L_p \tag{11.5}$$

在抽油杆伸长和油管柱缩短变形期间，虽然悬点在向上运动，但柱塞与泵筒之间并无相对运动。此时，游动阀虽已关闭，但固定阀尚未打开，因而抽油泵并不抽油。只有当悬点向上位移超过 λ 以后，也就是当抽油杆柱和油管柱静载变形结束后，柱塞和泵筒之间才产生相对运动，固定阀才打开，柱塞才开始抽油。同理，在下冲程时开始阶段，虽然悬点向下运动，但由于杆柱缩短和管柱伸长，柱塞与泵筒之间也无相对运动。此时，只有当悬点向下位移超过后，柱塞与泵筒之间才产生相对运动，游动阀打开，柱塞下面液体才被排到上面来。因此，在静载荷作用下，抽油泵柱塞的冲程长度 S_p 较抽

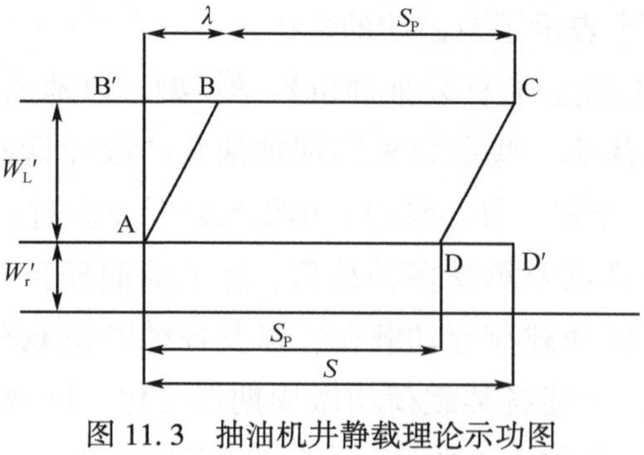

图 11.3　抽油机井静载理论示功图

油机悬点的冲程长度 S 减少变形量 λ，故 λ 也称静载冲程损失，如图 11.3 所示。

图 11.3 为抽油机井静载理论示功图，图中悬点静载荷随悬点位移的变化规律为平行四边形 ABCD，ABC 为上冲程静载变化线，其中 AB 为加载线。这一加载过程中，游动阀和固定阀均处于关闭状态，B 点加载结束。因此 $BB'=\lambda$，此后柱塞与泵筒开始发生相对位移，固定阀开始打开吸液进泵，故 BC 为泵的吸入过程，且 $BC=S_p$。CDA 为下冲程静载变化线，其中 CD 为卸载线。卸载过程中，游动阀和固定阀均处于关闭状态，到 D 点卸载结束，因此 $DD'=\lambda$，此后柱塞和泵筒之间开始发生位移，游动阀被顶开，泵开始排液。故 DA 为泵的排液过程，且 $DA=S_p$。

在抽油机冲次较低而泵挂又不深的油井，实测示功图可能接近静载荷理论示功图。其他情况下，实测示功图与理论示功图可能会有较大差异。实际生产中抽油杆要同时承受静载和动载。由于抽油杆有惯性动载荷，柱塞在泵筒内运动时有摩擦力，液体举升过程中与管壁和杆柱有摩阻，抽油杆接箍与油管内壁有摩擦，所以上冲程时 a、b 点偏高，下冲程时 c、d 点偏低，P_1 和 P_2 是动载荷影响的值，如图 11.4 所示。

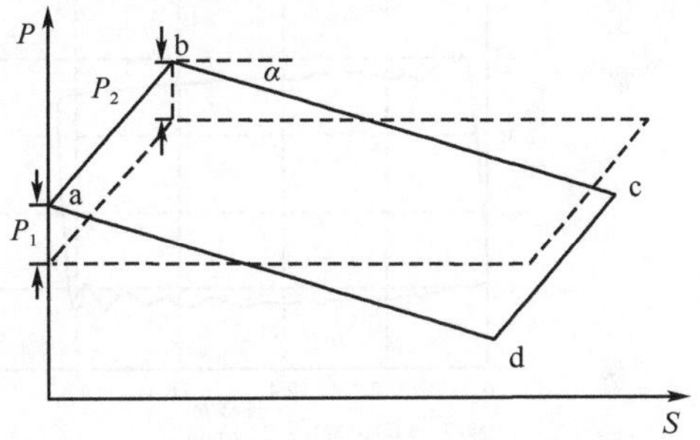

图 11.4　抽油机井动载荷理论示功图

图 11.4 表示由于动载荷的影响，示功图的上、下行程不是水平的，但只要 bc//da，而且 ab//cd，就是泵工作正常，否则就是泵出现了问题。图 11.4 中的行程线与水平线之间的夹角 α 越大，说明动载越大，另外冲数越快，动载也越大。

在实际工作中，是以实测示功图作为分析抽油泵工作状况的主要依据，实测示功图作为记录抽油机井泵工况的曲线载体，能反映出泵发生的各类异常现象，结合地质资料、井下技术状况、油井近期生产资料，可有效地进行机、杆、管、泵的工作状况分析（诊断）。由于抽油井的情况较为复杂，在生产过程中，抽油泵将受到制造质量、安装质量以及砂、蜡、水、气、稠油和腐蚀等多种因素的综合影响。在分析过程中既要依据示功图和油井的各种资料作全面分析，又要找出影响示功图的主要因素。

典型示功图是指某一种因素的影响十分明显，其形状代表了该因素影响下的基本特征。虽然实际情况下有多种因素影响示功图的形状，但总有其主要因素。所以，示功图的形状也就反映着主要因素影响下的基本特征。

关于具体功图法井况诊断方法在相关的专业书籍中都有详细叙述，本书不再赘述。

11.2.2 功图诊断典型模型与应用

利用功图诊断抽油机工况和油井井况是油田物联网最重要的技术与功能之一，由于受到各种复杂因素的影响，诊断的精度和准确性遇到了挑战。但是，人们根据多年的探索也总结出了很多典型模型（表 11.1）。

表 11.1 功图诊断典型模型汇总表

序号	故障名称	功图形状	功图特征	建议采取的措施
1	泵正常	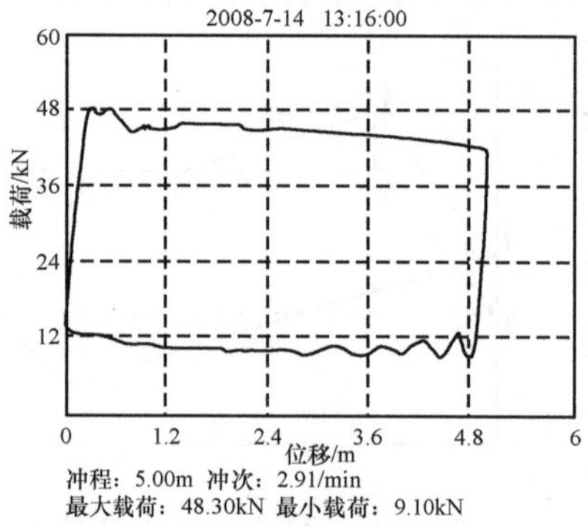	最理想的地面示功图（无气，多水，供液充足的正常示功图），充满系数 100%，特征为平行	这类油井应加强开采，以求最大产量，发挥出井筒的应有产能水平
2	供液不足	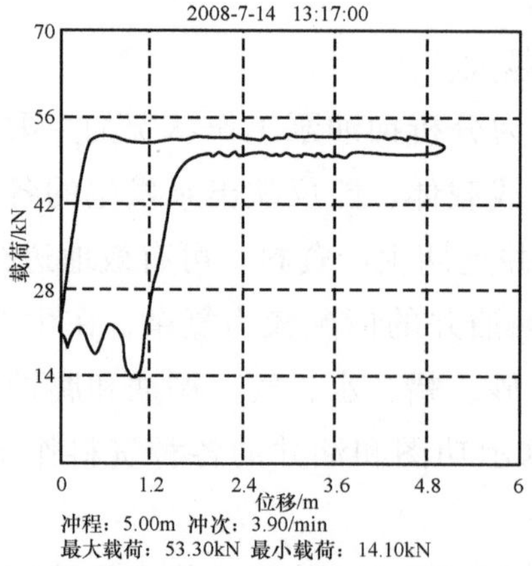	油井供液不足时的地面示功图特征为上、下平行，左右平行，图形右下角缺失一块，增载正常，卸载慢	这类油井主要进行油层改造，改善供液条件、机抽参数。对于泵挂较深井可采取长冲程、小泵径、慢冲次；对泵挂相对较浅的井，在井况及抽油设备允许情况下，加深泵挂深度，以求得最大泵效

续表

序号	故障名称	功图形状	功图特征	建议采取的措施
3	油井出砂	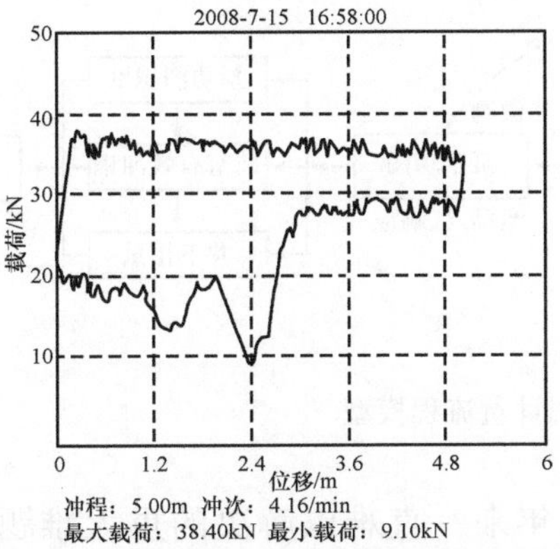	柱塞受油井出砂影响，容易卡泵时的示功图特征为上、下曲线没有明显的阻尼状，而是呈小牙齿状的不规则、不重复的示功图	对出砂油井，一方面应保持油井平稳生产，减少停井次数和时间，放套气也应平稳进行；另一方面采取油层防砂、加筛管、砂锚、对油井经常洗井等措施，以延长抽油设备的使用寿命

表 11.1 是收集整理几十个典型示功图诊断模型，并配有功图特征与建议采取的措施。由于受到篇幅限制，其余的略掉，这里仅示意性地发表了几个，供参考。

20 世纪 80 年代以来，国内抽油井计算机诊断技术已成为监测有杆抽油系统工作状况的主要手段，它标志着示功图的解释工作由主要取决于分析人员的技巧和经验的定性分析阶段发展到科学的定量分析阶段。

需要说明的，这些仅仅是其中的一部分，提供给大家参考。每个油田都有不同的情况，大家都要根据示功图的基本原理做测试分析，总结经验，摸索出更多的本油田的模型，以指导油田物联网作出最准确的诊断，发挥油田物联网的作用。

11.3　功图法计产技术

11.3.1　功图计产的概念

功图计产是指利用在抽油机上安装的位移传感器和载荷传感器，检测抽油机在上下冲程中悬点载荷与位移关系的闭合曲线形成的示功图，由于它真实地反映了泵的工作状态，所以对泵功图进行分析，以确定泵的有效冲程、泵漏失、充满程度、气体影响等，计算井下泵排量，进而折算地面有效排量，就能顺利地求出油井的产液量。将这种经过计算所得的计量结果称为功图计量，也称功图计产，如图 11.5 所示。

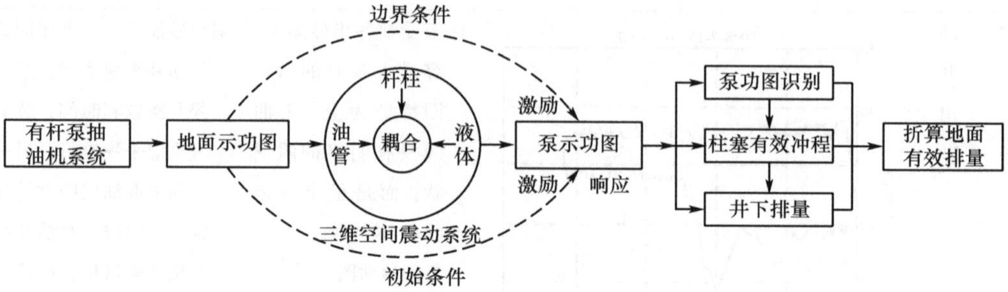

图 11.5　功图计量流程模型

油田单井产量计量是油田企业多少年来一直难以解决的重大难题，被人们称为国际难题。油田生产者们从人工计量到计量间计量装置等，想尽了办法，希望获得对单井的有效计量。但是，都不是很好的办法，其中原因很复杂。人工计量主要是利用储油罐的截面积，就是每天用米尺量算一次，所以人们经常把油井生产量不叫吨，而叫方。这种计算方式与人的责任心、计量的时间、计量的准确度都有很大的关系。因此，每口油井的产量仍然是一个“大约数”。有时几口井同时进入一个储油罐，那就不知道每口井的具体产量，这就要根据总量结果分摊折算到每口油井上。有的油井是多层开采，如果油田工程技术人员很想知道某一个单层的贡献，那就更难了。

为了能够消除人工计产的不准确性，人们研制了原油“计量仪”，实际上不是仪表仪器，而是一个装置。这是由于原油从地下到井筒、再到地面，是一个复杂的过程，油不是水，会有各种杂质，油的稠粘度和伴生气、包裹气（即气泡）同时存在，而且同一油田、同一区块、同一井场、不同的井都不一样，没有办法造出一个就如水表、电表那样的仪表装在井口测量，而是要造出很大的一个装置。这个装置要同时处理原油中所带的沉沙、气、包裹气和压力等各种问题，实行多种转换，最后就成了一个庞大而笨重的设备——装置了，这样一个装置造价少则几十万，甚至百万。由于其造价比较高，不可能在单井安装，只能安装在原油集输枢纽处，集中解决一片的原油计量，这就是建设一个计量间。在计量间计量，对于单井产量实行“单量”，即轮流计量，就是对多口油井，按照一定的排序量一次产量，等于对这一口井在很多天只量一次，其余时间就是按照这一次计量分摊，只有等下一次单量时才能看到这口油井的产量是否发生了变化。这就不可能及时发现这口井实时变化的状态与过程。

由于油井抽油杆柱、油管、液体三个系统在三维空间振动中，位移、速度、应变、应力和负荷都与时间有关，并且三个系统的受力和位移是相互耦合的。因此从抽油机井系统受力分析入手，考虑抽油杆、油管、液柱三个子系统在三维空间的振动互耦及杆、管、液三者之间的接触力和相应的摩擦力对系统轴向振动的影响，采用在井口测取杆柱载荷和位移与时间的变化规律（地面功图），分别建立抽油杆、油管有限元模型和液柱差分计算模型，然后用迭代法求解出深井泵入口处载荷和位移与时间的关系（泵功图），经计算机识别计算出泵有效冲程，则油井井口产液量近似于泵有效冲程与泵活塞环形空间乘积的体积。

从理论上讲，示功图可以表示每次抽油的产液量。深井泵的功图不仅直接反映泵的工作情况，而且反映泵内流体的充满度。因此，用现场采集的功图数据，可以分析每个冲程中泵内液体的充满程度，把泵筒作为计量容器，计算出每个冲程的抽汲量，即可计算出单井产液量。其单井计产计算流程如图 11.6 所示。

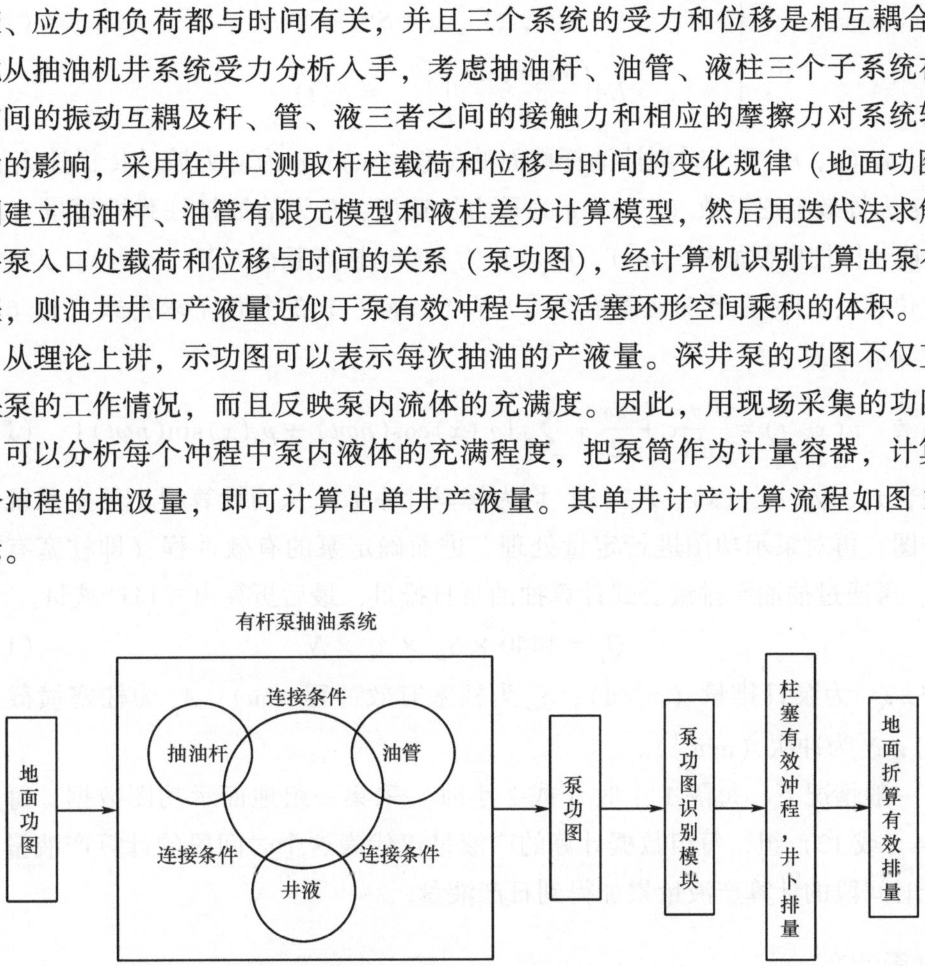

图 11.6　功图法油井计量技术计算流程

11.3.2　功图计产的原理与方法

1. 理论公式算法

利用功图计算单井产量的算法有很多，其一般的算法是把油井有杆泵抽油系统视为一个振动系统。泵示功图则是这个振动系统在一定的边界条件和一定的初

始条件下由地面示功图激励产生的响应。油井有杆抽油系统的动力学模型为

$$\begin{cases} \dfrac{\partial^2 u(x,\ t)}{\partial^2 t} = a^2 \dfrac{\partial^2 u(x,\ t)}{\partial x^2} - c\dfrac{\partial u(x,\ t)}{\partial t} + g \\ u(x,\ t)\big|_{x=0} = S(t) \\ EA\left(\dfrac{\partial u(x,\ t)}{\partial x}\right)\bigg|_{x=0} = F(t) \end{cases} \tag{11.6}$$

式中，u（x，t）为 t 时刻抽油杆截面的位移（m）；a 为应力波的传播速度（m/s）；c 为等效阻尼系数（S^{-1}）；g 为重力加速度；E 为抽油杆柱弹性模量（Pa）；A 为抽油杆柱横截面积（m^2）；F（t）为 t 时刻悬点载荷（N）；S（t）为 t 时刻悬点位移（m）。在已知地面示功图 S（t）、F（t）的条件下求得式（11.6）的解，其形式为

$$u(x,\ t) = \frac{\sigma_0}{2EA}x + \frac{\gamma_0}{2} + \sum_{n=1}^{N}\left[o_n(x)\cos(n\omega t) + p_n(x)\sin(n\omega t)\right] \tag{11.7}$$

式中，σ_0、γ_0、o_n（x）、P_n（x）均为傅里叶系数。从而计算得出给定系统的泵示功图，再对泵示功图进行定量处理，进而确定泵的有效冲程（即柱塞有效冲程），再通过抽油泵排量公式计算抽油泵日排量，最后折算出井口产液量。

$$Q_p = 1440 \times S_{pe} \times A_p \times N \tag{11.8}$$

式中，Q_p 为泵日排量（m^3/d）；S_{pe}为柱塞有效冲程（m）；A_p 为柱塞横截面积（m^2）；N 为冲次（min^{-1}）。

一般情况下，每隔 1 小时（或 2 小时）采集一组地面示功图数据，每天采集 24（或 12）组，每组数据计算的产液量仅代表这个时间段的计算产液量，把各个时间段的计算产液量累加得到日产液量。

2. 功图计产

根据对功图原理的分析和对功图计算产量数据模型的分析，其实利用功图计产现具有创新性，又具有挑战性。现实意义在于确定解决了围绕百年以来，几代石油人对单井计量的渴望，可根据产量的实时变化情况及时调整油井工作，可实现节能降耗，提高产量。挑战性是由于油井的复杂性和算法的先进性制约了计量的精度。因此，我们主张利用油田物联网的单井计量来标定单井产量，这是最现实与最有效的可行办法。所谓标定产量，是指在原有计量方法（计量

站测量或人工量算）的基础上，将油田物联网功图计量的量作为参照量，或者将计量间/人工计量作为参照量，这样就叫标定，估计是比较理想的解决办法。

11.3.3 功图计产技术应用

下面以一个实际功图计产软件为例，简要介绍功图计产软件功能（图 11.7~图 11.9）。

（1）系统中应该包含标准功图库以及功图样本库，以便于对所测功图进行诊断和校正。

（2）冲次、产量实时曲线数据。

对每口井可自定义时间段进行温度、压力、冲次、自动计产产量，进行查询、导出，绘制曲线图等功能。

图 11.7 功图计量主界面

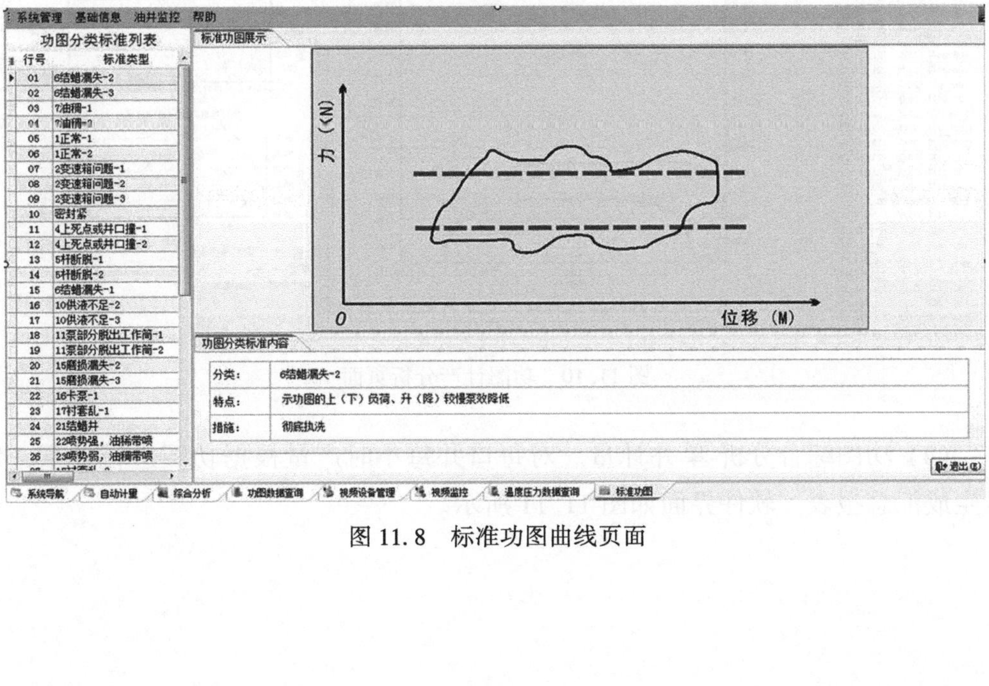

图 11.8 标准功图曲线页面

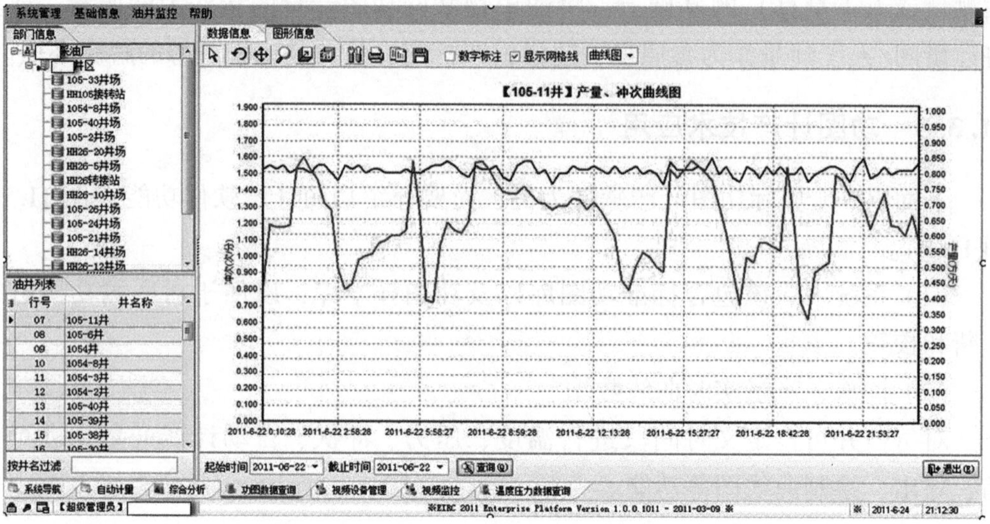

图 11.9 功图计产曲线图页面

（3）功图综合分析-泵功图转换功图诊断。根据相关数学模型和一系列参数，将悬点示功图转化为泵功图，并根据功图样本库，对示功图进行诊断。软件界面如图 11.10 所示。

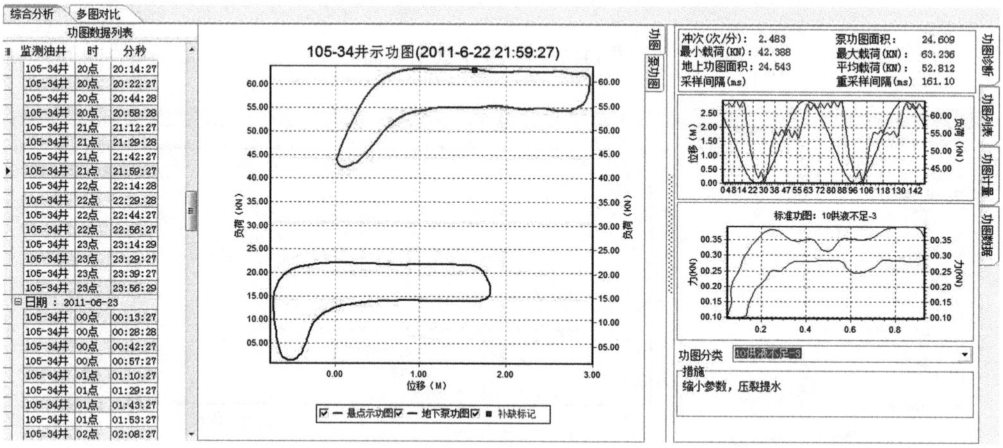

图 11.10 功图计产分析页面

（4）功图综合分析-单井计量。对每口井每小时产量根据功图进行计量，每日生成汇总报表。软件界面如图 11.11 所示。

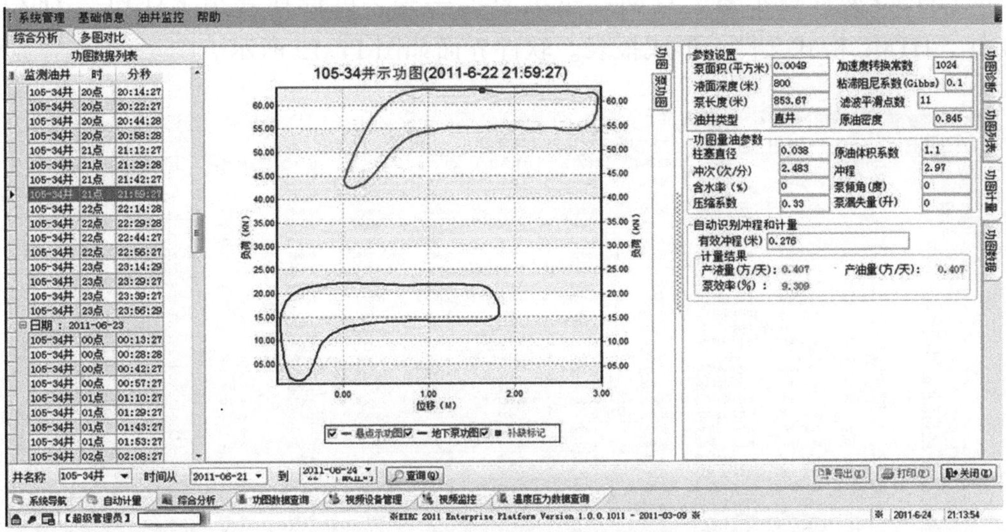

图 11.11　功图计算分析功图页面

（5）功图综合分析-多图对比。查看监测井某时间点的示功图、泵功图，并可进行多幅功图的对比，依据功图诊断监测井抽油机是否正常工作以及估算监测井本日产液量。软件界面如图 11.12 所示。

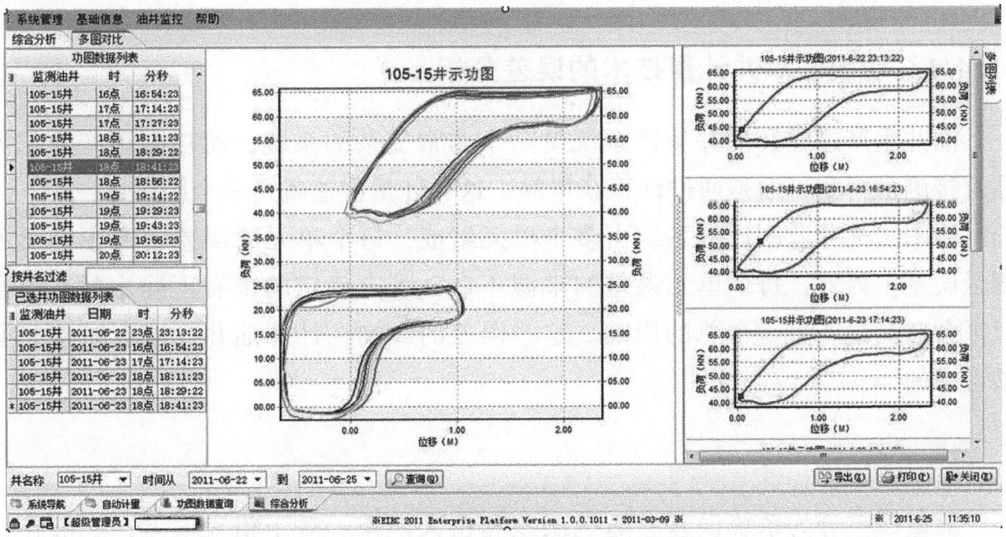

图 11.12　功图计算综合分析页面

(6) 自动计量汇总。自动计量汇总的结果，可选择导出 EXCEL、TEXT、XML、HTML 格式文件，形成报表。软件界面如图 11.13 所示。

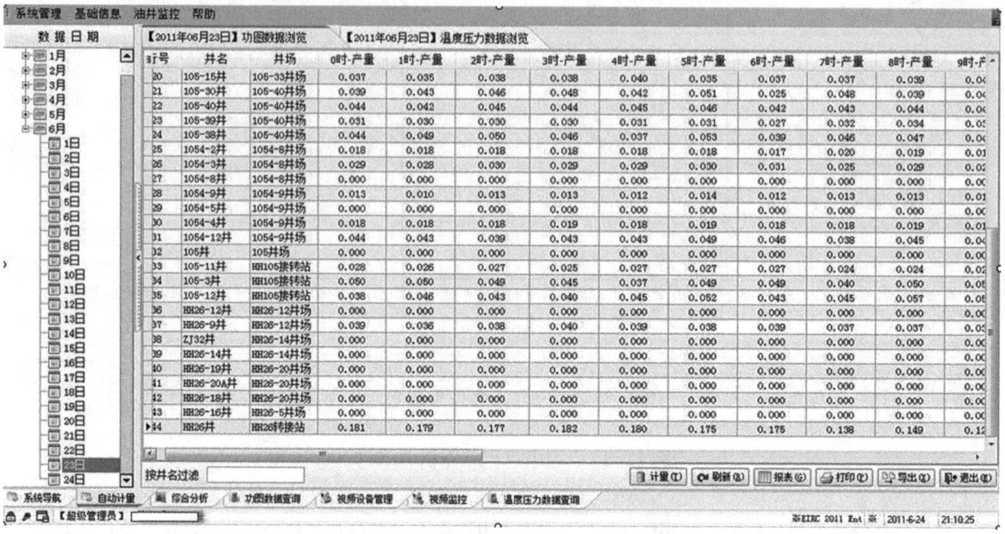

图 11.13　功图计算产量汇总报表页面

11.4　功图计产技术的准确性分析与讨论

11.4.1　功图法单井计量技术的误差分析

油井生产过程和油井生产系统是一个非常复杂的系统，而功图计产数据不是直接测量得到，而是通过计算获得的，这样计量误差就是一个问题。

功图法油井监测计量系统由多个单元组成，每个单元的误差都要影响总的测量误差。另外，每个单元误差的来源不一，既有确定的也有不确定的，综合起来会对测试产生一个总的影响。这些误差的影响在计算油井产液量时也是必须考虑的。

1. 测量误差

测量误差分为系统误差、随机误差和粗大误差。对于粗大误差，一般在计量软件中已将其剔除，因此对计算结果的影响可以忽略。而考虑随机误差时，可以用方和根法计算。所以在此只需考虑系统误差对计量准确度带来的影响。

测量系统的误差主要来自传感器，在功图计产中安装在抽油机上的传感器主要指位移传感器和载荷传感器，它们直接测量或者说感知抽油机运动变化过程与时间的关系，这就对传感器所采集的数据要求很高，传感器所采集的数据精度高，自然形成的功图就会准确，那么地面示功图对泵功图的响应就好。

目前市面上的传感器是按照国家标准设计、制造的，在当前国内油田中安装大都可以说是达到精度要求的。如果在设备元件上严格按照国家标准生产，符合国家的基本要求，那么在数据采集上也是能够满足精度要求的。

但是，我国地域辽阔，各个油田所处的地域是有差别的，一般有这样几种条件下对设备要求的质量是不一样的，在我国可以分为高寒地区，高热地区，高寒高热地区，高湿地区和海洋环境。因此，数据采集的质量必须要有保证。

而传感器属于精密仪器，在使用一定的时间后是要进行校正的，按照精密仪器的要求，一般都要在使用 1 年时校正一次，最长两年一次，否则传感器所采集的数据是不能满足计产要求的。由于抽油机传感器一般都安装在抽油机上，地处偏远，拆卸都十分不便，而校正需要到具有一定资质的单位校正，并且大规模的校正都会影响正常工作，更重要的是，校正费用甚至不低于购置一台新的传感器，这又造成了成本的增高。这些都对油田企业带来大的问题，所以，传感器是形成功图的主要单元，传感器的精度是直接影响功图计产的重要因素之一。

想要减小这些影响，就要求：

(1) 传感器订购时，要求采购高质量的传感器，传感器要定期校正，最好每半年校正一次。

(2) 位移是实现真正意义上的瞬时测量，应该要从设计上就保证位移与载荷测量的同步性。

(3) 载荷与位移数据采集同步，在一个冲程周期内，等时间隔测取数据组点数应不少 200 组。

(4) 从使用区域上考虑，必须选用适宜当地区域温、湿度的设备，而且要求元器件适用于当地的条件，可以从参数上来判断选择。

(5) 保证要有良好的功图计产制度，根据需求和生产管理要求，在实验的基础上建立一套适应油田和生产区域的计量办法。

这些因素在某种程度上是非常重要的，在计算单井产量时应慎重考虑。

2. 井身结构对功图计产的影响与分析

目前，油田基本上有三类井种：垂直井，定向井（斜井）和水平井。

垂直井是油田企业探井主要采取的方式，在早年很多生产井都是直井，只有近年来随着土地资源和环境保护的要求，以及对降低成本、提高采收率等各方面的考虑，油田生产井中的定向井和水平井越来越多。

在功图计产的算法和设计中，大都以直井为对象建立模型，这样做可以使假设条件相对简单一些，例如：

（1）直井位移的方向是以上为正，载荷的方向也是以上为正。

（2）设 X 沿杆向下为正。

（3）直井杆柱在垂直井中为正，抽油杆不与油管发生摩擦或摩擦不计。

（4）油管内充满液体，而且液体高度均匀。

假设这样几个条件的原因很简单：一是垂直井本身结构很简单，垂直井很少发生屈曲现象，二是相对影响因素较少，便于满足计算。

因此，我们在之前叙述的很多功图算法，都是集于垂直井模型计算的，相对容易一点，功图计产在垂直井中应用，准确率也相对会高一些。

而定向井包括水平井就要复杂得多，在诊断预测中，目前采用的垂直井眼假设，是不适用于斜井的，当然对于理想条件下的定向井，我们也希望是这样的：

（1）油管内壁呈刚性，在外力作用下，不产生变形。

（2）抽油杆柱与油管均匀接触，抽油杆中心与井眼中心一致。

（3）油液为均匀液体，其密度为常数。

（4）滑动摩擦系数在一口井或某一井段为常数。

（5）抽油杆截面为圆形。

（6）抽油杆变形在线弹性范围内。

（7）抽油杆柱只有轴向往复运动。

（8）定向井从设计到完钻没有发生屈曲。

这是在建立定向水平井抽油杆纵向振动微分方程模型时给出的理想状态下的假设条件，这些条件都是对模型干扰因素的约束。而这些理想条件正是我们在对定向井监测时不可避免的干扰因素。在现实的定向井中，这些因素或多或少都存在，有些条件是可以忽略的因素，有些条件是主要干扰因素，没有办法忽略的，这些都会对定向井检测、计算产生影响。

定向井与垂直井的重要区别在于，在必须考虑定向井抽油杆柱在油管内上下往复运动过程中的变形状态时，既要考虑几何非线性效应和接触非线性效应，也要考虑在运动过程中的各种摩擦阻力及惯性力等力学效应，这是因为定向井具有一定的倾度和弯曲变形，如图 11.14 所示是定向井多级抽油杆柱示意图。

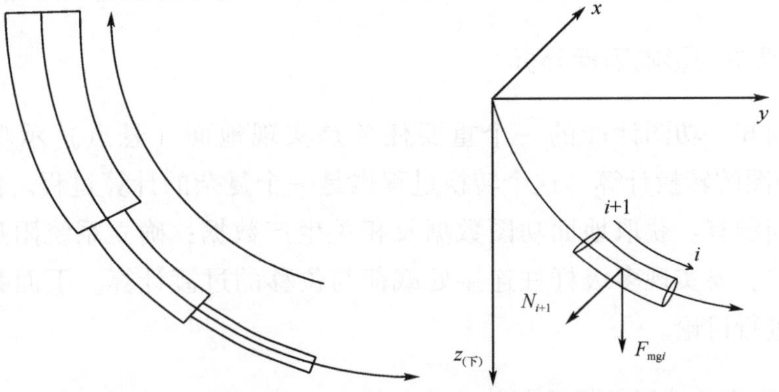

(a)定向井多级抽油杆柱示意图　(b)定向井杆柱微元体受力示意图

图 11.14　定向井多级抽油杆柱示意图

在建立模型过程中，考虑到力的变化与多种力的作用，可以建立比较完美的模型。根据图示可以看出，在抽油杆柱上任意 X 处，抽油杆柱都会受到来自多种力的作用，包括微元件自重、油液浮力、惯性力、轴向力等。其中，如图 11.14（b）所示 N_{i+1} 为标杆和油管间的侧向接触力；F_{mgi} 为柱杆和油管间的摩擦力。

因为定向井（斜井）的井眼轨迹大多是不规则的，为了更好地分析计算结果，需要利用井眼的井斜角和方位角计算出采样点的纵坐标，之前在计算井眼轨迹时将井眼视为一段一段的直线组成的弯曲，即折线法，这种方法自然会带来误差。实际上井眼是连续弯曲的，后来学者们经过研究选用最小曲率半径法来计算，以减小在模型上带来的误差。但是，无论采用哪一种算法，斜井井眼轨迹为三维空间曲线，导致抽油杆柱载荷计算的复杂性，给抽油杆柱设计、计算都带来了困难。

由此可以得出这样几点结论：

（1）在传统的算法中都是以垂直井为主，相对简单的垂直井有很多约束条件可以忽略不计。但是斜井、水平井要复杂得多，在功图计产中，要对算法做很大的改进。

(2) 井身结构对功图计产是有影响的重要因素，在功图计产中不可能用一套办法应对不同井身结构的油井，这是需要调整的。

(3) 定向井（斜井）除了数学模型建立的复杂性外，在传感器检测中复杂的井身结构带来的各种干扰因素要大大多于直井或者相对比较好的井身结构的定向井，在功图计产中需要对各种实测的参数作出更好的修整、匹配与校正。

3. 产液折算中的影响因素分析

众所周知，功图计产的一个重要任务是实现地面（悬点）示功图向地下（泵）示功图的转换计算，这个转换过程也是一个复杂的计算过程。但是，首先要解决的问题有：获取地面功图数据及相关生产数据；确立系统阻尼系数；如果是定向井，要实现多级杆柱连接处载荷与位移的过渡计算。下面我们对这些问题分别进行讨论。

1) 获取地面功图数据及相关生产数据

首先是在对井口产液量计算中需要很多参数，这些参数包括套管压力、油管压力、动液面深度等（表 11.2）。

表 11.2　计算井口产液量需要的各种参数表

数据名称	物理单位	作用与意义	数据名称	物理单位	作用与意义
套管直径	mm		原油密度度	kg/m^3	重要影响因素
油管直径	mm	重要影响因素	天然气密度	kg/m^3	
柱塞直径	mm		油田水密度	kg/m^3	
抽油杆直径	mm		含水率	%	
抽油杆长度	m		生产气油比	1	重要影响因素
抽油杆级数	1	重要影响因素	套管压力	kPa	
油层中深	m		油管压力	kPa	
动液面深度	m	重要影响因素	饱和压力	kPa	
挂泵深度	m	重要影响因素	井口温度	℃	
冲程长度	m	重要影响因素	井底温度	℃	
冲次	min	重要影响因素	黏度		

这些数据对于功图计产来说都是非常重要的数据，安装功图计产设备完成之后，在正式投用前要尽可能地获得这些参数，可对系统进行校正。

2）确立系统阻尼系数

阻尼系数在功图计产计算中是一个非常重要的参数，这个参数可说难倒了一大批研究者、开发者和希望获得准确计量的需求者。在抽油机系统中，系统阻尼力主要包括：①抽油杆与油管内液体之间的摩擦力；②抽油杆接箍与油管内液体之间的摩擦力；③油管内壁与液体之间的摩擦力；④液体通过游动阀的阻力；⑤柱塞与泵筒之间的摩擦力。

由此可见，系统阻尼力受到井内液体湿度、黏度、高度的影响，同时还与抽油机杆柱的运动速度、液体流动速度等因素有关，更重要的是液体黏度、原油页面高度、液体流速还在时时变化之中，这就给人们计算带来了无尽的困难，特别是实际阻尼力是很难测到的。因此，在相关计算中，只能以等效阻尼力代替实际阻尼力，这本身就给误差埋下了伏笔。

现在的问题是如何更好地确立阻尼系数，一般确定阻尼系数的方法无非有三种：①经验计算法；②根据不同的假设推导出等效黏滞阻尼系数；③根据示功图计算阻尼系数。

是在完成悬点示功图向泵示功图的转换计算中，阻尼系数计算是其中一个重要的参数。因此，选择哪种计算方法与研究人员的认识程度、喜好及计算能力有很大的关系，因此，阻系数的确定对功图计产有着很重要的意义。

4. 井口产液量的折算

井口产液量的折算是功图计产的最终结果。折算带有很大的“误差”语意，也就是说井口产液量的功图计产结果不是计算的，是折算的。

为什么要用“折算”这样一个词，这是因为油管内混合物是由油、气和水三相组成的，具有可压缩性。油管底部流体压力很大，部分或全部天然气溶于原油中，当混合物在计算到地面的过程中，由于压力逐渐变小，天然气会被析出。由于气体的溶解与析出，原油体积随着压力、温度的变化而变化，抽油机的泵在井下排液量并不等于井口产液量，这就要建立数学模型进行折算。

在进行井口产液量计量过程中，关键是要计算油管内混合液在排出压力条件下的油管混合液体的体积系数。

混合物体积系数反映混合物在抽油泵排出压力条件下体积与其对应的地面体积之间的关系。在计算实际产液时需要解决三个重要问题：①计算柱塞有效冲程；②计算抽油泵的漏失量；③计算泵排出压力条件下油管内混合物的体积系数等。

混合液体体积系数主要与压力、温度、原油体积系数、油田水的体积系数、溶解汽油比等参数有关。其参数众多，同时计算误差量也会增多，这样的计算对井口产液量精度的影响可见一斑。

总的来说，要完成井口产液量的折算，必须完成混合液体体积系数、原油体积系数、溶解汽油比、水的体积系数等一系列计算才能完成井口产液量的折算。

11.4.2 功图计产准确度的分析

在上述一些简单的分析中，只是引入了一些重要的影响因素，提出了其过程分析，并没有一一计算展示它的误差是大还是小。但是，这些因素的一些形成、完成过程足以引出人们对功图计产准确性的思考。

1. 对功图计产准确率的讨论

对功图计产准确率，各个厂家、商家宣传的不一样，导致人们对此的怀疑。这是很正常的，原因是各个厂家研究的角度不一样，研究的方法也不一样，实验与使用的油井也不一样，这样就会产生不一样的结果。

我们认为不要过度地夸大功图计产的作用与效果，在这里我们给出这样几点结论性的建议：

（1）功图计产从理论和原理是成立的，通过一系列计算是可以完成的，是能实现计量的，对于这样一点不必持怀疑态度。

（2）功图计产是有误差的，功图误差率为 5%～20%，也就是说最准确的可达到 5%的误差率，这一点是可以做到，特别对于产量比较稳定、各项条件都好的垂直井是可以达到的。最大的误差率可能达到 20%甚至更高，这是因为这些井不具备功图计产的条件。我们认为：功图计产误差率为 5%～10%这种说法是客观的，也是可信的，应该说基本满足了油田物联网功图计产的精度标准，是可行的。

（3）功图计产误差率是可以想办法降低的。虽然说不能完全消除误差，但是是可以人为降低误差的，降低的办法不是弄虚作假，而是在使用前进行很好的校正。要想尽一切办法测这一口井的各种参数和一段时间的真实产量，以指导本井的油气比、原油密度、含砂量，含蜡、含伴生气等，然后用来校对软件，以此来降低误差率。

2. 对功图计产作用的讨论

功图计产将人们的注意力全都集中在量油的准确率上了。实际上，我们希望研究出更好的办法来解决误差问题，但是因为一口井一个样，即使同一口井也是一天一个样，甚至每时每刻都在变化，即使我们研制出非常智能的软件，也无法消除误差。从硬件到软件的智能化都需要一个过程，我们相信这一天会到来的，也相信这一天一定能到来。但是，就当前的功图计产技术，我们还是应该很好地利用它的优势。

（1）产量标定。功图计产由于存在误差率，令大家失望。但是，功图计产的原理告诉我们，这个方法是可行的，这样可以以功图计产的产量同人工计量的产量进行对比，或者相互标定。用功图计产的产量来标定人工单井计量，人工计量来标定功图计产，其作用在于，人工计量或者计量间计量对单井不连续，不能远传。现在利用油井监测技术可以将功图数据远传给控制中心，特别是其连续性的在线测量可以看出实时的产量，如果利用相关的数据相互校正，就是一个比较好的单井计量办法。

（2）动态检测。生产数据之所以重要，是因为单井生产数据的变化反映的就是储层、油藏的变化状态。例如，一口油井从高产变低产，从稳定变不稳定，从低含水量变高含水量，都说明油藏在变。由于油藏深埋地下，人们现在还没有办法用先进的仪器每天测量油藏在发生着什么样的变化，只有依靠油气井生产过程的生产数据来研究和观察油藏的变化。因此，人们在储量计算、油藏工程研究、编制开发方案时，当前区块内油气井生产产量就成为一个重要的参数。人们将每一口油井的生产数据从试油试采直到研究的截止日，连成一条线就可以看出这一口油气井的生产历史，将所有油井的数据连起来，选取一个面，就可以看出某一个时段这个区块的生产能力，从而证明油气藏的产能。再通过最新研究的地层压力、温度和油水关系等，可进一步发现剩余油，再编制新的开发方案等。

由此可以看出，尽管我们说功图计产存在误差，准确性不能令人满意，但是功图计产的连续性计量和可以远程传输的技术作用，加上数据来自遍布油田的成千上万口井形成的数据体，对于我们从立体角度研究储层变化和油藏产能还是很有价值的。我们只要保证功图计产的连续性，对于我们动态地检测抽油机工况、油井井况和油藏动态变化还是有很大参考作用的。

3. 功图计产的正确用法

功图计产的使用，需要正确地看待，也要正确地使用，不因为存在误差，就说不好而放弃，也不能因为计产不准确就说没有用而不用。关键还是要有一个正确的态度和正确的用法。

（1）在用前要对这个区块的油田地质、油气开发、油井现状、人员数字化的水平都要有一个很好的了解，对每一口井的基本参数要了解得很全、很准确，越全、越准，越好。

在使用开始，要针对每一口井对功图进行校对，根据每一口油井所得到的参数，对计产软件进行合理的修正。在有些商家看来，这是多此一举，因为商家提供的软件在数据模型建立和计算中已进行各种校正，现在就是一个产品，可以“放之四海而皆准”。对此的许诺，我们还是要进行很好的分析与考察，要看看其采用了什么样的算法，采用什么样的优化方法，智能程度达到多高，然后考虑是否可用。

在使用后要在数据处理中下功夫，一个好的平台系统是对数据从输入、数据处理到数据输出都是非常合理化的，尤其在对数据的处理要达到科学化的处理。由于功图从传感器采集开始，到生成悬点示功图，再到生成泵示功图，最后将地下泵示功图折算出井口的产液量，以上各个环节都存在着数据的损失，那么，在平台上对数据处理就要更加科学，对仅有的数据要做科学地分析、显示，特别是各种曲线的趋势等都要尽量的完美，不要将仅有的数据再度损失，加大误差率。

（2）建立一套良好的功图计产制度。有了功图计产制度，才能让功图计产真正发挥作用。

功图计产制图不仅指的是对采油工，对勘探、开发、生产工程技术人员做出各种的规定，而是要编制出针对不同井的结构、不同类型井、不同产量井的功图计产制度。这对于油田管理、油田物联网建设发挥作用以及功图计产发挥作用十分重要。

表 11.3 是一个示例制度，每个采油厂或者油田公司都应该编制出适合自己油田生产现状的量油制度，这些制度可以有效地发挥油田物联网的作用，可以有效地发挥功图计产的作用。

总之，功图计产是一个方向，需要加大算法研究与改进，同时要加强管理和制度化，从而就会成为一个可以改变油田计量方法的一次革命，同时也是解决世界性难题的重大突破。

表 11.3 功图计产制度表

井结构	区块级别	产量级	功图计产
垂直井	Ⅰ	Ⅰ	10min/次
	Ⅱ	Ⅱ	30min/次
	Ⅲ	Ⅲ	1 小时/次
斜井	Ⅰ	Ⅰ	10min/次
	Ⅱ	Ⅱ	30mim/次
	Ⅲ	Ⅲ	1 小时/次
水平井	Ⅰ	Ⅰ	10min/次
	Ⅱ	Ⅱ	30min/次
	Ⅲ	Ⅲ	1 小时/次

11.5 小 结

本章主要叙述了油田物联网功图诊断与功图计产的技术。

(1) 示功图最早来源于对内燃机功耗的测量。由于游梁式抽油机的工作过程与气缸类似，这种方法后来就被引入到对抽油机生产过程的监测，从而就形成了抽油机示功图。

(2) 功图诊断是油田物联网数据应用的一个重要组成技术之一。利用传感器数据，以实测示功图作为分析抽油泵工作状况的主要依据，实测示功图作为记录抽油机井泵工况的曲线载体，能反映出泵发生的各类异常现象，结合地质资料、井下技术状况、油井近期生产资料，可有效地进行机、杆、管、泵的工作状况分析与诊断。

(3) 功图计产是指利用在抽油机上安装的位移传感器和载荷传感器，检测抽油机在上下冲程中悬点载荷与位移关系的闭合曲线形成的示功图，由于它真实地反映了泵的工作状态，所以对此泵功图进行分析，可确定泵的有效冲程、泵漏失、充满程度、气体影响等，计算井下泵排量，进而折算地面有效排量，就能顺利地求出油井的产液量，将这种经过计算所得的计量结果称功图计产。

第 12 章　油田物联网进展与技术走向

油田物联网自提出以来，一直都走着演化与改进的道路，并在不断创新中发展。

12.1　油田物联网的嬗变

油田物联网的实质是利用传感器技术完成数据采集的过程，因此，油气田物联网走过了很长一段演化的路。

12.1.1　油田监测监控

油井监测监控是油田物联网最早的工程技术与建设方式，也是油气田物联网的雏形。因此，油井监测监控是指利用传感器技术采集抽油机数据，根据功图对抽油机工况和油井井况的诊断。

1. 油井监测监控的思想

油井监测监控的方式很简单，就是油田物联网建设中的单井模式。这个模式的基本思想就是只完成对一口油井的数据采集，利用功图对油井和抽油机进行诊断。

在很早以前，只有这样一种“单井版”的，就是一井一套，系统是独立的。为什么 RTU 被称为终端，就是因为 RTU 接收到传感器的电信号之后，可以进行处理，电信号转换成数字，完成示功图。人们根据 RTU 的功图，人工判断抽油机运行的工作状态与油井的现状。这在当时具有自动控制的过程，因此，称之为监控。

2. 油井监测监控的技术

油井监测监控主要技术是传感器技术。就是在抽油机上安装传感器采集数据。传感器分别为位移传感器和载荷传感器，通过位移传感器和载荷传感器的数据采集形成功图，完成对油井的工况和井况的诊断。这种采集模式如图 12.1 所示。

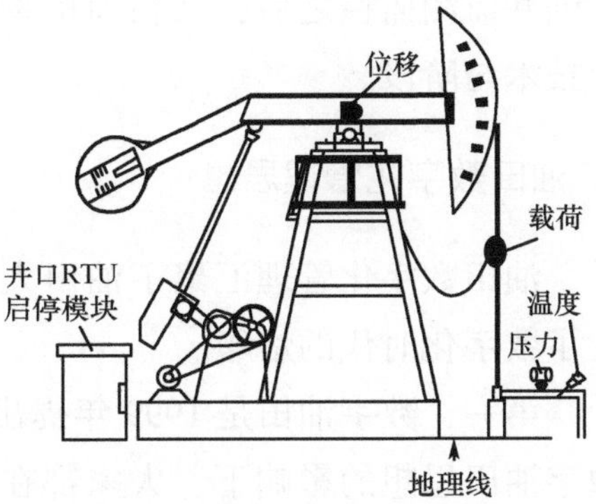

图 12.1　油井监测监控数据采集示意图

利用功图诊断这一技术，最早并不是在油田出现的，最早来自于内燃机运动及其原理。因此，人们将这一技术引入对油井和抽油机的测量、诊断和控制。

3. 油井监测监控技术的特点

油井监测监控具有以下明显的特点。

首先，借助内燃机的原理和传感器的技术，两者组合形成监测监控的技术，这在油田自动化技术上开了一个先河。一方面完成了对抽油机和油井的监测，另一方面完成了对抽油机的监控。

其次，示功图的出现是人们借助先进技术判断人们无法知道而非常想知道的抽油机运行状况与油井的状态，人们充分利用了这一技术，帮助人们能知道这两个“黑匣子”，可以提高采收率和节能降耗。

再次，借助无线通信技术——手机卡，将每一口单井的 RTU 数据传至办公室或者控制中心，形成网络，有人称之为“手机网”。一方面完成了单井数据到控制室的汇聚，可以使更多的油井和抽油机得到远程的监测监控，还可以快速地在对油井维护、作业进行决策时数据共享，提高了工作效率。另一方面为完成油田物联网的网络化打下了基础。

12.1.2　油田数字化管理

油田数字化管理是油井监测监控与数字油田共同的产物，这是因为油田数字化管理产生于数字油田提出之后，并借助了数字化的理念和思想，同时包含油井监测监控的全部技术。因此，我们说油田数字化管理从时间点上来说，是在油井监测监控之后，又在油田物联网之前，是油田物联网技术承前启后的一个技术与阶段。

1. 油田数字化管理思想

油田数字化管理汇聚了油田人的聪明才智，体现了油田人们的智慧，也打上了数字化时代的烙印。

第一，数字油田是1999年提出的，油田数字化给人们很深的影响，特别在数字油田思想的影响下，大家都在想，什么是数字油田？什么才能让油田数字化？更重要的是要让数字化思想变为油田生产过程可执行、可操作的技术，不能仅仅是一种理念。于是，人们想将油井监测监控技术与已有的站控技术集成，实现远程控制，这就是最好的数字化思想。这一思想的出现与形成，完成了一个历史性的突破，就是将数字油田从理念转变为技术。

第二，数字化管理集成了油田传感器技术的应用，并将传感器引申到油田生产运行过程的各个环节，同时完成了同油田油气生产管理流程、数据流程和信息流程的三流合一的过程，凝练为“让数字说话，听数字指挥”（来自长庆油田），既是油井监测监控技术的最高境界，又是对数字油田理论的最好诠释与落实。

第三，数字化管理的精髓是“让数字说话，听数字指挥”，一方面体现了当代油田生产运行过程的数字化，另一方面提升了油田生产过程的管理，是油田管理思想与管理行为的一次革命。

2. 数字化管理技术

数字化管理从技术角度上看没有太多或者太大的技术革命与创新。但是，作为数字油田技术，数字化管理具有重要的理论与现实意义。

首先，传感器技术沿用了油井监测监控技术，因为，在抽油机上安装的依然是位移传感器、载荷传感器，在站控中沿用了SCADA或DCS技术，而RFID技术基本上没有出现或者出现得很少。但是，大量引入了视频监控技术与各种自动化控制技术，如自动投、收球，远程启停、电子巡井等技术，使油田油气生产过程的数据更加丰富。

其次，无线通信技术。其包含光纤技术、无线网桥、电传技术和CDMA/

GRPRS 等一切数据的传输方式。在油田数字化管理中，需要对各种通信方式进行组合应用。

第三，数据集成技术。数据集成是数字化管理技术中最具特色的技术，它体现了数字油田建设以来坚持以数据为中心的建设思想，将数字化管理过程中的全部数据高度地管理和平台化，同时又体现了油田数字化“让数字说话，听数字指挥”的管理思想，很具有先进性。

在这里，我们很有必要讨论一下“让数字说话，听数字指挥”。

“让数字说话，听数字指挥”来源于长庆油田，这是对数字油田的数字化管理技术本质上的高度概括。从表象说是数字，紧扣了数字油田、数字化的思想，同时，数字油田其实就是数字、数据、信息转化的过程，即先有数字后有数据。这在油田数字化管理中体现得更加具体。因为传感器采集的是电信号，在 RTU 中所谓的数据处理，实际上就是要将电信号转化为数字，然后进行输出或者转化为功图输出。在数据管理中，我们管理的各种数据，包括结构化、非结构化的如视频监控的录像数据等，从本质上说为“让数字说话，听数字指挥”提供了依据和支持，实质上是数据在说话。

“让数字说话，听数字指挥”的深刻内涵体现在以下几点：

（1）尊重数据。这是数字化时代一种精神。因为，数字油田的数字是真实有效的。因为，数据是从数字而来，数字是从电信号而来。这些都是实实在在地由传感器从被测对象中采集而来的。所以，数字油田建设就是要体现数字化时代的数据精神。

（2）尊重事实。这是实事求是的一种精神，因为，实事求是是我国老一代领导人一贯倡导的一种科学态度，在油田得到很好的发扬光大。在当代数字化的时代，我们有条件利用最先进的数字油田技术，就是要用事实说话，数据就是最真实的、最可靠的依据。

（3）尊重科学。这是一种科学的精神，因为，数字油田在当前是最先进的理念，油田数字化管理技术在油田是当前最先进的技术之一。在先进理念引导下，在先进理论指导下，采用最先进的技术建设油田，这一技术本身就体现了它的科学技术的价值。

不过，需要强调一点的是，本书在论述中改了一个字，就是“让数字说话，用数字指挥”。一个“听”与一个“用”的区别主要在于主动与被动的关系。

“听”是被动式，它配合了“让”字，是完全尊重数字，一切都是数字说了算。其实，在数字化时代，也不能完全依赖于数字，数字是实事求是采集的，但是，还是离不开知识和智慧的作用。因此采用“用”数字，加入了人的智慧，将会更加科学。

数字油田是一个从数字到数据的过程，油田物联网是“让数字说话，用数据指挥”的过程，就是生产指挥、决策的依据与方法。

3. 油田数字化管理特征

油田数字化管理具有十分明显的特征。

（1）具有明显的时代特征。油田数字化管理就是数字油田时代的产物，油田数字化管理建设与技术出现在2008年，而且引起很大的轰动效应，这说明没有数字油田建设的时代背景与机遇，就不可能出现油田的数字化管理。

（2）“三端五系统三辅助”的特征。这是我国长庆油田在实施油田数字化管理建设过程中的深刻的体会，也是长庆油田完成油田数字化管理建设后的经验总结与高度概括，前端、中端、后端实际上在技术架构上体现了数字化管理建设的三层架构，从数据链路上完成了数据采集、数据传输和数据的管理应用。五系统和三辅助是现代计算机管理与数据应用的体现，也是数字油田建设以来最先进的管理方法之一，是数字化管理的基本技术与手段。

（3）油田物联网的特征。油田数字化管理其实就是油田物联网。在油田物联网的理念与技术之中，我们认为油田数字化管理就是由油田物联网来体现的，因此，我们说油田数字化管理具有十分明显的油田物联网特征。

所以，从油田物联网发展的演化过程看，油田数字化管理将油田物联网从油井监测监控的雏形，到油田数字化管理，最终形成油气田物联网是必然的。

12.1.3 油田物联网

本书的全部内容都是对油气田物联网的讨论，但是，为了叙述油田物联网的演化过程，我们还是要对油田物联网再一次做些交代。

1. 油气田物联网思想

油田物联网思想非常明确，就是为了适应时代发展而引入物联网的理念，形成了油田物联网的理念与思想。

第一，油田物联网是新理念、新技术。在油田，由于已经有了油井监测监控技术和油田数字化管理建设的良好基础，利用感知原理对油田油井、站库、物资、设备的数据采集、信息跟踪，形成了油田的物联网。因此，这是适应时代发展需要的一个新理念、新技术。

第二，物联网是国家倡导的重大技术与产业战略。在我国现阶段重点培育和发展新一代信息技术、生物、高端装备制造、新能源、新材料等七大战略性新兴产业中，油田物联网就是新一代信息技术之一。

第三，油田技术发展的需要。油田是一个非常特殊的行业，其产品就是流体性质的油和气，对于实现信息化与工业化的深度融合要在产品上升级换代没有可能。因此，只有将数字化技术、信息技术作为内生要素渗透在油田油气生产环节与生产设备之中，从而提高生产设备的性质，改善生产设备的功能，提升生产工艺技术，改变生产管理方式等。油田物联网技术在目前是最好的技术，油田物联网是完成数据采集、数据传输与存储、数据管理与应用最好的方式。

2. 油田物联网技术

油田物联网技术在本书中进行了系统而全面的论述。

在这里我们还要强调一点，就是油田物联网技术包含采集技术、传输技术、管理技术和数据挖掘、应用的技术，是目前油田中最先进技术的集合体之一，体现了各种先进技术的最优组合，体现了最先进技术在油田生产过程中整体效应。

3. 油田物联网的特征

油田物联网的特征还是十分明显的，主要表现在这样几点：

第一，表现出了明显的时代特征。油田物联网在我国可以与物联网具有同发优势。

第二，表现出独特的技术特征。油田物联网的技术不同于物联网概念的技术。油田物联网有着自己独有的技术特征，这就是大量的传感器技术的应用。

第三，数字油田特征。油田物联网为油田所独有，油田借助油田物联网，将油田生产过程中的所有设备、技术、环节进行了组合、整合与融合，形成了油田一体化远程指挥调动、端对端的劳动组织方式与架构，这一技术与方式非常适合于点多、线长、面广的油田生产企业。所以，表现出了明显的油田采用先进技术，实现业务流、数据流、信息流较好融合的特征。这其实就是数字油田的特征，因为，在油田只有数字油田才能将三流统一。

总之，油田物联网技术的发展与演化过程，虽然其历史并不长，但是，也走过了一段不短的探索与发展之路。

12.2 油田物联网的问题与展望

油田物联网是一个新生事物，油田物联网的建设才刚刚起步，油田物联网还没有规模化的建设与规范化的应用。因此，现在说发展趋势，的确为时过早。对此，我们只能做一些探索。

12.2.1 油田物联网的问题

目前，油田物联网还存在很多的问题，主要列举如下。

1. 油田物联网自身不足的问题

主要有：

(1) 油田物联网先进技术不是直接作用于油田生产过程，而是要渗透在油田油气生产过程的设备之中，它不能直接带来油气产量的提高，也不能直接做到提高采收率，更不能直接发现油气资源。

(2) 油田物联网需要大规模的网络做支撑。网络包括有线网、无线网络等，是一个很大规模的网络体系。因为没有网络，数据就无法传输，只有建立起网络体系，才能实现前端与后端的的“端”对“端”的作用价值。

(3) 投资比较大。油田物联网建设确实投资很大，这是因为其工程量比较大，投入的设备和装置比较多。数据远传需要网络，从而建设期的投资较大，造成了现在的建设与发展的速度比较慢。

2. 建设中问题

油田物联网建设也带来了很多的问题，主要有：

(1) 概念上的混乱。数字油田、数字化管理、数字化井场、数字化站等名目繁多，搞乱了视听。当然，把油田的数字化管理建设认为是数字油田建设的居多。

(2) 技术的混乱。油田物联网所采用的全部技术仍然是原有的油井监测监控技术，能够有标准可依的技术只有传感器技术、通信技术、网络技术和数据库技术。

(3) 建设队伍比较乱。建设队伍良莠不齐，使得工程建设难保质量，从而后患无穷。

12.2.2　油田物联网的展望

其实，对油田物联网的研究和探索，自单井监测监控起，就没有停止过。

1. 技术探索

在技术上探索有很多方面，而且还有很好的成果。

1) 对采集系统的改进

数据采集主要是安装传感器，但是，传感器除了参数、精度等问题外，还有安装、维护等问题。因此，大家对此有很多的改进。例如，将载荷传感器由筒式的改为“U”形的，这一改进，大大地方便了安装与维护。改进最大的是一体化传感器，就是将位移传感器通过计算同载荷传感器采集的信号在电脑中完成功图。随着通信技术、太阳能技术的发展，传感器改进为太阳能一体化无线传感器，分别有筒形传感器和“U”形传感器两种等。

由于我们没有进行过几种改进后的传感器的测试，因此没有根据评价这些改进后的精度。但是改进后，从安装、维护和节能降耗方面确实具有先进性。

2) 对通信技术的探索

通信方式的选择有很多学问，也是一个经济学问题。选择的不好就会花费很高，因此，大家都在想办法，刚开始大多采用 CDMA/GPRS 等。

在丛式井和井距比较小的井区采用 ZigBee 通信方式，这是一次很重要的改进。现在只有井组 RTU 一个，大大降低了成本。所以，这是一个很好的选择。

目前很多无线一体化采集设备都采用这一通信模式。

3）大规模技术集成的创新

油田物联网由各种技术组合集成，海量数据采集、传输、汇聚，形成油田物联网技术在多领域、多专业应用的多管理系统，在油田都得到了很好的运行。特别是对数据的分析应用，从二维结构的报表、图式已经发展到三维可视化和基于GIS的定位三维可视化管理。随着移动互联网的发展，目前领导在任何地方、任何时候办公及远程开会都已实现。

因此，油田物联网在数据建设与管理、系统建设与开发、平台建设与应用等方面，都是一个很大的创新。

2. 建设模式的创新

由于技术在不断地改进、完善和创新，油气田物联网的建设方式也发生了很大的变化与创新。

油气田物联网建设方式有很多，从数据传输方式可以划分为有线方式、有线+无线方式、全无线方式、一体化无线方式和太阳能一体化无线方式等。从字面上看，它们之间的差别并不大，其实每一个方式之间从实施安装工程方面来说变化非常大，都是一次改进和创新，都是一次进步。

（1）采用了太阳能或者锂电池供电，不但实现了节能降耗，降低了成本，更重要的在工程施工中没有了接电源、开挖地埋等的施工过程。降低了成本，减少了施工周期。

（2）采用ZigBee通信方式。可以自组织组网，对丛式井或者井距比较小的井群特别好。不但降低了成本，还提高了通信能力。在施工过程中也去掉了接线、开挖地埋的过程，大大提高了工作效率。

（3）数据进行了集中汇聚、处理，提供了效率。对数据传输与统计分析都提供了便利。

3. 管理方法的创新

油气田物联网建设管理方法创新包含两种含义：一是通过油气田物联网的建设，油田企业的油气生产运行管理和劳动组织架构发生了变革；二是油气田物联网自身的管理方式也发生了很大的变革。

（1）油田物联网管理架构更加清晰。结合油田分散的特点，采用三级组织管理，即油田公司、采油厂、采油大队（联合站）。油田公司负责宏观管理、远程监督、重大事故预警、预案处理和指挥调动。采油厂负责数据分析、应用，是工程、设备管理的主体单位。大队（联合站）是油井、站、库精细化管理与执行方案的主体。做一个比喻，相当于给油井看病，采油厂是“中心医院”，能够开出“处方”；大队是油井“护士工作站”，对油井“医院开出的处方”予以执行与维护。目前，这样的架构和职能更加清晰。

（2）对于油田物联网建设与归属，过去一直不清晰。油田物联网通过近几年的建设实践，总结经验教训和规范化建设后，也逐步地规范化了。建设与管理应用的主体、责任开始清晰，从而维护也开始有了着落。如有的油田企业对RTU的外形尺寸、颜色和材料都加以统一。

（3）油田开始迈入数字油田的管理时代，即油田企业转型升级开始发生变化。数字油田建设的目的是寻找更多的油气资源，提高采收率，延长油田的生命周期。油田物联网作为数字油田的重要的组成部分，已经在改变油田企业的组织建构，改变油田企业生产运行管理方式和提高工作效率，减员增效取得明显的效果。因此，未来的油田一定是数字油田的管理模式，即“让数字说话，用数字指挥”的管理方式，精简管理环节，优化管理过程，完成数字化的指挥调动与决策的管理模式。所以，数字油田的管理方式一定会到来。

12.2.3　油田物联网系统技术的创新

油田物联网系统是指油田物联网的全部技术组成与过程，包括建设与运营、维护及创新等全部。但是，系统创新主要体现在某一个方面发生了变革，整个体系都会发生大的变革。

1. 油田物联网采集系统技术创新

长期以来人们都有一个愿望，就是尽可能地减少传感器，除了减少安装施工、维护的工作量外，也降低因传感器精度带来不准确的风险。变革的办法有如下三种。

（1）不用位移传感器，只用载荷传感器。这种方式比较多，目前市场推广的筒形和“U”形的一体化传感器都是这种方式，而且在很多油田都采用。

（2）不用载荷传感器，只用位移传感器。这种技术认为载荷可以通过计算获得，位移采用角度位移传感器，将计算获得的载荷与位移测得的数据形成功图。

（3）如果上述两种都成立的话，就等于两个传感器都可以不要。因为有学者进行了探索，提出抽油机井非承载式功图遥测技术，其技术原理是检测游梁应变，计算悬点载荷，检测游梁倾角，计算悬点位移。其优点是只检测游梁应变和倾角，不直接承受载荷，使用寿命长；检测装置集成度高，批量生产成本低，有利于大面积推广；安装位置高，不受油井作业影响，避免人为破坏，可长期免维护运行（马广杰，2012）。这个技术正在研究中。

根据以上的分析，要完成减少传感器，或者完全不要传感器，必须要做到这样几个条件：第一，电压是恒定的，井场电压保持在一个稳定的状态，供电电流是稳定的。第二，电机是鲁棒（结实）的，就是电机寿命要长、稳定，不容易被频繁调动平衡而损坏等。第三，抽油机性能是良好的。

但是，目前要达到上述这三点，还是比较困难的。

2. 数字抽油机

数字化抽油机的概念是在抽油机设计、制造时，将原有的数据采集与调冲次、调动平衡同时设计在一起。在井场安装抽油机时，一并安装到位，待抽油机开始工作，油田物联网中的井场数字化建设也已经完成。这样的数字化抽油机优、缺点并存，主要有：

（1）优点在于从设计、制造、安装都是一体化，减少了油田物联网立项建设的麻烦。真正意义的数字化井场建设，就是“交钥匙”工程。

（2）问题也很明显。这不是仅仅一个采集装置，而是要同井区的通信系统紧密联系在一起。数据传输要快、要准、要实时。因此，数字化抽油机制造厂要具备油田物联网的能力和专业技术人员。同时，数字化抽油机的制造成本增加，销售价格增大，油田公司是否能够接受，应该是一个问题。

3. 油田物联网油井控制与节电系统

我们的理念是，电动机采用稀土永磁机电机，抽油机采用常规抽油机，安装位移传感器，根据电流与力矩的线性关系，求得载荷，将稀土永磁机的伺服系统同 RTU 优化集成，然后，可完成功图数据采集，实时调冲次，实时调平衡，做到最优化。通信方式在井场采用 ZigBee，主干通信采用多种通信模式可任选。

稀土永磁同步伺服电机，用稀土磁钢代替异步感应电机的鼠笼结构，为气隙磁场提供磁通。所以，它不再需要励磁电流，这就允许几乎所有的电机电流可全部用于输出转矩。因此，无论与哪种控制方式的异步电机相比，稀土永磁电机都能极大地改进输出转矩。具有很多优点：

（1）伺服拖动系统可以实现连续、稳定的调速功能，满足抽油机调整冲次的要求，调速操作简便，大大降低了现场工人的作业强度。

（2）伺服拖动系统运行电流小，对电网的影响小。可以较好地解决抽油机“大马拉小车”的问题，提高了电力拖动系统的效率。

（3）伺服拖动系统的平均有功节电率为 30.6%，无功节电率为 98.9%，综合节电率为 39.46%，节能效果十分显著。其最大的优点就是轻型化、多性能、多效节能化。

同油田物联网系统结合，具有的特点与创新点包括：

（1）调速操作简便。具有连续、稳定的调速功能，满足抽油机调整冲次的要求。

（2）降低作业强度。调速操作简便，大大降低了现场工人的作业强度。

（3）延长设备使用寿命。实现了驱动特性与机械负载特性的最佳匹配，延长了设备使用寿命。

（4）节能效果显著。根据实际应用统计数据计算，伺服系统较原驱动方式具有显著的节电效果，对于高产油井，抽油机负载越大，冲次频率越低，节电效果越明显，可达到 30% 的节电效果。

（5）智能化操作。实现了全数字化伺服控制，可将油井各类生产参数无线传输至生产监控中心。

（6）完善的保护功能。具有过流、过压、欠压、超温、缺相、过载、失载等保护功能。

总之，技术在发展，创新就不断。油气田物联网技术在发展中创新，油气田物联网系统就在建设中创新发展。

12.3 油田物联网的技术走向

油田物联网的技术走向，预示着油田企业技术的未来。从国家战略上来看，第一，坚持倡导信息化与工业化深度融合，目前油田物联网就是“两化”融合在油田中最好的落实和具体的实践。第二，物联网技术是国家倡导的新型技术产业之一，物联网技术的发展一定会促进油田物联网技术的发展。第三，国家最近要实施4G通信战略，通信技术的发展与带宽提高及覆盖增强，对油田物联网的发展十分有利。因此，根据国家战略与油田需求分析，油田物联网技术将会发生更加深刻的变革与创新。

12.3.1 油田物联网新领域走向

本书重点研究的油气田物联网，是狭义的油田物联网。其实，未来油田会将各个专业领域的物联网技术集成到一起，形成更加广泛意义的油田物联网。

1. 数字勘探物联网技术

数字勘探物联网技术是油田物联网技术的一个重要组成部分。目前新兴出现的技术主要包括如下几个方面。

（1）数字随钻技术。数字随钻技术在国外有，在国内也有，但在之前都是一个孤立的系统。除了数字随钻技术的数字化的难度与技术含量比较高外，由于钻井区域大都处在偏远和通信条件很差地域，严重地影响了油田物联网的集成，只是一个孤立的系统或者是现场技术。

（2）数字录井技术。数字录井的概念已不再是对钻井泥浆人工测试的分析，数据电脑管理，现在研发出一套数字化、智能化的录井测试分析设备及系统，这也是传感器测试与分析的过程。在之前也是一个孤立的系统，也同样存在受到勘探、钻井环境与条件的限制，没有办法同油田物联网的集成。

（3）数字测井技术。数字测井技术相对前两者要早，数字化的程度比较高，应用得也比较好，而且作为重大技术，国家在相关高技术领域立项研究，也取得很好的进展与成果。但是，也同样存在没有与油田物联网集成的问题，目前还是一个孤立的系统。

2. 数字开发物联网技术

数字开发物联网主要指对油藏的智能监测与控制，同样也是油田物联网的重要组成部分。

（1）数字油藏物联网是将温度、压力传感器置入井下、储层中，对油藏温度、压力的感知。这项技术在我国很多油田正在采用，尤其是稠油开发中的 CAGD（辅助重力泄油）技术中，这样可以对油藏温度、压力的变化过程进行实时的检测。这种技术的发展可以构成地下油藏物联网。但是，现在还是一个孤立的系统。数字油藏物联网的走向是迈向地上地下一体化三维可视化的重要一步，这项技术与集成技术正在探索之中。

（2）分析化验数字化与物联网技术。油田试油试采数据对油田地质研究十分重要，长期以来，都要在采油厂收集整理，很多数据不全、不准，不可靠。因此，严重影响了地质研究和开发方案的编制。目前很多油田都在加强对分析、化验测试数据的数字化管理，在试验分析中引入了智能化的测试设备，对完钻井、试油试采、压裂等实现数字化采集与数据管理，建立了相应的网络通信模式，进行远传到控制中心，实现数据共享。当然，现在还没有同油田物联网系统集成，有的油田已经实现，大大地方便了数据的集成管理。

3. 勘探开发一体化物联网监测技术

监测技术所采集的数据为复杂油田勘探开发提供了决策依据，提高了油田开发水平。勘探开发一体化认识油藏，主要包括复杂油气藏储层识别和评价，压力监测，注入剖面、产液剖面监测，多相流体监测，高效实施产能建设。其关系如图 12.2 所示。

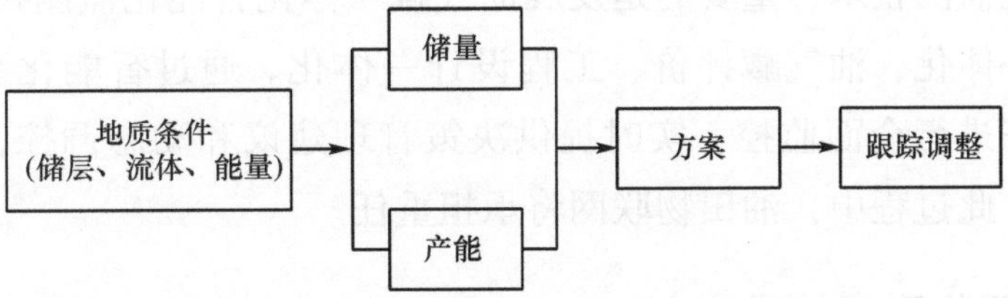

图 12.2　复杂油气藏储层识别和评价监测

在油田开发过程中，对于深化剩余油认识，实现油田稳产，目前主要是：①高含水油田的问题，包括剩余油更趋分散；②找准剩余油，解决在哪里打高产井的问题；③建立有效的井网，提高波及系数和驱油效率等。对此，加大监测工作十分重要，监测的内容有：①剩余油饱和度监测；②注入产出剖面监测；③大斜度井、水平井测试；④分层测试；⑤碳酸盐岩油藏监测；⑥稠油热采高温高压测试；⑦酸性气藏大流量、多相流测试。

实际上，以上这些都是高难度的测试，但是，这些都是将来一定会得到解决的油田物联网技术之一。我们以特高含水期复杂油藏开发调整的为例，看其技术难题与监测（表 12.1）。

表 12.1 复杂油藏开发调整和技术难题与监测

序号	油藏类型	开发矛盾	难点	监测措施
1	厚油层，断块	高含水、高采出程度，基本技术废弃	如何进一步强化水驱	油田物联网监测
2	多油层，断块	存在层间干扰，非主力薄层水驱动用程度低	如何最大限度地实现纵向上均衡水驱	油田物联网监测
3	复杂，小断块	小规模碎块未动用、已动用小块未注水	如何实现小碎块经济动用和有效水驱	油田物联网监测

表 12.1 中所列只是油藏开发中的部分问题，现在遇到的开发难度远远超乎我们的想象。因此，要提高开发水平，解决这些开发矛盾，必须加强监测。油田物联网的未来就是要开拓新的领域，将现在油气勘探开发中的问题综合起来，利用油田物联网技术加强监测，系统解决。目前已经有的技术和正在兴起的技术如图 12.3 所示。

发展智能监测技术，重要的是发展油气藏一体化智能化监测技术，如测井、射孔、测试一体化，油气藏评价、工程设计一体化。通过智能化系统，对全油田的生产动态进行全面监控，实时提供决策管理建议和动态调控，提高油田产量和采收率。此过程中，油田物联网将承担重任。

12.3.2 油田物联网技术走向

油田物联网的发展是必然的，这是因为电子技术、信息技术、数字技术都

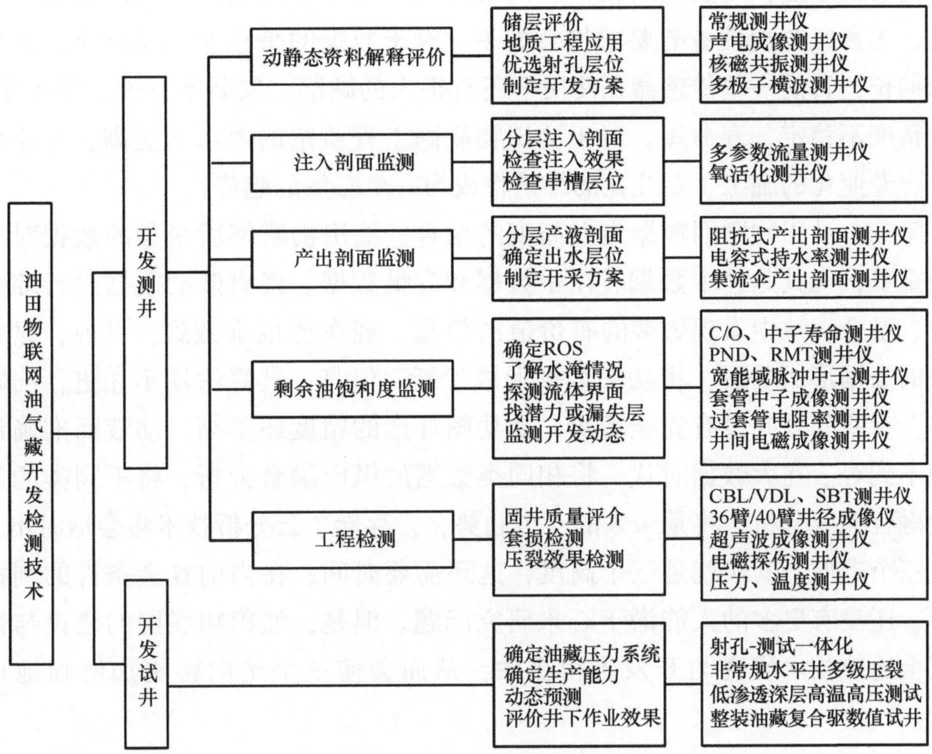

图 12.3　油气藏监测方法与技术

在快速地发展中。这些基础性的技术的发展，必然带动和促进油田物联网技术的改进与发展。

1. “三高”技术走向

当前油田物联网技术大体上表现在“三高”上。

第一，油田物联网系统走向高度集成。系统集成是油田物联网的基本特征。就单个物联网技术而言，其也不仅仅是一个射频技术，而是集成了多个技术形成的无线物联网技术。而油田物联网由物联网技术与油田生产过程技术的结合。加之油田生产的特殊性，更是需要多系统集成为一个大系统。

第二，油田物联网产品走向高清晰、高精度、高质量。目前油田物联网设备比较乱，有些是设备，有些是装置，有些是一体化产品，精度、质量都存在很大的问题。对监测监视产品要求高清晰，能适应各种复杂的条件与环境，达到很高的清晰度，特别是对夜间、阴雨天气条件下的巡视设备要求更高。对多角度、无盲区监视设备的要求将会更多。对于数据的采集要求精度高、设备校正周期长，目前一些传感器在使用中还有很大的缺陷，安装不方便，维护困难，而且精度不稳定，寿命短。对于油田物联网工程质量的要求会更高，专业化的设计、专业化的施工、专业化的维护将成为一个必然的趋势。

第三，油田物联网数据走向高度的融合。油田物联网所采集的数据对油田十分重要，尤其是井中数据、注水数据和产量数据。将离散的数据进行综合的整合、融合，从中发现更多的有价值的信息，现在还很难做到。目前，只能将油井的数据形成功图，将功图数据形成诊断。但是，其算法还不先进，问题还很多，有些问题并没有完全解决，如功图计产的精度还不高，动液面准确计算还做不到等。在大数据时代，将相同类数据的纵向融合分析，将不同类的数据横向融合深度分析，将是未来的一个趋势，云存储、云分析技术将会适时出现。

三个走向，其实就是三个高度，这还需要时间。在当前社会条件的利益驱动下，还没有更多的人能潜下心来研究问题。但是，油田物联网的建设与快速发展会迫使技术研究与开发走得更快，从而会使三个走向将更加清晰地显现出来。

2. 油田物联网的嵌入式技术走向

随着油田物联网技术的发展，特别是计算机技术、通信技术、网络技术和控制技术各自的发展与相互融合，尤其油田物联网技术融合的需要，控制技术不再是孤立的个体，而是基于某种协议的网络化控制系统。随着工业以太网技术的应用与发展，设计者可以利用嵌入式软、硬件，在单片机系统上实现以太网技术，即嵌入式以太网技术。

如今，如何成功地把嵌入式以太网技术应用到工业控制领域，已成为热门的研究方向之一。微电子技术和微处理器制造工艺的提高以及网络技术的飞快发展，使得构建基于 Internet 的嵌入式远程控制系统能够得以实现，这样的远程控制系统可以直接通过 TCP/IP 网络协议接入 Internet 实现远程控制，从而可以真正实现不受时间、地域限制的远程控制系统。这正是油田物联网继续的技术之一。

嵌入式系统是要嵌入到对象系统中去，能够满足对象要求的最小软、硬件配置及对象系统控制要求的计算机系统。嵌入式系统按形态可分为三种：①芯片级嵌入式计算机即微控制器，俗称单片机；②模板级嵌入式计算机，即以8位、16位、32位微处理器为核心的板卡或模块；③系统级嵌入式计算机。这在未来油田物联网技术发展中将是一个新走向。

3. 油田物联网智能化走向

油田物联网走向智能化是一个需要认真讨论的话题，因为有学者认为油田物联网本身就是一个智能化的体系，原因是采用了更多的传感器、远程控制等技术，其本身就是智能化过程。但也有学者认为，智能化是一个独立体系，可以构成智能的油田。

我们看看国外，在20世纪中后期，国际石油大公司根据油田艰苦行业的用工难、成本高、风险大等难题，都先后采用了远程自动化控制系统，被大家称为智能化。例如，尼尔森油田，早在在1994年就将试井数据采集、生产数据检测、动态配产、模型修正等工作在软件平台上完成，实施动态优化，远程海上平台指挥调动等。其实这些功能在油田物联网中完全具备，那么，完全没必要再称之为智能化了。

然而，油田物联网需要更加智能化是很有必要的。智能化具有非重要的几个特质，就是聪明、反应快、反馈控制。反映在智能化系统中就是识别能力强、时效性强和控制力强。目前油田物联网最基本的功能都有了，但是“聪明、反应力和控制力”还不够。因为目前我国大多数油田都进入高含水期的中晚期，面临着油田设备组合复杂、工作效率低下、产量过低、过早衰竭、生产设施故障率高难发现、高耗能却产能低等严峻问题。油田物联网就需要更加“聪明”，就是能够快速识别，反应快，时效性高，油田物联网本身环节需要更好地优化，协同性强，这样就会更好地发挥油田物联网的智能化的作用。

12.3.3 油田物联网其他技术走向

1. 控制中心与现场互动技术

现场互动是一个很重要的技术问题。解决的根本办法是控制端高效、准确地判断与决策。但是，目前还做不到，原因很多，最重要的就是整体技术还不够先进。目前建设单位希望能够做到前端和后端、指挥中心与现场自如地互动。当然现在也是实现了一部分，如视频监控、电子巡井、闯入报警等，但是，互动的技术含量不高，流畅性和自如性都不好。这需要对设备、产品、通信链路上的技术、控制平台技术，包括算法的改进。

所以，油田物联网要在整体系统中解决技术难题，在细节上消除技术难点，这样才能取得更快的发展。其实还有很多需要创新的技术和问题，希望发挥所有关注油田物联网的人们的智慧，不断发现，不断创造，不断发展，不断创新。

2. 油田物联网价值技术

油田物联网具有很高的价值，油田物联网具有很大的贡献，其最大的价值体现在这样几个方面：

(1) 油田物联网所采集的数据。这些数据是来自于人们对被测对象和最关心的事件的感知、感觉的结果。这些结果需要以最快的速度和方式表达，数据是最好的办法。例如，井间现状利用功图诊断、分析，泵工况用功图诊断分析，油井压力、温度对原油压力、温度的分析，以及注水量等都是利用所采集的数据获得结果。

(2) 实时、动态与连续分析。数据的价值在于真实和实时、连续。连续的数据可以反映每一个时刻的现状，利用人工或者其他任何办法都没有可能实现，只有在油田物联网技术条件下，才能连续地采集数据，从而满足对油气水井井况、抽油机工况等油田生产动态的实时掌握与控制。

(3) 真实、有价值的数据带来效率与效益。油田物联网所采集的数据不但可以在生产指挥调度中实时完成预警、控制，从后端在秒级时间内检测到前端的状态，还可以分组内远程控制提高工作效率，更重要的是连续的生产产量数据可以提供给地质研究人员完成油藏工程方案编制，从而布井打钻，还可以提高采收率，提高经济效益。

但是，油田物联网需要一个更加高端的集成，这一个平台不是目前所拥有的传统技术平台，而是我们正在研发的基于四维空间技术的平台技术。这一技术突破了以往平台技术的瓶颈，其数据建模技术与范式更加先进，与众不同。主要表现在对低空耗、庞大的数据体存储困难等技术的创新。

3. 绿色油田物联网技术

低空耗是油田物联网必须解决的一个问题，是绿色油田的关键。在油田物联网的整个数据链路上，如何解决能量的消耗，是油田物联网技术必须要解决的一个难题。因为，数据传输与储存管理中耗能比较大，原因来自于数据接收、发送、搜寻以及空闲时间的空耗等。从一个物联网系统中，可以看出油田物联网能耗来源（图 12.4）。

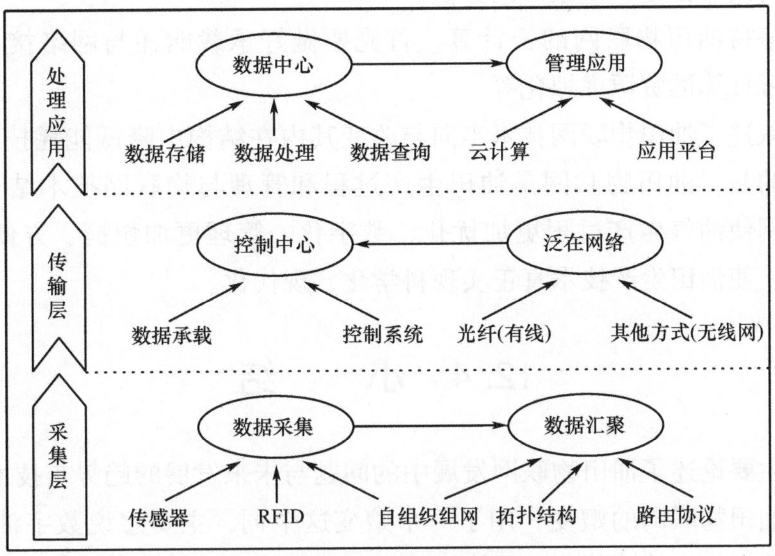

图 12.4　油田物联网能耗源

从图 12.4 中不难看出，油田物联网能耗主要来源于数据的传输与数据的存储。

（1）在数据采集与传输中，通信协议采用竞争方式使用共享的无线信道，节点在发送数据的过程中，会引起多个节点之间发送的数据碰撞，需要重传发送数据，从而消耗节点更多的能量。

（2）通信节点空闲侦听的功耗很大，在油田物联网中，油井经常需要修井作业，如果某一口油井正在作业之中，整个网都处在侦听状态。就是节点在不需要发送数据时，一直保持对无线信道的空闲侦听，以便接收可能传输的数据，这种耗能会很大。

（3）节点接收并处理不相关的数据。数据中心存储大量的同类数据，造成了很大的负担与耗能，控制中心耗能主要来自于照明、通风、空调制冷等。

解决的办法，就是坚持倡导绿色油田。现在的基本技术走向是：

（1）坚持绿色感知的传感层技术，实施高能效的数据采集，主要是优化设计通信模块的低功耗，减少干扰，减少碰撞，采用本地计算和数据融合等。

（2）坚持高能效的数据汇聚与处理，除了采用各个路由平衡网络能耗，以减少通信流量的高能效路由协议外，减少额外开销、增加冗余校验和纠错机制、延长睡眠时间等都是一个很好的办法。

（3）坚持油田物联网的云计算。首先要做好承载能耗与网络接入的耗能，其次就是云计算的资源虚拟化等。

以上叙述了油田物联网技术走向与改变其内在结构中降低能耗技术的创新。需要重申的是，油田物联网是油田生产过程和管理与物联网技术结合的产物，油田物联网使油气生产过程更加优化、数字化，管理更加快捷、方便，提高了工作效率，使油田生产技术真正实现科学化、现代化。

12.4 小　结

本章主要论述了油田物联网发展中的问题与未来发展的趋势与技术走向。

（1）油田物联网的嬗变，用了一个嬗变这个词，主要想说数字油田是在慢慢地发生着变化，从油井监测监控、油田数字化管理逐步演化到油田物联网。

（2）油田物联网的发展趋势是人们非常关注的问题，油田物联网建设发展趋势在于走向高度集成，油田物联网的技术发展趋势在走向高端，主要是高精度、高质量、高清晰和智能化。

（3）油田物联网建设的技术走向，取决于油田物联网的走向。对当前各种技术和先进技术的趋向做了简单的介绍，特别是关于油田物联网系统技术和微小的环节技术做了简单的探讨，如低空耗问题等。由于受篇幅限制，本书没有展开叙述。

总之，油田物联网技术在发展中创新，在创新中前进。

参考文献

柏杨. 2011. 基于复杂事件处理技术的 RFID 中间件研究与设计. 成都电子科技大学硕士学位论文

常杰. 2011. ARM 与 ZigBee 结合的分布式 RFID 信息采集研究. 重庆大学硕士学位论文

陈友勤. 2011. RFID 安全协议研究. 福建师范大学硕士学位论文

高志亮. 2011. 数字油田在中国——理论、实践与发展. 北京：科学出版社

高志亮，李忠良. 2004. 系统工程方法论. 西安：西北工业大学出版社

黄漫国，樊尚春，郑德智，刑维巍. 2010. 多传感器数据融合技术研究进展. 传感器与微系统，29（3）：5~12

蒋大伟. 2012. 基于功图量油的产量智能分析与控制系统. 西南石油大学硕士学位论文

李超. 2011. 2. 45GHz RFID 标签天线及阅读器天线设计与研究. 西南交通大学硕士学位论文

李方园. 2011. 图解传感器与仪表应用. 北京：机械工业出版社

李庆海，郑秀丽，颜海峰. 2012. 基于 RFID 的物流运输服务系统设计与实现. 山西科技，（5）：45~60

李文仲，段朝玉. 2007. ZigBee 无线网络技术入门与实践. 北京：北京航空航天大学出版社

梁宝娟，高志亮. 2010. 物联网技术在数字化井场建设中的应用. 西安邮电学院学报，15（6）：88~91

梁晨. 2011. 基于物联网的 RFID 安全认证协议研究与设计. 西安电子科技大学硕士学位论文

林朝安，周勇，黄志丽等. 2012. 基于 RFID/GPS/GPRS 的货物监控与管理系统. 装备制造技术，（9）：33~35，39

陆晓君. 2010. ZigBee（物联网）无线网络电能管理系统设计与选型方案. http：//www. ca800. com［2013-5-30］

马涛. 2011. 功图量油系统在红庄区块的应用. 科技信息，（19）：74，76

裴蓓等. 2010. 现代传感技术. 北京：电子工业出版社

钱陆飞. 2011. RFID 标签应用性能评估研究. 上海交通大学硕士学位论文

冉新权，朱天寿. 2011. 油气田数字化管理. 北京：石油工业出版社

王伟，杨岩谷，闫学峰，等. 2011. 大庆油田提高功图量油精度的研究. 中国石油和化工，（9）：57~59

王稳. 2012. RFID 在学生标签识别系统的研究. 装备制造技术，（10）：

无线龙. 2011. 现代无线传感网概论. 北京：冶金工业出版社

王晓晖，杨文礼，彭旭峰. 2010-7-23. 大长庆是怎样长大的？中国石油报

徐勇军，刘禹，王峰. 2012. 物联网关键技术. 北京：电子工业出版社

薛建泉，岳广韬，张国栋. 2012. 抽油机井地面示功图量油技术研究. 石油钻采工艺，（3）：61~66

杨伟. 2011. 功图法在油井产量计量中的应用研究. 机械，（4）：64~67

杨永刚，王宝明，吴文瑞，等. 2012. 提高功图量油系统精度研究与应用. 石油化工应用，（10）：62~65

姚宇青. 2011. 基于有源 RFID 的无线传感器网络的研究与应用. 浙江工业大学硕士学位论文

余金泽，彭永刚，关成尧，等. 2009. “功图量油”技术的发展. 中国石油和化工，（4）：51~54

张清. 2011. 无线传输技术在油气生产物联网中的应用. 兰州理工大学硕士学位论文

张晓丽，杨会峰，张正文. 2012. 基于 RFID 技术的电力通信备品备件管理系统设计与应用. 河北电力技术，(5)：20~22

周艳. 2012. 基于 RFID 的物联网仓储实验系统设计. 长江大学学报（自然科学版），(8)：121~123

邹文. 2011. 基于 RFID 的上下文感知若干关键技术研究. 中南大学硕士学位论文

周锡生. 2011. 2010-2011 年中国物联网发展年度报告. 中国国际物联网大会：1~2

Hasan Z, Boostanimehr H, Bhargava V, 2011. Green Cellular Networks: a Survey, some Research. IEEE Communications Survey & tutoritials

IEEE Sed 802. 15. 4. 2003. http://www. zigbee. org

Sang J, Lopez S, Kim D. 2007. The EPC Sensor Network for RFID and WSN Integration Infrastructure. *In*: Proceeding of 5th Annual IEEE International Conference on Pervasive Computing and Communicating Workshops. March 2007, 618~621

Law Y W, Palaniswami M, Phan R C, et al. 2009. Secure Data Aggregation in Wireless Sensor Networks, Guide to Wireless Sensor Networks. New York: Springer Press, 533~559

Weng X, Gao D, Niu Z. 2010. Energy-Efficient Cellular Networks Planning under Insufficient Cell Zooming. IEEE VTC' 11, 1~5

ZigBee Specification 2006. http://www. zigbee. org

后　记

《数字油田在中国丛书——油田物联网技术与进展》，作为《数字油田在中国》之一，是研究油气田物联网技术的专著。我们跟踪这一技术研究了 9 年，工程实施建设了 8 年，软件、硬件产品研发了 5 年，先后做过各种模式和各种产品试验、测试、验证百余项（次）。专著撰写了 2 年，今天终于将凝聚着我们的汗水和艰辛的这本书奉献给读者，感慨万千。

2005 年，那时，我们开启了数字油田的所谓研究，其实只是学习和认识。与此同时，有一个机缘巧合，我们掌握了油井监测监控技术，从此慢慢走到今天。

我们曾经苦闷过，也想放弃过。但是，“仰望星空，追求真理，脚踏实地建设好数字油田”始终激励着我们，坚持到现在。这本专著撰写时间较仓促，书中问题可能还很多，但是，油田物联网技术中的传感器、RTU、ZigBee、建设模式、专业设计、维护，每个环节我们都研究和开发过，每个技术都做过。目前，我们方法齐全，技术先进，拥有 6 项专利和著作权登记等。

一步一步走过来，充满了喜悦与艰辛，但是，都汇聚成经验与教训。

现在，我们把梳理和总结的油田物联网技术，再加上我们产品研发、技术开发和专业设计、工程实施与维护及管理中的经验，形成了这样一本书，奉献给大家。我们力求简单、通俗、易懂，目的就是推广油田物联网技术，推进油田物联网发展，推动油田物联网创新。

但是，由于我们的水平有限，特别是写作水平有限，只能将现在这样的成果，带着很多遗憾推出，供大家参考评判。

掩卷长思，让我们想起，还有很多需要感谢的人。感谢各位数字油田专家和朋友的支持与鼓励，感谢延长油田及吴起采油厂历届领导的支持与帮助。感谢长安大学地球科学与资源学院领导的支持与帮助，感谢研究所全体研究人员的支持与共苦。感谢辽河泰利达（长安大学）数字研究所的同仁们，坚持合作，共同发展。感谢在编写本书过程中支持收集资料，协助调研的单位及个人，感谢胜利油田的段鸿杰、长庆油田的高玉龙两位专家审核书稿，提出宝贵意见。感谢科学出版社的领导和编辑。感谢在书中引用的各种文献和因种种原因漏掉文献的作者们，如果疏漏一定适时补登致谢。特别感谢中国工程院院士李佩成教授在百忙中亲笔给丛书写了热情洋溢的序，感谢长安大学副校长、地质学家刘建朝教授给本书作序。

最后，我们祝愿油田物联网技术与建设发展得越来越好。

作　者

2013 年 8 月